Laser in der Materialbearbeitung
Forschungsberichte des IFSW

J. Rapp

Laserschweißeignung von Aluminiumwerkstoffen für Anwendungen im Leichtbau

Laser in der Materialbearbeitung
Forschungsberichte des IFSW

Herausgegeben von
Prof. Dr.-Ing. habil. Helmut Hügel, Universität Stuttgart
Institut für Strahlwerkzeuge (IFSW)

Das Strahlwerkzeug Laser gewinnt zunehmende Bedeutung für die industrielle Fertigung. Einhergehend mit seiner Akzeptanz und Verbreitung wachsen die Anforderungen bezüglich Effizienz und Qualität an die Geräte selbst wie auch an die Bearbeitungsprozesse. Gleichzeitig werden immer neue Anwendungsfelder erschlossen. In diesem Zusammenhang auftretende wissenschaftliche und technische Problemstellungen können nur in partnerschaftlicher Zusammenarbeit zwischen Industrie und Forschungsinstituten bewältigt werden.

Das 1986 begründete Institut für Strahlwerkzeuge der Universität Stuttgart (IFSW) beschäftigt sich unter verschiedenen Aspekten und in vielfältiger Form mit dem Laser als einer Werkzeugmaschine. Wesentliche Schwerpunkte bilden die Weiterentwicklung von Strahlquellen, optischen Elementen zur Strahlführung und Strahlformung, Komponenten zur Prozeßdurchführung und die Optimierung der Bearbeitungsverfahren. Die Arbeiten umfassen den Bereich von physikalischen Grundlagen über anwendungsorientierte Aufgabenstellungen bis hin zu praxisnaher Auftragsforschung.

Die Buchreihe „Laser in der Materialbearbeitung – Forschungsberichte des IFSW“ soll einen in Industrie wie in Forschungsinstituten tätigen Interessentenkreis über abgeschlossene Forschungsarbeiten, Themenschwerpunkte und Dissertationen informieren. Studenten soll die Möglichkeit der Wissensvertiefung gegeben werden. Die Reihe ist auch offen für Arbeiten, die außerhalb des IFSW, jedoch im Rahmen von gemeinsamen Aktivitäten entstanden sind.

Laserschweißeignung von Aluminiumwerkstoffen für Anwendungen im Leichtbau

Von Dr.-Ing. Jürgen Rapp
Universität Stuttgart

Springer Fachmedien Wiesbaden GmbH 1996

D 93

Als Dissertation genehmigt von der Fakultät für Konstruktions- und Fertigungstechnik der Universität Stuttgart

Hauptberichter: Prof. Dr.-Ing. habil. Helmut Hügel
Mitberichter: Prof. Dr.-Ing. habil. Eberhard Roos

Die Deutsche Bibliothek – CIP-Einheitsaufnahme

Rapp, Jürgen:
Laserschweißeignung von Aluminiumwerkstoffen
für Anwendungen im Leichtbau / von Jürgen Rapp.

(Laser in der Materialbearbeitung)
Zugl.: Stuttgart, Univ., Diss., 1996
ISBN 978-3-519-06226-4 ISBN 978-3-663-12209-8 (eBook)
DOI 10.1007/978-3-663-12209-8

Ursprünglich erschienen bei B.G. Teubner, Stuttgart 1996

Kurzfassung

Im Verkehrswesen und hier besonders beim Karosserieleichtbau eröffnet sich dem Laserschweißen von Aluminium ein großes fertigungstechnisches Potential. Bisher war jedoch der mangelnde Kenntnisstand über den Einfluß der Werkstoffeigenschaften auf den Bearbeitungsprozeß bzw. das Bearbeitungsergebnis ein großes Hindernis für die industrielle Nutzung dieser innovativen Fügetechnik. Vor diesem Hintergrund wird in der vorliegenden Arbeit eine umfassende Charakterisierung der Laserschweißeignung dieser Materialgruppe erstellt.

Zuerst werden die physikalischen Werkstoffeigenschaften analysiert, welche direkt die Prozeßeffizienz und das Prozeßverhalten beim Tiefschweißen bestimmen. Aluminiumlegierungen leiten die beim Schweißen eingebrachte Wärme sehr gut, weshalb eine hohe Strahlqualität bei zugleich hoher Strahlleistung erforderlich ist, um eine optimale Energieeinkopplung und minimale Wärmeverluste zu gewährleisten.

Mit einem thermodynamischen Ansatz - dem "Verdampfungsmodell" - kann das Verdampfungsverhalten der verschiedenen Aluminiumwerkstoffe beschrieben werden. Dadurch läßt sich erklären, warum mit zunehmendem Gehalt der leichtflüchtigen Legierungselemente Mg, Zn und Li die minimal erforderliche spezifische Leistung sinkt sowie die Schweißnähte bei gleichen Prozeßparametern tiefer und schlanker werden.

Neben den metallurgisch bedingten Wasserstoffporen wird eine weitere, für Strahlschweißverfahren typische Porenart identifiziert. Diese sogenannten Prozeßporen werden ebenso wie Schmelzauswürfe durch Prozeßinstabilitäten verursacht. Unter Einbeziehung theoretischer Prozeßmodelle zum Tiefschweißen werden hinsichtlich der Ursachen der Instabilitäten einige Thesen vorgestellt und daraus Maßnahmen zur Verfahrensoptimierung abgeleitet. Es wird gezeigt, daß das Tandem-Laserstrahlschweißen mit der CO_2-Zweistrahltechnik ein effektives Verfahren zur Stabilisierung des Tiefschweißprozesses ist.

In einem weiteren Teil der Arbeit wird dargelegt, daß das Werkstoffverhalten während der Laserbearbeitung und die Heißrißbildung ein vergleichbares Verhalten wie beim konventionellen Schmelzschweißen aufweisen. Bei diesen handelt es sich um metallurgische Eigenschaften, welche legierungsspezifisch sind. Wesentliche Einflußgrößen beim Laserschweißen sind dabei die Höhe der Energieeinbringung in das Werkstück sowie die Wechselwirkungszeit bzw. Prozeßgeschwindigkeit.

Als leichtbautypische Stoßarten werden die I-Naht am Stumpfstoß und die Liniennaht am Überlappstoß untersucht. Die Tragfähigkeit einer stumpfgeschweißten Verbindung richtet sich nach dem Werkstoffverhalten während des Laserbearbeitung. Eine im Überlapp geschweißte Verbindung erreicht ihre maximale Tragfähigkeit genau dann, wenn die Nahtbreite in der Fügeebene in der Größe der Wanddicke des dünneren Fügepartners liegt.

Den Abschluß der Arbeit bildet eine Übertragung der Grundlagenerkenntnisse auf Tailored Blanks und Knet/Guß-Verbindungen bei Space-Frame-Strukturen, welche konkrete Anwendungsfälle im Karosserieleichtbau darstellen. Ein Verfahrensvergleich demonstriert, daß das Laserschweißen gegenüber den Konkurrenzverfahren Schutzgas- und Widerstandspunktschweißen sowie dem Nieten bzw. dem kombinierten Kleben und Nieten hinsichtlich der Verbindungseigenschaften als überlegen einzustufen ist.

Inhaltsverzeichnis

Abkürzungen und Formelzeichen

a_i	Aktivität des Elementes i in einer Legierung	
A	Absorptionsgrad	
A_i	spezifische Dampfdruckkonstante des Elements i	s. Anhang
b	Nahtbreite	mm
b_P	Probenbreite	mm
b_F	Nahtbreite in der Fügeebene	mm
B_i	spezifische Dampfdruckkonstante des Elements i	s. Anhang
cw	Dauerstrichbetrieb eines Lasers	
C_i	spezifische Dampfdruckkonstante des Elements i	s. Anhang
d	Einschweißtiefe	mm
d_f	Fokusdurchmesser	µm
d_0	Strahltaillendurchmesser	mm
dx	Strahlabstand auf der Werkstückoberfläche	mm
dz	Defokussierung des zweiten Laserstrahls relativ zum ersten	mm
D	Rohstrahldurchmesser auf Fokussieroptik	mm
D_i	spezifische Dampfdruckkonstante des Elements i	s. Anhang
f	Brennweite der Fokussieroptik	mm
F	Fokussierzahl	
FL	Fokuslage	mm
F_{SZ}^{max}	maximale Scherbruchkraft	N
g	Gußzustand	
g_i	Gewichtsanteil des Elementes i	Gew-%
GD	Vakuumdruckguß	
GK	Kokillenguß	
GW	Grundwerkstoff	
H	hart	
H_L	Wasserstoffgehalt	ml/100g
HRA	relative <u>H</u>eiß<u>r</u>iß<u>a</u>nfälligkeit	
HV	Vickershärte	
I	mittlere Intensität	W/cm²
I_{max}	Maximalintensität	W/cm²
I_S	Schwellintensität	W/cm²
J_i	Verdampfungsrate des Elementes i in einer Legierung	g/(cm²*s)
J_{KW}	Gesamtverdampfungsrate einer Legierung	g/(cm²*s)
k	Wärmeleitfähigkeit	W/(cm*K)

k_m	zwischen RT und T_m gemittele Wärmeleitfähigkeit	W/(cm*K)
K	Strahlqualitätszahl	
K_L	Wasserstofflöslichkeit	$l/(g*bar^{1/2})$
M_i	Molmasse des Elementes i	g/mol
O	weichgeglüht	
p	Pulsbetrieb eines Lasers	
p_{dam}	Gesamtdampfdruck einer Legierung	bar
$\overline{p}_H$	Wasserstoffpartialdruck	bar
$\overline{p}_i$	partieller Dampfdruck des Elementes i in einer Legierung	bar
p_i^0	Dampfdruck des Reinelementes i	bar
p_{kap}	Verdampfungsdruck in der Kapillare	bar
P	Laserleistung am Werkstück	W
P_L	Ausgangsleistung des Lasers	W
P/d_f	spezifische Leistung	W/cm
P/v	Streckenenergie	J/mm
r	radiale Koordinate	mm
r_f	Fokusradius	µm
r_k	Radius der Dampfkapillare	µm
R	allgemeine Gaskonstante	J/(K*mol)
RT	Raumtemperatur	K
s	Blechdicke	mm
SF	Schmelzfläche	mm^2
SZ	Schmelzzone	
t	Zeit	s
T	Temperatur	K
TEB	Tandem-Elektronenstrahlschweißen	
TLS	Tandem-Laserstrahlschweißen	
T_m	Schmelztemperatur	K
TS	Tiefschweißen	
T_v	Verdampfungstemperatur	K
T4	lösungsgeglüht, abgeschreckt, kaltausgelagert	
T6	lösungsgeglüht, abgeschreckt, warmausgelagert	
v	Schweißgeschwindigkeit	m/min
v_D	Ausströmgeschwindigkeit des Metalldampfes	m/s
V	Volumen	mm^3

V_{SF}	Schmelzflächenverhältnis	
WDX	wellenlängendispersive Röntgenspektrometrie	
WEZ	Wärmeeinflußzone	
WR	Walzrichtung	
WS	Wärmeleitungsschweißen	
x	kartesische Koordinate	mm
x_i	Molenbruch des Elementes i in einer Legierung	
x_i^D	Molenbruch des Elementes i im Dampf	
X	normierte Leistung	
y	kartesische Koordinate	mm
z	kartesische Koordinate	mm
z_{Rf}	Rayleighlänge bzw. Fokustiefe	mm
γ	Aktivitätskoeffizient des Elementes i in einer Legierung	
δh	volumenspezifische Schmelzenthalpie	J/cm³
$\Delta\overline{G}_i$	partielle freie Excessenthalpie des Elementes i	J/mol
$\Delta\overline{H}_i$	partielle Mischungsenthalpie des Elementes i	J/mol
$\Delta\overline{H}_i^0$	partielle Mischungsenthalpie des Elementes i: Achsabschnitt	J/mol
$\Delta\overline{H}_i^m$	partielle Mischungsenthalpie des Elementes i: Steigung	J/mol
$\Delta\eta_A$	Änderung desEinkoppelgrades	
$\Delta(P/d_f)$	Änderung der spezifischen Leistung	W/mm
$\Delta\overline{S}_i$	partielle Excessenthalpie des Elementes i	J/(K*mol)
$\Delta\overline{S}_i^0$	partielle Excessenthalpie des Elementes i: Achsabschnitt	J/(K*mol)
$\Delta\overline{S}_i^m$	partielle Excessenthalpie des Elementes i: Steigung	J/(K*mol)
η_A	Einkoppelgrad	
η_D	Viskosität des Metalldampfes bzw. Plasmas in der Kapillare	g/(m*s)
η_{th}	thermischer Wirkungsgrad	
θ_f	Divergenzwinkel des fokussierten Strahls	mrad
θ_0	Strahldivergenzwinkel	mrad
$\varkappa$	Kondensationkoeffizient	
λ	Wellenlänge	µm
ϱ_D	Dichte des Metalldampfes bzw. Plasmas in der Kapillare	g/cm³
τ_{aB}	Scherfestigkeit	N/mm²
τ_w	Schubspannung an der Kapillarwand	N/mm²

1 Einleitung

Aufgrund der Forderungen nach Gewichts- und Kosteneinsparungen sowie nach hoher Recyclebarkeit finden Aluminiumwerkstoffe im Verkehrs- und Transportwesen einen immer breiter werdenden Einsatzbereich. Neben den schon traditionellen Gebieten des Flugzeugbaus und der Raumfahrt erschließen sich derzeit auch zunehmend Anwendungen im Straßenfahrzeugbau. Im Mittelpunkt des Interesses steht dabei der Karosserieleichtbau mit Aluminium [1],[2].

Obwohl dieser Werkstoff und seine Legierungen in Verbindung mit neuen Konstruktions-, z.B. "Space-Frame"-Bauweise, und werkstoffspezifischen Fertigungstechniken, z.B. Strangpressen von Profilen oder Druckgießen, viele Vorteile gegenüber Stahl und Kunststoffen bietet, ist der entscheidende Durchbruch im Automobilbau noch nicht erfolgt. Als Ursache für die mangelnde Durchsetzungsfähigkeit werden neben den höheren Material- und Verarbeitungskosten hauptsächlich der *mangelnde Entwicklungsstand in der Fügetechnik dieser Materialgruppe* genannt [3],[4]. Mit konventionellen Verbindungstechniken lassen sich die hohen Anforderungen an Präzision, Qualität, Effizienz und Flexibilität nur schwer erfüllen. Der Erfolg von Aluminium als Leichtbauwerkstoff ist daher unmittelbar an die *Verfügbarkeit* bzw. *Weiterentwicklung geeigneter Fügetechniken* geknüpft.

Hier eröffnet sich ein großes Potential für das Laserstrahlschweißen. Die verfahrensspezifischen Vorteile [5]

- hohe Bearbeitungsgeschwindigkeit,
- konzentrierte und präzise Energieeinbringung,
- berührungsfreie Bearbeitung, d.h. kraft- und verschleißfrei,
- hohe Bearbeitungsqualität,
- hohe Flexibilität bezüglich Bearbeitungsgeometrie und Werkstoffpalette,
- beste Automatisierbarkeit

lassen den Laser als ein geeignetes Fügewerkzeug im Leichtbau erscheinen. Das hohe Innovationspotential und die Tauglichkeit für den Großserieneinsatz hat der Laser bei Eisenwerkstoffen seit einigen Jahren erfolgreich bewiesen. So ermöglichte die Laserschweißtechnik z.B. die Entwicklung und Anwendung von maßgeschneiderten Stahlblechen, sog. "Tailored Blanks" [6],[7],[8] als neues Leichtbaukonzept im Karosserierohbau. Hierdurch läßt sich neben einer Verbesserung der Bauteileigenschaften und einer Gewichtsoptimierung auch eine Senkung des gesamten Fertigungsaufwandes sowie der Bauteilkosten erzielen.

Dahingegen ist die Laserschweißtechnik bis jetzt noch nicht für innovative Fügekonzepte im Aluminiumleichtbau einsetzbar. Aus fertigungstechnischer Sicht [9],[10] stehen einer industriellen Anwendung neben Fragen der Wirtschaftlichkeit und der fehlenden Erfahrung aus der Serienfertigung insbesondere *Problemstellungen bei der Laserschweißbarkeit* entgegen. Schwerpunkte bilden dabei die Fertigungssicherheit sowie die Eigenschaften lasergeschweißter Verbindungen. Als Ursachen dafür werden große Defizite beim Verständnis der *Wechselwirkungsmechanismen zwischen Strahl und Materie* und bei der *Kenntnis des Werkstoffverhaltens* während der Laserbearbeitung als auch deren *Einfluß auf den Bearbeitungsprozeß bzw. das -ergebnis* [11] genannt.

Erfahrungen bei konventionellen Fügeverfahren zeigen, daß eine einfache Übertragung der jeweiligen Verbindungstechnik von Stahl auf Aluminium nicht möglich ist [10]. Vielmehr hat eine *Anpassung* an die Werkstoffgruppe zu erfolgen, wobei die werkstofflichen Einflüsse bei Aluminiumlegierungen gegenüber den im Karosseriebau üblichen Stählen viel stärker zu berücksichtigen sind.

Im Rahmen dieses Sachverhalts befaßt sich die vorliegende Arbeit mit der Analyse und Darstellung der Laserschweißeignung von Aluminiumleichtbauwerkstoffen. In einer ganzheitlichen Betrachtung werden die wesentlichen laserprozeß- und materialspezifischen Aspekte erarbeitet, was eine Ursachenfindung für die wichtigsten laserschweißtechnischen Probleme erlaubt. Darauf aufbauend werden Möglichkeiten zur Verfahrensoptimierung und für die Sicherstellung einer hohen Schweißnahtqualität aufgezeigt. In einem daran anschließenden Teil der Arbeit dienen die Grundlagenerkenntnisse als Basis für die Bearbeitung praxisnaher Schweißaufgaben bei Leichtbaukonzepten im Karosserierohbau.

2 Laserschweißen im Aluminium-Leichtbau: Grundlagen und Stand der Technik

2.1 Werkstoffkonzepte und Fügetechniken im Aluminium-Leichtbau des Verkehrs- und Transportwesens

Im folgenden wird nun eine Zusammenfassung derjenigen *Leichtbaukonzepte bei Tragstrukturen* im Verkehrs- und Transportbereich gegeben, die interessante Applikationsfelder für das Laserstrahlschweißen darstellen, wobei der Schwerpunkt auf dem Automobilbau liegt. Miteinbezogen ist eine Darstellung der bis jetzt eingesetzten Verbindungsverfahren und ihrer fügetechnischen Probleme.

2.1.1 Luft- und Raumfahrzeugbau

Der klassische Einsatzbereich für Aluminiumleichtbauwerkstoffe ist der Flugzeugbau. Der Zusammenbau der Bauteile oder -gruppen bei tragenden Rumpf- und Flügelstrukturen geschieht durch *Nieten* oder *Kleben*. Schweißverfahren kommen bisher wegen der ungenügenden Schweißeignung der schadenstoleranten bzw. hochfesten Legierungen der 2xxx- und 7xxx-Klasse, z.B. AlCuMg2 (AA 2024) und AlZnMgCu1,5 (AA 7475), nicht zur Anwendung. In jüngster Zeit werden an neuentwickelten, schweißgeeigneten AlLi- bzw. AlMgSiCu-Legierungen, z.B. AlLiCu (AA 8090) und AlMgSiCu (AA 6013), neue Fertigungskonzepte wie das Schweißen, Löten oder Strangpressen von Rumpfstrukturen erprobt [12],[13].

Gemäß einer Machbarkeitsstudie [12] stellt das *Laserstrahlschweißen* von Hautfeld/Stringer-Verbindungen im T-Stoß bzw. von stranggepressten Hautfeldern im Stumpfstoß eine vielversprechende Fügetechnik dar. Gegenüber konventionellen Niet- und Klebetechniken sind so Einsparungen beim Gewicht und bei den Fertigungskosten in Höhe von 15 % möglich [12]. Schutzgasschweißverfahren kommen wegen der hohen Energieeinbringung bei niedrigen Prozeßgeschwindigkeiten und der damit verbundenen Wärmebelastung der Bauteile nicht in Betracht. Ein Vergleich mit MIG- und WIG-Verfahren für Einlagenschweißungen [14] läßt erkennen, daß mit kommerziell verfügbaren CO_2-Lasern hoher Strahlqualität 3 bis 10-fach höhere Vorschubgeschwindigkeiten in dem für den Aluminium-Leichtbau interessanten Dünn- und mittleren Blechdickenbereich bis ca. 5 mm erzielt werden können. Dies ist gleichzeitig mit einer stark reduzierten (ca. 80 %) thermischen Belastung verbunden, wie der

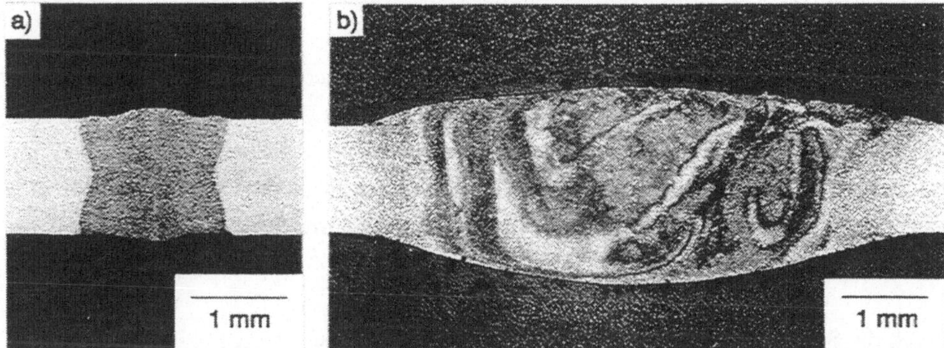

Bild 1: Vergleich von im Stumpfstoß mit einem 5 kW CO_2-Laser geschweißten (ohne Zusatzwerkstoff; v=8 m/min) (a) und WIG-geschweißten (Zusatzwerkstoff S-AlMg4,5Mn; v=1 m/min) (b) AlMg0,4Si1,2-Blechen s=1,25 mm.

direkte Vergleich der Schweißparameter in Tabelle 1 für die Durchschweißung eines 4 mm dicken AlMgSi1-Bleches zeigt. Die Maximalgeschwindigkeiten für Schutzgasschweißverfahren sind prozeßtechnisch auf 1 bis 2 m/min begrenzt, während sich hingegen beim Laserstrahlschweißen Geschwindigkeiten höher als 10 m/min realisieren lassen (Bild 1). Das Elektronenstrahlschweißen scheidet aufgrund der notwendigen Vakuumkammer von vorneherein aus [15].

2.1.2 Automobilbau

Angesichts neuer Herausforderungen steht zur Zeit der Leichtbau im Bereich der Kraftfahrzeugstruktur im Mittelpunkt des Interesses. Die tragende Struktur und die Außenhaut der

AlMgSi1 4 mm	5 kW CO_2-Laser K=0,30; F=4,3	MIG + S-AlMg4,5Mn	Verhältnis Laser / MIG
Leistung kW	4,2	~ 4	1
Vorschub [m/min]	5	0,9	5,6
Streckenenergie [J/mm]	50,4	~ 267	0,2

Tabelle 1: Vergleich der Prozeßparameter beim Laser- und MIG-Schweißen eines 4 mm dicken AlMgSi1-Bleches.

Karosserie müssen verschiedene Anforderungen bei den möglichen Belastungszuständen erfüllen. Die Aufnahme unterschiedlicher Kräfte während des Fahrbetriebs bedingt eine hohe statische und dynamische Torsions- und Biegesteifigkeit der Karosserie in Verbindung mit steifen und auf Dauerfestigkeit ausgelegten Krafteinleitungspunkten. Für den Crashfall ist in erster Linie eine hohe Festigkeit der Fahrgastzelle mit ausreichendem Energieaufnahmevermögen zu gewährleisten [4].

Durch die Substitution herkömmlicher Tiefziehstahlbleche oder auch höherfester Feinkornbaustähle durch Aluminiumwerkstoffe läßt sich bei gleichen Festigkeits-, Steifigkeits- und Verformungseigenschaften eine Gewichtseinsparung bei der Rohkarosserie um bis zu 50 % und beim Gesamtfahrzeug um bis zu 25 % erreichen [4],[16].

Die Durchsetzungsfähigkeit einer Aluminiumkarosserie und damit der Leichtbaugrad wird dabei maßgeblich von der Lösung der fügetechnischen Probleme bestimmt, wie im folgenden am Beispiel der Torsionssteifigkeit kurz erläutert wird. Eine hohe Torsionssteifigkeit bei geringer Masse läßt sich nur über geschlossene Trägerprofile erreichen. Bei Aluminium können geschlossene Profile durch Strangpressen hergestellt werden, was es erlaubt auf Fügeverbindungen zu verzichten. Besteht diese Möglichkeit nicht, so wird die Torsionsteifigkeit von der Fügetechnologie bzw. den Festigkeitseigenschaften der Verbindung beeinflußt, da der Fügebereich wesentlich elastischer als das nichtgefügte Strangpreßprofil ist [3],[4]. Damit bestimmt die eingesetzte Fügetechnologie den Leichtbaugrad.

Der Einsatz von Aluminium in der Fahrzeugkarosserie basiert im wesentlichen auf zwei unterschiedlichen Konstruktionsprinzipien. Die *selbsttragende Blechbauweise* [3],[17], z.B. beim Porsche 928, ist eine von der Stahlblechkarosserie her bekannte Bauweise. In Tabelle 2 [3],[16] ist ein Überblick über die in Europa am häufigsten verwendeten Karosserieblechqualitäten gegeben. Als Fügetechniken werden im wesentlichen das *Widerstandspunktschweißen* als das Standardverfahren im Karosseriebau und das *Schutzgasschweißen* eingesetzt.

Das Widerstandspunktschweißen bereitet große Probleme, da Aluminiumkarosseriewerkstoffe nur eine eingeschränkte Punktschweißeignung besitzen [18]. Im Gegensatz zum Laserstrahl, der berührungsfrei mit dem Werkstück in Wechselwirkung tritt, ist beim Punktschweißen mit einem hohen Elektrodenverschleiß sowie infolge der stabilen Oberflächenoxidschicht mit ungenügender Fertigungsqualität und -sicherheit zu rechnen. Gegenüber dem

Bezeichnung DIN 1725	Bezeichnung Internat. (AA)	Werkstoff-zustand	Anwendung
Gruppe 1: AlMgSi, aushärtbar			
AlMg0,6Si0,9	6009	T4 / T6	Karosserieaußenhaut (fließfigurenfrei)
AlMg0,4Si1,2	6016		
Gruppe 2: AlMgMn, naturhart			
AlMg3	5754	O	Karosserieinnenhaut (Fließfiguren)
AlMg5Mn	5182		
AlMg4,5Mn	5083	O / H	Nutzfahrzeugaufbauten, Fahrwerksteile

Tabelle 2: Blechwerkstoffe für Anwendungen im europäischen Straßenfahrzeugbau (nach Ostermann).

WIG- und MIG-Schweißen bietet das Laserschweißen hohe Bearbeitungsgeschwindigkeiten (Kapitel 2.1.1) und bedingt durch die niedrige Wärmebelastung einen geringen Verzug.

Wird das Laserschweißen angewendet, so besteht bei der Blechbauweise die Möglichkeit, das Leichtbauprinzip der *maßgeschneiderten Platinen*, sogenannter *"Tailored Blanks"* (Bild 2), auch für Aluminiumwerkstoffe zu realisieren. Bei dieser Verfahrenstechnik werden Karosseriebleche unterschiedlicher Werkstofftypen bzw. Wärmebehandlungszustände und/oder Dicke im Stumpfstoß miteinander gefügt [6]. Diese werden dann als Halbzeuge z.B. durch umformende Verfahren zu Bauteilen weiterverarbeitet. Das Quetschnahtschweißen, das bei der Herstellung von maßgeschneiderten Platinen aus Stahlblechen ein alternatives Fügeverfahren darstellt [6],[7],[19] kann bei Aluminiumwerkstoffen nicht genutzt werden, da bei diesem Verfahren die gleichen fügetechnischen Probleme wie beim Widerstandspunktschweißen auftreten. Die Realisierung dieser Leichtbauweise ist daher unmittelbar mit dem industriellen Einsatz des Laserstrahlschweißens beim Fügen von Aluminium verknüpft.

Das Karosseriekonzept der *Tragrahmenstruktur* - *"Space-Frame"* -, die mit einer teilweise mittragenden Außenhaut und angehängten Bauteilen aus Karosserieblechen verbunden ist [3],[17], ist eine ganzheitliche, aluminiumgerechte Bauweise. Hier können werkstoff-

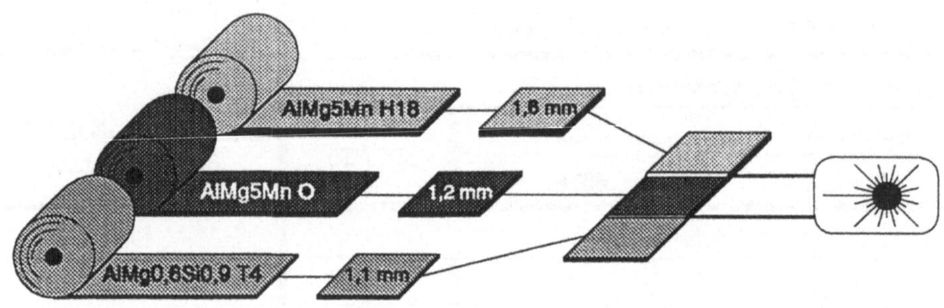

Bild 2: Schematische Darstellung der Herstellung von Tailored Blanks aus Aluminium-Karosseriewerkstoffen mittels Laserstrahlschweißen.

spezifische Fertigungstechniken, wie z.B. das Strangpressen und Druckgießen, vorteilhaft miteinbezogen werden. Eine Übersicht über die wichtigsten bei Space-Frame-Strukturen verwendeten Strangpreß- und Gußwerkstoffe geben Tabelle 3 [20],[21] und Tabelle 4 [20],[22] wieder.

Bei den unterschiedlichen Rohbaukonzepten, bestehend aus Strangpreßprofilen, die über Guß- oder Blechknoten aneinandergefügt werden, z.B. Audi A8 (Bild 3 [23]), bzw. nur aus Strangpreßprofilen, z.B. BMW E1 (Bild 4 [24]), wird praktisch ausschließlich *schutzgas-*

Bezeichnung DIN 1725	Bezeichnung Internat. (AA)	Werkstoff-zustand	Anwendung
Gruppe: AlMgSi, aushärtbar			Space-Frame-Hohlprofile, Nutzfahrzeugaufbauten, Fahrwerksteile
AlMgSi0,5	6060	T6	
AlMgSi0,7	6005A		
AlMgSi1	6082		

Tabelle 3: Strangpreßwerkstoffe im europäischen Straßenfahrzeugbau.

Bezeichnung DIN 1725	Bezeichnung Internat. (AA)	Werkstoff-zustand	Anwendung
Gruppe 1: AlSi, nicht aushärtbar			Space-Frame-Knoten, Fahrwerkteile
AlSi11	413.0	g	
Gruppe 2: AlSiCu, aushärtbar			
AlSi9Cu3	359.0	T6	
Gruppe 3: AlSiMg, aushärtbar			
AlSi5Mg	-	(T4 /) T6	
AlSi7Mg	356.0 / 357.0		
AlSi10Mg	361.0		

Tabelle 4: Kokillen- und Druckgußwerkstoffe im Karosserie- und Fahrwerksbau in Deutschland.

geschweißt [1],[25]. Darüber hinaus wird auch der Einsatz des Laserschweißens diskutiert [10]. Beispiele für mögliche Stoßarten [1],[9],[10] sind in Bild 5 skizziert.

Der Überlappstoß stellt geringere Anforderungen an die Bauteil- und Fertigungstoleranz und

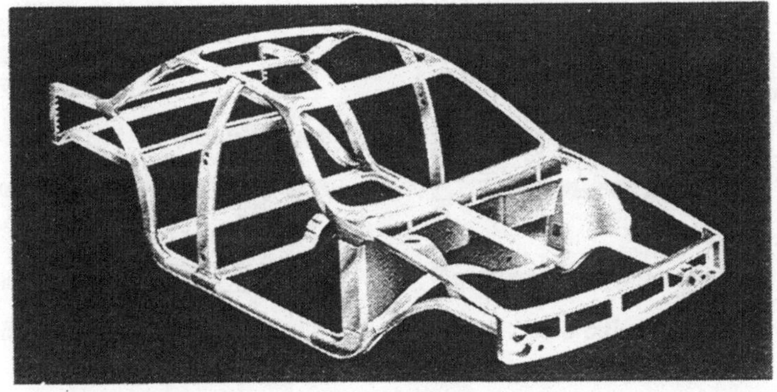

Bild 3: Tragrahmenkonzepte für Automobilkarosserien aus Aluminium: A: Strangpreßprofile mit Gußknoten (AUDI/ALCOA) [23].

Bild 4: Tragrahmenkonzepte für Automobilkarosserien aus Aluminium:
B: nur Strangpreßprofile (BMW) [24].

ist daher eine typische Verbindung bei Profil/Gußknoten-Verbindungen (Bild 5a). Die Liniennaht, die eine Nahtverfolgung im Gegensatz zur Kehlnaht überflüssig macht, steht hingegen wegen der hohen benötigten Einschweißtiefe nur für das Laserstrahlschweißen zur Diskussion. Bei Verbindungen zwischen Strangpreßprofilen kommt die I-Naht am Stumpfstoß mit Badsicherung zur Anwendung (Bild 5b), da sie einen optimalen Kraftfluß gewährleistet. Können Strangpreß- und Gußbauteile mit hoher Maßhaltigkeit hergestellt werden, so ist diese Naht- und Stoßart auch für Knotenverbindungen denkbar.

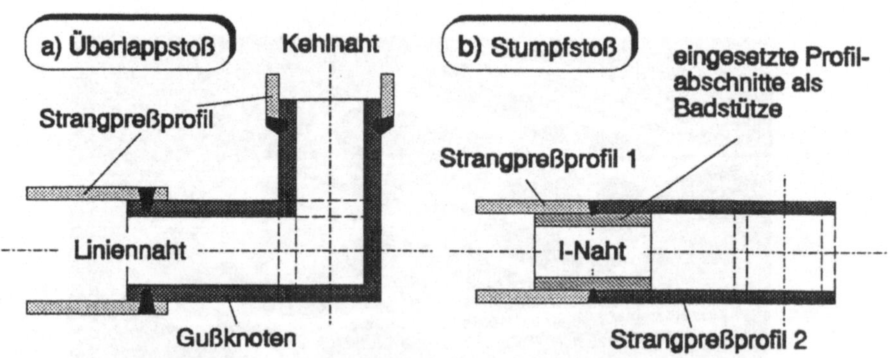

Bild 5: Mögliche Schweißverbindungen in einer Tragrahmenstruktur:
a) Linien- oder Kehlnaht am Überlappstoß im Knotenbereich;
b) I-Naht am Stumpfstoß zwischen zwei Profilen.

Nachteilig bei den konventionellen Schmelzschweißverfahren wirkt sich die hohe Wärmebelastung aus, so daß nur kurze Schweißnahtlängen hergestellt werden können, ohne daß ein unzulässiger Verzug entsteht. Das Laserstrahlschweißen bietet durch seine konzentrierte Energieeinbringung deutliche Vorteile, insbesondere bei den in diesen Anwendungsfällen häufig geforderten hohen Schweißtiefen (> 2,5 mm). Einem Einsatz stehen jedoch die bis jetzt noch ungenügenden Erfahrungen in der Aluminium-Serienfertigung und noch ungelöste Probleme bei der Laserschweißbarkeit entgegen [9],[10] (siehe oben).

Als weitere Verfahren im Rohbau kommen das *Nieten*, z.B. *Stanz-* oder *Blindnieten*, und das *Kleben* als nichtthermische Hochleistungsfügeverfahren in Betracht [9],[16],[25]. Für hochbeanspruchte Komponenten und für Reparaturlösungen werden kombinierte Verfahren, wie z.B. das *Kleben und Punktschweißen* oder *das Kleben und Blindnieten*, bevorzugt. Das Widerstandspunktschweißen und das Durchsetzfügen kommen nur bei Anhängeteilen und im Bereich der nichttragenden Außenhaut zum Einsatz, da diese Verfahren den hohen Anforderungen an Stabilität, Tragfähigkeit und Verformungsverhalten bei strukturellen Fügeverbindungen nicht genügen.

Die nichtthermischen Fügeverfahren erfordern eine sorgfältige Oberflächenvorbehandlung bzw. eine hohe Duktilität der eingesetzten Werkstoffe, was in der fertigungstechnischen Realität, z.B. bei Druckgußwerkstoffen, teilweise große Probleme aufwirft. Zusätzlich ist bei Klebeverbindungen die Frage der Alterungsbeständigkeit bzw. Langzeitstabilität bisher noch nicht zufriedenstellend geklärt [26],[27]. Im Gegensatz zu Niet-, Durchsetz- und Punktschweißverfahren ist beim Schutzgas- und Laserstrahlschweißen die Notwendigkeit einer beiderseitigen Zugänglichkeit der Fügestelle nicht gegeben. Vielmehr ist eine weitgehende Freiheit in der Fügestellengeometrie vorhanden.

2.2 Grundlagen des Laserstrahlschweißens

Die Vorteile des Laserstrahlschweißens gegenüber konventionellen Schmelzschweißverfahren werden durch die Ausnutzung des *Tiefschweißeffekts* erreicht, welcher direkt mit dem Tiefschweißprozeß beim Elektronenstrahlschweißen vergleichbar ist. In diesem Abschnitt wird eine Übersicht über die wichtigsten physikalischen Mechanismen sowie die strahl- und werkstoffseitigen Einflußgrößen beim Tiefschweißen gegeben, welche sowohl die Prozeßeffizienz als auch die Anforderungen an das Laserbearbeitungssystem festlegen.

2.2.1 Der Tiefschweißeffekt

Die Intensität ist eine wesentliche Größe für die unterschiedlichen physikalischen Phänomene, welche sich bei der Wechselwirkung zwischen Laserstrahl und dem Werkstück beim Schweißen ergeben [5]. Hierbei können verschiedene Bereiche voneinander abgegrenzt werden, siehe Bild 6.

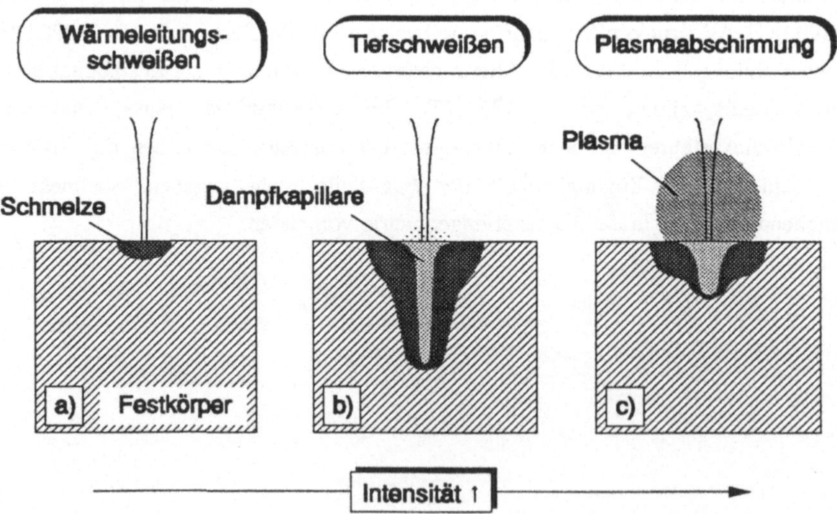

Bild 6: Darstellung der Wechselwirkungsprozesse zwischen Laserstrahl und Werkstück mit dem jeweils den Schweißprozeß dominierenden physikalischen Effekt.

Bei Laserstrahlintensitäten zwischen 10^4 bis 10^6 W/cm² beginnt die Oberfläche aufzuschmelzen und lokale Verdampfung setzt ein. Die auftreffende Strahlungsenergie wird über *Wärmeleitung* von der Oberfläche in das Werkstück hinein transportiert. Das entstehende Schmelzbad zeigt eine für den Bereich des *Wärmeleitungsschweißens* typische halbkreisförmige Geometrie mit einem Tiefen- zu Breitenverhältnis von ≤ 1, vergleichbar z.B. mit konventionellen Schutzgasschmelzschweißungen, siehe Bild 6a. Dieses Verfahren ist durch eine niedrige Prozeßeffizienz gekennzeichnet und wird vorallem bei sehr kleinen Schweißtiefen und Wärmebelastungen des Bauteils im Bereich der Feinwerktechnik angewendet.

Bei Überschreiten einer werkstoff- und verfahrensspezifischen Schwellintensität bildet sich eine *Dampfkapillare* in das Werkstück hinein aus, siehe Bild 6b. Aus einer vereinfachten Betrachtung des Temperaturfeldes auf einer Werkstückoberfläche, die mit einer gaußförmigen Intensitätsverteilung beaufschlagt wird, ergibt sich in erster Näherung folgende Beziehung zwischen der Schwelle und den Materialeigenschaften [5]:

$$(I_{max} * r_f)_S = \frac{T_V * k}{A} * \sqrt{\frac{8}{\pi}} \qquad (1)$$

bzw.

$$\left(\frac{P}{d_f}\right)_S = const. * \frac{T_V * k}{A} \qquad (2)$$

Der auf der linken Seite von Gl. (2) stehende Ausdruck P/d_f wird im folgenden mit "spezifischer Leistung" bezeichnet. Er besitzt die Einheit W/cm. Die Gl. (1) und (2) gelten unter der Voraussetzung der stationären Bestrahlung eines halbunendlichen Körpers, weshalb die Wechselwirkungszeit bzw. die Prozeßgeschwindigkeit nicht enthalten ist.

Die Dampfkapillare wird durch eine kontinuierliche Verdampfung an der Kapillarwand und durch ein Ausströmen des Dampfes stabilisiert. Der Verdampfungsdruck wirkt der Oberflächenspannung sowie den hydrostatischen und -dynamischen Drücken der umgebenden Schmelze entgegen. Dadurch wird ein Schließen der Kapillare verhindert. Die Geometrie der Dampfkapillare wird dabei durch die lokale Energiebilanz zwischen der an der Wandoberfläche absorbierten Energieflußdichte und den Energieverlusten durch Verdampfung und Wärmeleitung bestimmt [28].

Die Nahtgeometrie beim Tiefschweißen stellt sich entsprechend den mit der Dampfkapillare in Wechselwirkung stehenden fluiddynamischen Bedingungen im Schmelzbad ein. Durch die Relativbewegung zwischen Laserstrahl und Werkstück bewegt sich die Kapillare entlang der vorgegebenen Schweißbahn. Dabei wird am vorderen Rand der Kapillare neues Material aufgeschmolzen, das dann die Kapillare umströmt und dahinter erstarrt. Der Kapillarumströmung überlagert sich eine Konvektionsbewegung, welche durch Schubspannungen an der Kapillarwand infolge des ausströmenden Metalldampfes verursacht wird. Zusätzlich wird durch das Vorliegen eines Temperaturgefälles zwischen Kapillarrand und Schmelzlinie eine Konvektionsströmung durch Oberflächenspannungsgradienten induziert, die sogenannte *Marangoni-Konvektion*. Sie wird von den Bedingungen an der Grenzfläche, z.B. Umgebungsatmosphäre oder Oberflächenseigerungen beeinflußt und stellt somit eine wesentliche Einflußgröße bei der Bildung des "Nagelkopfes" und von Einbrandkerben dar.

Im Gegensatz zum Schmelzschweißen können beim Tiefschweißen schlanke und tiefe Nähte bei hohen Prozeßgeschwindigkeiten erzielt werden. Aus einfachen Energiebetrachtungen folgt eine lineare Beziehung zwischen der maximal erzielbaren Vorschubgeschwindigkeit bzw. der resultierenden Nahtform und den Strahlparametern [5]:

$$d*v \sim I*r_f \tag{3}$$

bzw.

$$d*v \sim \frac{P}{d_f} \tag{4}$$

Das Bearbeitungsergebnis und die Schweißgeschwindigkeit sind dabei stets gekoppelt. Die für eine bestimmte Schweißgeschwindigkeit und für gegebene Strahlparameter erzielbare Einschweißtiefe ist also direkt proportional zur Streckenenergie und zum Fokusdurchmesser auf der Werkstückoberfläche:

$$d \sim \left(\frac{P}{v}\right) * \frac{1}{d_f} \tag{5}$$

Wird Gl. (4) umgeformt, so ergibt sich nach Dausinger [29] eine Vergleichs-Auftragung für die erzielbare Vorschubgeschwindigkeit als Funktion der spezifischen Leistung pro Tiefe:

$$v \sim \left(\frac{P}{d_f}\right) * \frac{1}{d} \qquad (6)$$

Die in den Gl. (3) bis (6) dargestellten Proportionalitäten gelten strenggenommen nur unter den Randbedingungen einer zylindrischen Dampfkapillare und vernachlässigbaren Wärmeleitungsverlusten. Insbesondere der zweite Punkt ist vielen Fällen bei dem sehr gut wärmeleitenden Aluminium nicht erfüllt. Die Auftragung experimenteller Ergebnisse nach Gl. (6) erlaubt eine Auswertung bezüglich des Einkopplungswirkungsgrades (spiegelt sich in der Geradensteigung wieder [29]), des thermische Wirkungsgrades sowie des Einflusses verschiedener Material- und Prozeßparameter auf die Prozeßeffizienz.

Durch die einfallende Strahlungsenergie wird der ausströmende Metalldampf in der Kapillare teilweise ionisiert. Bei hohen Intensitäten bildet sich dann *über der Werkstückoberfläche* ein *abschirmendes laserinduziertes Plasma* aus, und die Einschweißtiefe geht stark zurück (Bild 6c). Die Gefahr der Plasmaabschirmung sinkt mit kürzer werdender Wellenlänge, da das Plasma für die Laserstrahlung optisch transparenter wird. Seine Auswirkung wird im wesentlichen durch eine Defokussierung des einfallenden Strahls infolge von Brechungseffekten im Plasma hervorgerufen [28]. Insbesondere beim Laserschweißen mit CO_2-Lasern ist es bei leicht ionisierbaren Werkstoffen, z.B. Aluminium, deshalb notwendig, durch eine geeignete Schutzgasführung die Plasmaabschirmung zu vermeiden bzw. zu minimieren. Wird ein Nd:YAG-Laser mit kürzerer Wellenlänge verwendet, so ist die Gefahr der Abschirmung um den Faktor 100 geringer, weil der Absorptionskoeffizient umgekehrt proportional zum Quadrat der Wellenlänge ist [5].

2.2.2 Mechanismen der Energieeinkopplung beim Tiefschweißen

Der Großteil der Strahlungsenergie wird beim Tiefschweißen über *Vielfachreflexion* und *-absorption* an den Wänden der Dampfkapillare in das Werkstück eingekoppelt, siehe Schemaskizze Bild 7a. Die Absorption auf einer Metalloberfläche bei einer bestimmten Temperatur ist dabei von der *Wellenlänge*, der Orientierung der *Polarisation* des Laserlichts zur Einfallsebene und dessen *Einfallswinkel* bestimmt. Bild 8 zeigt die nach *Fresnel* berechneten Absorptionsgrade als Funktion des Einfallswinkels für flüssiges Aluminium und Eisen. Als

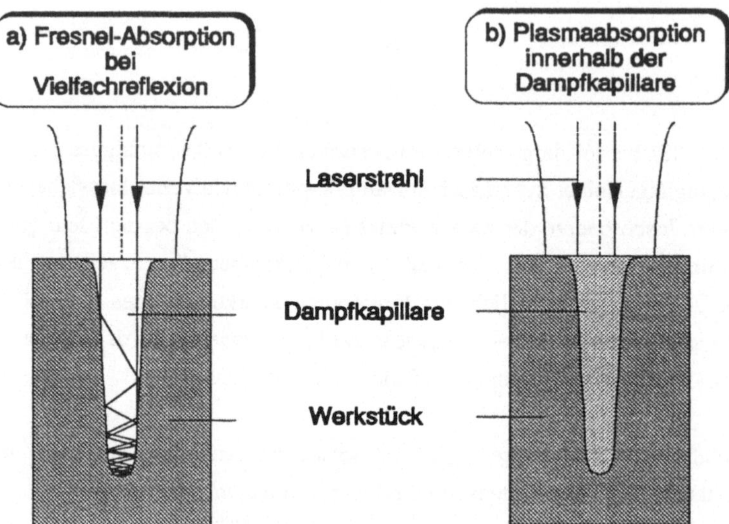

Bild 7: Schematische Darstellung der grundsätzlichen Mechanismen der Energieeinkopplung innerhalb der Dampfkapillare beim Tiefschweißen.

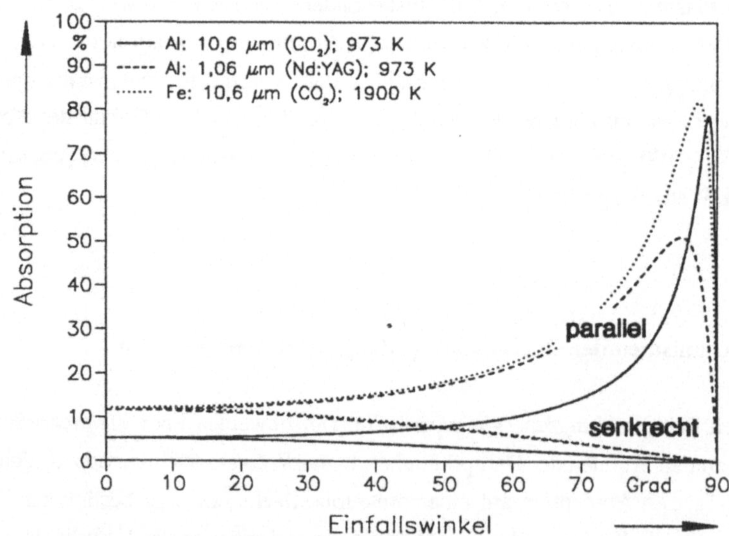

Bild 8: Absorption von flüssigem Aluminium und Eisen in Abhängigkeit vom Einfallswinkel für CO_2- und Nd:YAG-Laserstrahlung bei paralleler und senkrechter Polarisation.

Parameter sind die Wellenlänge des CO_2- (10,6 µm) und des Nd:YAG-Lasers (1,06 µm) sowie die Polarisationsrichtung gewählt. Die Kurven wurden mit Werten für die komplexen Brechungsindizes berechnet, welche [29] entnommen sind. Analoge Verhältnisse gelten für andere Temperaturbereiche.

Für parallele Polarisation werden maximale Absorptionsgrade bei hohen Einfallswinkeln, dem sogenannten Brewster-Winkel, erreicht. Dieser Fall eines nahezu streifenden Einfalls in Bezug auf die Oberfläche tritt bei der Absorption an der Kapillarwand auf, siehe Bild 7a. Bei senkrechter Polarisation ist ein kontinuierlicher Abfall mit zunehmendem Einfallswinkel zu beobachten. Im Vergleich der Werkstoffe ist die Absorption bei Aluminium deutlich geringer als bei Stahl, gleiche Wellenlänge (10,6 µm) vorausgesetzt.

Beim Wärmeleitungsschweißen und in der Startphase der Kapillarausbildung trifft das Laserlicht unter kleinen Einfallswinkeln, d.h. annähernd senkrecht, auf die Oberfläche. Nach Bild 8 wird die Laserstrahlung nur zu einem sehr geringem Anteil - < 10 % - absorbiert, was wiederum die schlechte Prozeßeffizienz beim Wärmeleitungsschweißen erklärt. Aus diesem Grund wirkt sich das verbesserte Absorptionsvermögen bei der kürzeren Wellenlänge des Nd:YAG-Lasers vorteilhaft im Bereich der Schwelle aus, wie Beck [28] anschaulich in

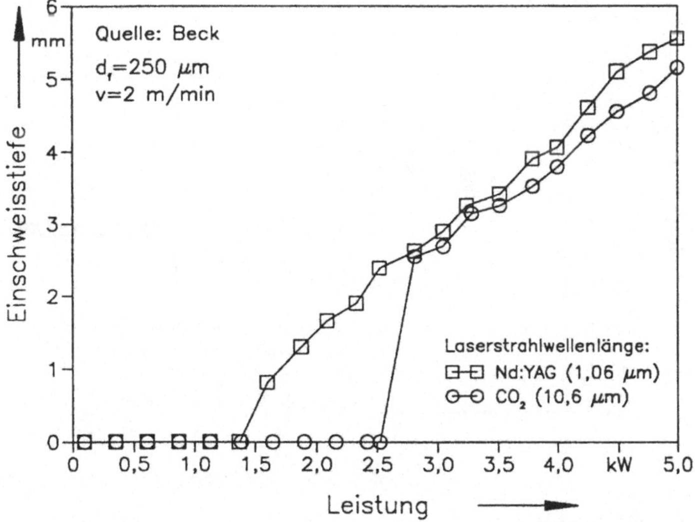

Bild 9: Berechnete Einschweißtiefe in Aluminium als Funktion der Leistung und der Wellenlänge bei sonst gleichen Prozeßparametern nach Beck [28].

Modellrechnungen demonstriert, vgl. Bild 9. *Durch die Verwendung von Laserstrahlung kürzerer Wellenlänge wird die Schwelle des Tiefschweißeffektes zu niedrigeren Leistungen hin verschoben.* Bei hohen Leistungen und Einschweißtiefen wird dieser Effekt durch die Wirkung der Vielfachreflexion in der Dampfkapillare nahezu aufgehoben. Die geringfügig höhere Einschweißtiefe des Nd:YAG-Lasers ist in diesem Fall auf eine reduzierte Plasmaabschirmung zurückzuführen.

Ein mit zunehmender Laserleistung ansteigender Anteil [28] der einfallenden Laserenergie wird durch das *innerhalb der Dampfkapillare* befindliche *Metalldampfplasma* absorbiert und über *Wärmeleitung* an die Kapillarwand abgegeben (Bild 7b).

Nach theoretischen Überlegungen [29] ist in dem Fall, in welchem die Wandabsorption der vorherrschende Absorptionsmechanismus beim Tiefschweißen ist, der Anteil der eingekoppelten Energie bei einer bestimmten Laserwellenlänge nur eine Funktion der geometrischen Verhältnisse in der Dampfkapillare. Im Rahmen dieser Arbeit durchgeführte kalorimetrischen Messungen des Einkoppelgrades mit einem Versuchsaufbau nach Shen [30] bestätigen diese These. Die Auftragung der Meßwerte für zwei verschiedene Aluminiumlegierungen

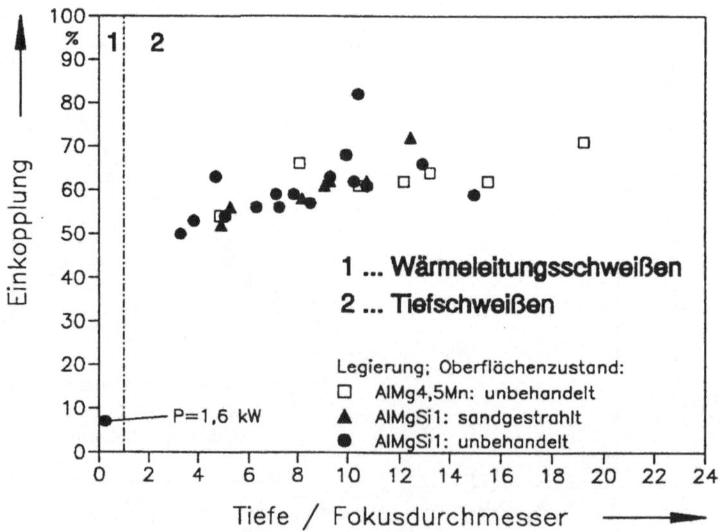

Bild 10: Kalorimetrisch gemessener Einkoppelgrad als Funktion des Aspektverhältnisses der Dampfkapillare (P=3,7 kW; K=0,28; F=6,4).

gegen das Aspektverhältnis der Dampfkapillare in Bild 10 entsprechen den theoretischen Vorhersagen. Hierbei wurde die Kapillartiefe näherungsweise gleich der Einschweißtiefe und der Kapillardurchmesser gleich dem Fokusdurchmesser gesetzt.

In dem für Applikationen interessanten Bereich des Aspektverhältnisses der Dampfkapillare von 2 bis 20 ergeben sich für die Wellenlänge des CO_2-Lasers Einkopplungsgrade zwischen 50 und 70 %. Die experimentellen Ergebnisse decken sich sehr gut mit Werten von Banas [31] (65 %) und Berkmanns [32] (65 bis 70 %).

2.2.3 Strahlausbreitung und -fokussierung

Wie in Kapitel 2.2.1 dargelegt wurde, ist die auf der Werkstückoberfläche vorliegende Intensität eine das Tiefschweißverhalten bestimmende Größe. Bei vorgegebener Leistung wird diese durch die Form des Fokus und seine Lage bezüglich der Werkstückoberfläche festgelegt. Die Fokusform ist dabei durch die Fokussierung des Laserstrahls durch strahlführende und -formende Komponenten gegeben [5]. Die Fokussierung wiederum ist von der Wellenlänge des Laserstrahls und der Strahlpropagation abhängig, welche durch das *Strahlparameterprodukt* $(d_o*\Theta_o)/4$ - das Produkt aus Strahltaillendurchmesser und Divergenzwinkel - beschrieben wird.

Das Strahlparameterprodukt ist mit der transversalen Modenstruktur TEM_{mn} verbunden und wird damit durch Auslegung und Qualität des Laserresonators festgelegt. Die die Fokussierbarkeit des Laserstrahls kennzeichnende Strahlqualitätszahl ist mit dem Strahlparameterprodukt über folgende Beziehung verbunden:

$$K = \frac{4}{\pi} * \frac{\lambda}{d_o * \Theta_o} \tag{7}$$

Die Strahlqualitätszahl liegt zwischen 0 und 1. Je kleiner das Strahlparameterprodukt und damit je größer die Strahlqualitätszahl sind, desto besser ist die Fokussierbarkeit des Laserstrahls. Die maximale Strahlqualität von 1 ergibt sich für einen Laser der im *Gauß'schen Grundmode* TEM_{00} schwingt. In der schweißtechnischen Fertigung eingesetzte CO_2- und Nd:YAG-Laser weisen im allgemeinen Modenstrukturen höherer Ordnung, d.h. Strahlqualitätszahlen << 1, auf, siehe Tabelle 5.

Bei Fokussierung, wie auch bei allen anderen Strahltransformationen durch optische Elemente im Strahlengang, bleibt das Strahlparameterprodukt im Idealfall erhalten [5]:

$$d_o * \Theta_o = d_f * \Theta_f \tag{8}$$

Unter Anwendung der geometrischen Abbildungsgesetze ergibt sich daraus in erster Näherung der Fokusdurchmesser des Laserstrahls:

$$d_f = \frac{4 * \lambda}{\pi} * \frac{f}{D * K} \tag{9}$$

Der Fokusdurchmesser ist dabei per Definition der Durchmesser des kleinsten Kreises in der Ebene senkrecht zur Strahlachse im Brennpunkt der Fokussieroptik, innerhalb dessen 86% der gesamten Strahlleistung enthalten ist [33],[34].

Mit der Definition der Fokussierzahl [34]

$$F = \frac{f}{D} \tag{10}$$

erhält man folgenden Zusammenhang zwischen dem Fokusdurchmesser und den Strahlparametern:

$$d_f = \frac{4 * \lambda}{\pi} * \frac{F}{K} \tag{11}$$

Für den Laserschweißprozeß weiterhin von Bedeutung - insbesondere bei höherer Schweißtiefe - ist die *Rayleighlänge* oder *Fokustiefe*. Die Rayleighlänge kennzeichnet dabei die Strecke entlang der Strahlachse, nach welcher - ausgehend von der Fokustaille - der Strahlquerschnitt auf den doppelten Wert angestiegen ist. Die Rayleighlänge grenzt in Strahlausbreitungsrichtung also den Bereich ab, innerhalb dem die Intensität auf die Hälfte des Maximalwertes im Fokus abfällt und steht mit den Fokussierungsbedingungen in folgender Beziehung [5]:

$$z_{Rf} = \frac{\pi * d_f^2}{4 * \lambda} = \frac{4 * \lambda}{\pi} * \frac{F^2}{K} \tag{12}$$

Wird Gl. (11) in Gl. (12) eingesetzt, so ergibt sich die Rayleigh-Länge direkt als Funktion des Fokusdurchmessers:

$$z_{Rf} = d_f * F \tag{13}$$

Ein kleiner Fokusdurchmesser und damit eine hohe Intensität im Fokus können nach Gl. (11) durch folgende grundsätzliche Möglichkeiten erzielt werden:

- *kürzere Wellenlänge (Nd:YAG- anstatt CO_2-Laser),*
- *stärkere Fokussierung (kleineres F),*
- *höhere Strahlqualität (größeres K).*

Wird eine stärkere Fokussierung gewählt, so nimmt der Fokusdurchmesser zwar ab, aber gleichzeitig geht die Rayleighlänge gemäß Gl. (13) sehr stark zurück und die Anforderungen an die Positionsgenauigkeit der Laserbearbeitungsmaschine nehmen zu. Weiterhin führt eine stärkere Fokussierung zu einer höheren Divergenz des Laserstrahls. Hier wird die Bedeutung einer hohen Strahlqualität für die Lasermaterialbearbeitung deutlich: Je höher die Strahlqualität, desto kleiner ist der erreichbare Fokusdurchmesser und desto größer die Rayleighlänge. Dies begünstigt den Einsatz einer Optik mit größerem Arbeitsabstand und erhöht die Toleranz gegenüber Positionierungenauigkeiten.

2.2.4 Industriell eingesetzte Laserschweißsyteme

Wie bereits mehrmals erwähnt, sind die beiden wichtigsten, heute im fertigungstechnischen Schweißeinsatz befindlichen Lasertypen der *CO_2-Hochleistungsgaslaser* und der *Nd:YAG-Hochleistungsfestkörperlaser*. In Tabelle 5 [5] sind die Leistungsdaten der beiden Lasertypen im Vergleich aufgeführt. Dabei sind die für den Schweißeinsatz wichtigen Laserparameter hervorgehoben.

Der CO_2-Laser in einem Leistungsbereich zwischen 1,5 und 15 (20) kW wird hauptsächlich in Verbindung mit einer Mehrachsen-Portalstation für die Bearbeitung linearer oder rotationssymmetrischer Schweißnahtgeometrien eingesetzt, z.B. beim Platinenschweißen [35] oder beim Schweißen im Aggregatebau [36]. Weitere Anwendungen, vor allem für komplexe dreidimensionale Bearbeitungsaufgaben findet der CO_2-Laser in Verbindung mit konventionellen Industrierobotern, bei denen der Strahl extern geführt wird, oder mit speziellen Laserrobotern mit integrierter Strahlführung, z.B. beim Schweißen der Dachnaht [37] im

	CO_2-Laser	Nd:YAG-Laser
laseraktives Medium	Gasgemisch	Festkörper
Anregungsart	elektrisch	optisch
Polarisation	linear	unpolarisiert
Wellenlänge [µm]	10,6	1,06
Absorption bei RT [%]	Fe: 3; Al: 1	Fe: 35; Al: 4
Leistungsbereich cw [kW]	1,5 bis 12 (20)	0,5 bis 4
Strahlqualitätszahl	0,2 bis 0,6	0,01
Strahlführung und -formung durch Linsen bzw. Spiegel	x	x
Strahlführung und -formung durch flexible Glasfasern	-	x
Wirkungsgrad [%]	5 bis 15	1 - 5
Betriebsarten	cw / p	cw / p

Tabelle 5: Die für den Schweißeinsatz wichtigen Leistungsdaten des CO_2- und des Nd:YAG-Hochleistungslasers im Vergleich.

Karosserierohbau.

Der industrielle Einsatz des Nd:YAG-Lasers war bisher aufgrund der zur Verfügung stehenden niedrigen mittleren Leistungen von wenigen 100 Watt überwiegend auf die Elektro- und Feinwerktechnik beschränkt. Seit kurzem sind Nd:YAG-Laser mit verbesserter Strahlqualität im Leistungsbereich bis 4 kW im Dauerstrichbetrieb kommerziell verfügbar. Spezifische Eigenschaften, wie die Möglichkeit der Strahlführung über flexible Glasfasern und eine höhere Oberflächenabsorption bei der kürzeren Wellenlänge des Nd:YAG-Lasers - vgl. Kapitel 2.2.2 - gegenüber der Wellenlänge des CO_2-Lasers, machen ihn deshalb für Einsatzgebiete interessant, die bisher dem CO_2-Laser vorbehalten waren. Insbesondere bei 3D-Applikationen in Verbindung mit Knickarmrobotern erweitern sich Flexibilität und Zugänglichkeit.

Der Nd:YAG-Laser zeichnet sich insbesondere im Dünnblechbereich durch eine höhere

Prozeßeffizienz und eine einfachere sowie flexiblere Handhabung aus [38]. Für Anwendungen bei größeren Schweißtiefen erweist sich jedoch die schlechtere Fokussierbarkeit bzw. die geringere "Schlankheit" gegenüber einem CO_2-Laserstrahl infolge der geringeren Strahlqualität und durch die Glasfaserübertragung als nachteilig. Neben einer hohen Strahlqualität bietet der CO_2-Laser hohe Ausgangsleistungen und wird deshalb vorteilhaft bei der Erzielung tiefer und schlanker Schweißnähte bei hohen Prozeßgeschwindigkeiten eingesetzt.

2.3 Schmelzschweißeignung von Aluminiumlegierungen

Das Laserstrahlschweißen ist nach DIN 1910 [39] der Gruppe der Schmelzschweißverfahren zuzuordnen. Damit eine den Anforderungen gerechte Schweißverbindung hergestellt werden kann, muß die *Laserschweißbarkeit* des Bauteils erfüllt sein. Bei gegebenen konstruktiven Bedingungen, d.h. Fügestellengestaltung und Beanspruchungszustand, wird die Schweißbarkeit allgemein nach DIN 8528 [40] von der *Schweißeignung des Werkstoffs* und der *fertigungsbedingten Schweißsicherheit* bestimmt.

Die Schweißeignung ist immer bezogen auf die Fertigung zu bewerten und wird u.a. von folgenden Werkstoffeigenschaften beeinflußt [40]:

a) *physikalische Eigenschaften*, z.B. bestimmend für
- Ausdehnungsverhalten,
- Wärmeleitfähigkeit,
- Schmelz- und Verdampfungspunkt,
- Energieeinkopplung,

b) *metallurgische Eigenschaften*, z.B. bestimmend für
- Schmelzbadverhalten (z.B. Gasporen),
- Gefügeverhalten unter Einwirkung der Schweißwärme,
- Festigkeitszustand,
- Kalt- oder Warmrißneigung.

Hinsichtlich Aluminiumwerkstoffen müssen zur Beurteilung der Laserschweißeignung folgende die Schweißeignung bei konventionellen Verfahren bestimmende Größen näher betrachtet werden [41],[42],[43],[44]:

- *Anfälligkeit gegen Wasserstoffporenbildung,*
- *Entfestigung im Schweißnahtbereich,*
- *Heißrißneigung.*

Bei der fertigungsbedingten Schweißsicherheit sind folgende Faktoren zu berücksichtigen [40]:

a) *Vorbereitung zum Schweißen,* z.B.
   - Schweißverfahren,
   - Naht- und Stoßart,
   - ohne/mit Zusatzmaterial,

b) *Ausführung des Schweißens,* z.B.
   - Wärmeführung,
   - Wärmeeinbringung,
   - Schweißfolge,

c) *Nachbehandlung,* z.B.
   - Wärmebehandlung,
   - Nacharbeiten (z.B. Schleifen, Kugelstrahlen oder Beizen).

Als verfahrensspezifische Charakteristika, welche das Laserschweißen von den konventionellen Schmelzschweißverfahren unterscheiden und welche zugleich für die fertigungsbedingte Laserschweißsicherheit wesentlich sind, können

- *die Energieeinkopplung über die Dampfkapillare,*
- *das Erreichen hoher Prozeßgeschwindigkeiten,*
- *das Auftreten hoher Aufheiz- und Abkühlgeschwindigkeiten*

genannt werden.

2.3.1 Wasserstoffporosität

Wasserstoffporosität beim Schmelzschweissen von Aluminiumlegierungen ist durch eine fast gleichmäßige Verteilung von kugelrunden Poren über die Schmelzfläche gekennzeichnet, vgl. Bild 11. Im allgemeinen tritt eine leichte Anhäufung an den Nahträndern auf.

Die Ursache der Porenbildung ist in Bild 12 [45],[46] anschaulich wiedergegeben. Beim Schweißprozeß wird Wasserstoff im Schmelzbad infolge seiner hohen Löslichkeit in flüssigem Aluminium aufgenommen. Mit sinkender Temperatur bei der Abkühlung des Schmelzbades nimmt die Löslichkeit ab, und beim Erstarrungspunkt tritt ein starker Löslichkeitssprung auf. Der Gehalt an gelöstem Wasserstoff bleibt dabei annähernd gleich, da infolge der hohen Abkühlungsgeschwindigkeit nahezu kein Diffusionsausgleich erfolgen kann. Bei diesem Vorgang wird der übersättigte Wasserstoff aus der Schmelze ausgeschieden und bildet Gasblasen, wenn gemäß dem *Sieverts'schen Gesetz* (Gl. (14))

$$\bar{p}_H(T) = \frac{H_L^2}{K_L(T)^2} \tag{14}$$

der Wasserstoffpartialdruck in der Schmelze den Porenkeimbildungsdruck von 10 bis 100 bar [46] überschreitet. Infolge der schnellen Erstarrung beim Schweißen werden einzelne Gasblasen beim Ausgasen von der Erstarrungsfront überholt und eingeschlossen. Dabei nimmt mit steigendem Wasserstoffgehalt in der Schmelze der Porenentwicklungsdruck und damit die Porosität quadratisch zu.

An der Oxidhaut adsorbierte *Fette*, *Öle* und *Wasserdampf* bzw. als *Hydrid* gebundener Wasserstoff, die sich beim Schweißprozeß zersetzen, stellen Quellen für den im Schmelzbad gelösten Wasserstoff dar [46]. Zur Vermeidung kritischer Porengehalte muß also eine sorgfältige Oberflächenvorbereitung im Schweißnahtbereich durchgeführt werden.

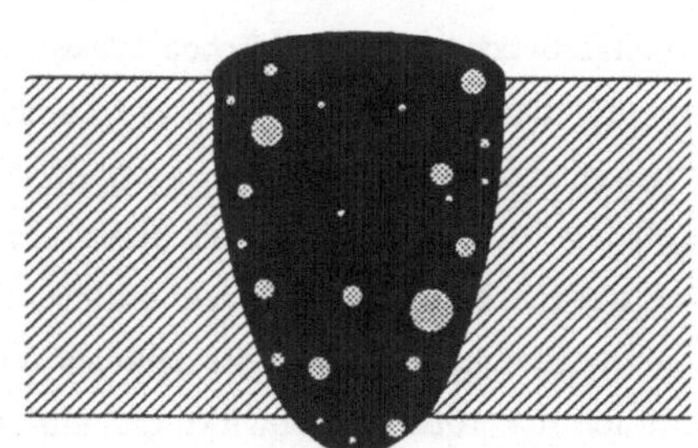

Bild 11: Schematische Darstellung einer wasserstoffporenhaltigen Schmelzschweißnaht.

Eine weitere Porenquelle beim Schmelzschweißen ist der im Grundmaterial gelöste

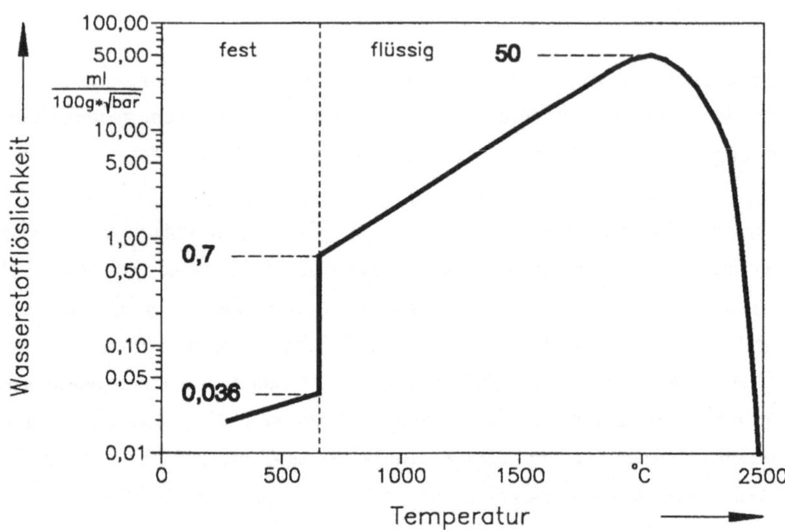

Bild 12: Wasserstofflöslichkeit als Funktion der Temperatur für festes und flüssiges Aluminium bis zum Verdampfungspunkt.

Wasserstoff, dessen Gehalt eng an das *Herstellungsverfahren* geknüpft ist. Nach Nörenberg [47] kann als Richtwert zur Erzielung porenarmer Schmelzschweißverbindungen ein zulässiger Wasserstoffgehalt von 10 ml/100 g im Werkstück festgelegt werden. Gewalzte oder stranggepreßte Kneterzeugnisse besitzen einen sehr geringen Wasserstoffgehalt (< 3 bis 4 ml/100g), der unkritisch für die Wasserstoffporenbildung beim Schmelzschweißen ist.

Bei Gußwerkstücken ist eine differenziertere Betrachtung notwendig. Moderne Sand- bzw. Kokillengießverfahren ermöglichen Wasserstoffgehalte, die im Bereich der Knetmaterialien liegen und damit eine sehr gute Schweißeignung bezüglich der Gasporenbildung bieten. Durch konventionelle *Druckgießverfahren* hergestellte Werkstücke sind aufgrund ihres hohen Gasgehaltes im Grundmaterial als nicht schmelzschweißgeeignet zu betrachten. Beim Gießprozeß werden Teile des Formtrennmittels, des Kolbenschmierstoffs oder der Atmosphäre in der Schmelze eingeschlossen, die dann als Wasserstoffquellen dienen. Der hohe Nachverdichtungsdruck (ca. 1000 bar) bewirkt, daß ein über dem Grenzwert liegender Wasserstoffgehalt im Gußstück eingefroren wird, ohne daß Poren gebildet werden [46]. Beim Schweißen unter Atmosphärendruck kommt es dann beim Aufschmelzen zur teilweise explosionsartigen Gasblasenbildung mit Schmelzauswurf, und nach der Erstarrung weisen diese Nähte eine hohe Wasserstoffporosität auf.

Erst neuere Entwicklungen bei der Druckgießtechnik, z.B. das Poralverfahren, das Vakuumdruckgießen, das Squezze-Casting oder das Thixocasting [22],[46], ermöglichen Wasserstoffgehalte unterhalb des oben genannten Grenzwertes.

2.3.2 Werkstoffverhalten beim Schweißen

Durch die Wärmewirkung beim Schmelzschweißen ist die Mikrostruktur im Schweißnahtbereich starken Veränderungen unterworfen. Es können zwei Zonen unterschieden werden: Die *Schmelzzone*, bei der das Grundmaterial vollständig aufgeschmolzen ist, und die *Wärmeeinflußzone*, bei welcher der Werkstoff Temperaturen zwischen dem Schmelzpunkt und einer materialtypischen Untergrenze (ca. 100° bis 150° C bei Aluminium) ausgesetzt ist. Diese beiden Zonen sind durch die Schmelzlinie getrennt, welche die Lage der Liquiduslinie charakterisiert. Dabei müssen naturharte und aushärtbare Werkstoffe getrennt betrachtet werden, da ihr metallurgisches Verhalten bei Wärmeeinwirkung unterschiedlich ist, siehe Tabelle 6 [48].

Im Gegensatz zu Stahl findet beim Schmelzschweißen von Aluminiumlegierungen in den meisten Fällen eine *Entfestigung* im Nahtbereich statt, weshalb ein Versagen praktisch ausschließlich im wärmebeeinflußten Bereich und nicht im Grundwerkstoff auftritt. Bei gegebenen konstruktiven Bedingungen ist die statische Tragfähigkeit der einzelnen Legierungen dabei durch das unterschiedliche Werkstoffverhalten beim Schweißen bestimmt, was anhand der in Tabelle 7 aufgeführten Mindestfestigkeitswerte für die Auslegung von Schweißkonstruktionen [48] verdeutlicht ist. Bei dynamischer Belastung hingegen spielen die Werkstoffeigenschaften nur eine untergeordnete Rolle. Entscheidend sind hier die *Kerbwirkung der Schweißnaht* und die Belastungsart [49],[50].

Bei naturharten Werkstoffen im Zustand weich tritt in der WEZ keine Beeinflußung durch die Schweißwärme auf, d.h. die Festigkeitswerte der Schweißverbindungen entsprechen den Werten des Grundwerkstoffes. Bei kaltverfestigtem Grundmaterial wird dagegen eine ausgeprägte Entfestigung beobachtet. Diese wird durch *Erholungs-* sowie *Rekristallisationsvorgänge* verursacht, wenn die Maximaltemperatur beim Schweißen die Weichglühtemperatur

Werkstofftyp	Werkstoff	Ausgangszustand GW	Entfestigungsvorgänge in der WEZ	Möglichkeit der Festigkeitssteigerung in der WEZ
nicht aus-härt-bar	*Al 99,5* *AlMn* *AlMgMn* *AlMg3* *AlMg4,5Mn*	weich	keine	keine
		halbhart hart (kaltverfestigt)	Erholung und Rekristallisation	keine
aus-härt-bar	*AlMgSi*	kaltausgehärtet warmausgehärtet	Ausscheidungs-vergröberung ≡ Überalterung	(warmauslagern) erneutes Aushärten
	AlZnMg	kaltausgehärtet warmausgehärtet	Lösungsglühen	a) kalt- oder warmauslagern b) erneutes Aus-härten

Tabelle 6: Einfluß der Schweißwärme auf die Festigkeitswerte des Grundwerkstoffes nach Klock [48].

von ca. 200° bis 250° C [51] überschreitet. Wechselwirkungszeit und Abkühlrate spielen hierbei nur eine untergeordnete Rolle [41]. In der Nähe der Schmelzlinie kann eine Festigkeitsabnahme bis auf den Zustand weich erfolgen, was die geringen relativen Werte in Tabelle 7 bei diesem Wärmebehandlungszustand erklärt. Eine Steigerung der Festigkeitswerte durch eine thermische Nachbehandlung ist bei naturharten und kaltverfestigten Materialien nicht möglich.

Bei ausscheidungsgehärteten Legierungen findet eine *thermisch aktivierte, diffusionskontrollierte Änderung des Ausscheidungsgefüges* in den Schweißnahtbereichen statt, in denen die Maximaltemperatur während des Schweißzyklusses oberhalb ca. 250° C liegt [41]. Dieser Vorgang ist verantwortlich dafür, daß das Ausmaß der Entfestigung bei ausscheidungsgehärteten Legierungen sehr empfindlich auf die Wechselwirkungszeit und die Abkühlrate reagiert. Bei Legierungen der 6xxx-Klasse wird die Entfestigung durch *Überalterungsvorgänge* verursacht, während diese bei 7xxx-Klasse durch ein *Lösungsglühen* hervorgerufen wird. Das unterschiedliche Verhalten ist auf die verschiedenen Aushärtungsphasen in den beiden Werkstoffklassen zurückzuführen. Bei AlMgSi-Legierungen tritt durch diese Fest-

Ausgangszustand	relative Mindestfestigkeit bezogen auf Grundwerkstoff [%]	
	0,2%-Dehngrenze	Zugfestigkeit
naturharte Legierungen (5xxx-Klasse AlMgMn)		
weich	100	100
kaltverfestigt	40 ÷ 60	65 ÷ 85
aushärtbare Legierungen (6xxx-Klasse AlMgSi)		
kaltausgehärtet	60	65
warmausgehärtet	35 ÷ 40	45 ÷ 55

Tabelle 7: Mindestfestigkeitswerte für die Auslegung von schutzgasgeschweißten Verbindungen am Stumpfstoß nach Klock [48].

körperreaktion unter Wärmeeinfluß bei Härtemessungen (Bild 13) typischerweise ein "Härtesack" mit maximal geschädigter Mikrostruktur in der WEZ zutage [41],[52]. Dieser stellt insbesondere im warmausgehärteten Zustand die schwächste Stelle in der Schweißnaht dar und ist somit für die große Reduzierung der Festigkeitswerte einer Schweißnaht gegenüber dem Grundwerkstoff verantwortlich (Tabelle 7).

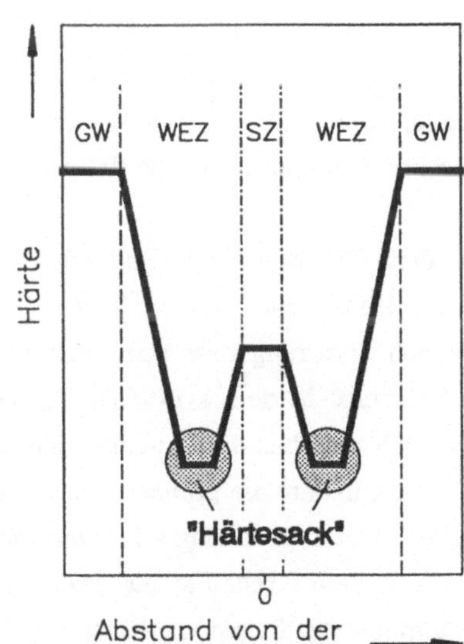

Bild 13: Schematische Darstellung einer typischen Härtekurve von schutzgasgeschweißten AlMgSi-Legierungen im warmausgehärteten Zustand.

Direkt an die Schmelzlinie grenzt die *partielle Schmelzzone* an, in der während des Schweißzyklusses Maximaltemperaturen zwischen der Solidus- und Liquiduslinie vorherrschen. Hier kommt es zum Aufschmelzen eutektischer Phasen innerhalb der Körner und durch Seigerungsvorgänge entlang den Korngrenzen. Letztere sind die Ursache dafür, daß ausscheidungsgehärtete

Legierungen anfällig gegenüber *Aufschmelzungsrissen* sind, siehe Kapitel 2.3.3.

Im Gegensatz zu AlZnMg-Legierungen kann der Festigkeitsverlust bei AlMgSi-Legierungen durch eine Warmauslagerung nach dem Schweißen nur in sehr kleinem Umfang rückgängig gemacht werden. Ist eine höhere Festigkeit gefordert, als diejenige, die beim konventionellen Schweißen direkt erzielt werden kann, so ist bei den 6xxx-Werkstoffen eine erneute Aushärtebehandlung (Lösungsglühen - Abschrecken -Kalt- bzw. Warmauslagern) unumgänglich.

2.3.3 Heißrißbildung

Heißrisse entstehen durch Schrumpfspannungen beim Erstarren. Der Rißverlauf ist interkristallin entweder senkrecht zur Schweißnahtrichtung (*Querrisse*) oder parallel (*Längsrisse*). Nach DIN 8524 Teil 3 [53] können Heißrisse gemäß der Ursache ihres Entstehens in *Erstarrungsrisse* in der Schmelzzone und *Aufschmelzungsrisse* in der Wärmeeinflußzone eingeteilt werden. Beim WIG- oder MIG-Schweißen treten Erstarrungsrisse in den meisten Fällen als Längsrisse in Erscheinung, was durch die stark ausgeprägte Erstarrungsschrumpfung senkrecht zur Schweißnahtrichtung hervorgerufen wird (Bild 14). Endkraterrisse am Schweißnahtanfang bzw. -ende können durch konstruktive Maßnahmen, z.B. Ein- bzw. Auslaufbleche, oder eine angepaßte Wärmeführung vermieden werden.

Nach den Theorien von Borland [54], Pellini [55] und Prokhorov [56] bilden sich Erstarrungsrisse beim Abkühlen einer Schmelze in dem kritischen Temperaturbereich zwischen der Liquidus- und der Soliduslinie, in dem die primär erstarrenden Kristalle ein zusammenhängendes Netzwerk bilden. Da diese Kristallite nur noch teilweise durch dünne Lagen von Restschmelze getrennt sind, besitzt diese Struktur eine gewisse Festigkeit, jedoch keine Duktilität. Bedingt durch die Behinderung der freien Erstarrungsschrumpfung konzentrieren sich

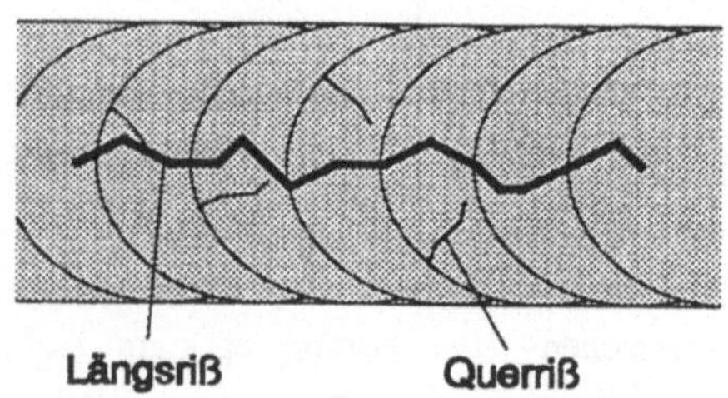

Bild 14: Schematische Darstellung von Längs- und Querrissen in schutzgasgeschweißten Aluminiumlegierungen.

lokal in den noch flüssigen Korngrenzenregionen hohe Dehnungen. Dadurch treten Spannungen an den bereits vorhandenen Brücken zwischen den einzelnen Körnern auf und es kommt zu plastischer Verformung, die sich in Zipfelbildung äußert. Wenn die filmartig verteilte Restschmelze die entstandenen Werkstofftrennungen nicht mehr ausheilen kann, kommt es zur Rißbildung. Der Vorgang ist abgeschlossen, wenn das Schmelzbad vollständig erstarrt ist. Der Bereich zwischen dem erstmaligen Auftreten eines zusammenhängenden Kornverbandes und dem vollständig erstarrten Schmelzbad wird als *"coherence"* bzw. *"brittle range"* bezeichnet [43]. Da die Heißrißbildung ein dynamischer Vorgang ist, ist eine Minimalverformungsgeschwindigkeit notwendig, welche direkt mit der Abkühlungsgeschwindigkeit verknüpft ist.

Aufschmelzungsrisse in WEZ-Bereichen, welche direkt an die Schmelzzone anschließen, werden durch das Aufschmelzen niedrigschmelzender Korngrenzenphasen verursacht, vgl. Kapitel 2.3.2

Die Heißrißanfälligkeit ist stark von der *Legierungszusammensetzung* abhängig [57], [58],[59]. Insbesondere die aushärtbaren Legierungsklassen AlMgSi (6xxx), AlCuMg (2xxx), AlZnMg[Cu] (7xxx) und AlLi zeigen eine starke, Reinalumuminium dagegen nur eine

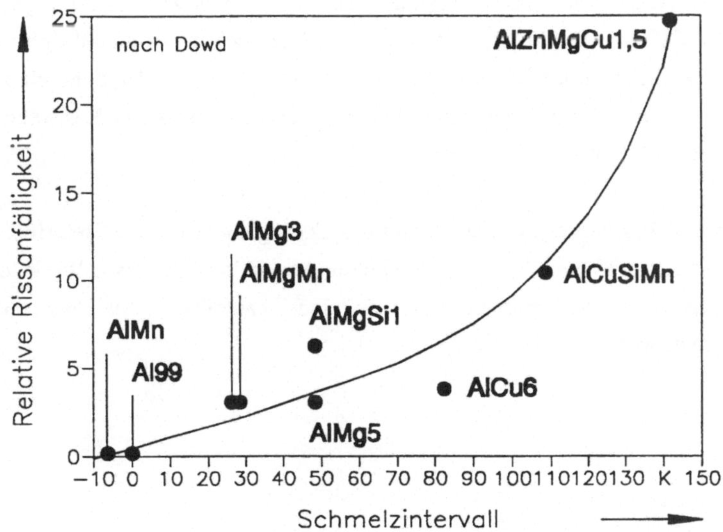

Bild 15: Relative Rißanfälligkeit von Aluminium-Knetlegierungen beim Schmelzschweißen in Abhängigkeit vom Schmelzintervall nach Dowd [59].

geringe Erstarrungsrißneigung (Bild 15). Dies ist darin begründet, daß die Höhe der Schrumpfspannungen von der Ausdehnung des "brittle range" abhängig ist, welcher wiederum über die Konstitutionsverhältnisse durch die chemische Zusammensetzung festgelegt ist [42], [43],[60]. Daher sind besonders Cu-haltige Legierungen, z.B. AlCuMg2 (AA 2024) und AlZnMgCu1,5 (AA 7075), wie sie vorzugsweise im Luft- und Raumfahrtbereich eingesetzt werden, stark rißgefährdet und daher weitgehend nicht schweißgeeignet [61],[62]. Reinaluminium hingegen ist rißunempfindlich, da ein Element kein Schmelzintervall sondern einen Schmelzpunkt besitzt. Die in technischem Aluminium enthaltenen Verunreinigungen rufen zwar ein gering ausgeprägtes Zweiphasengebiet hervor, das jedoch hinsichtlich seines Einflusses auf die Heißrißanfälligkeit vernachlässigt werden kann.

Andererseits bestimmt die Legierungszusammensetzung den Mengenanteil und die Verteilung der bei konstanter Temperatur erstarrenden eutektischen Restschmelze, welche mit ansteigendem Legierungsgehalt zunimmt. Ein hoher Anteil an Restschmelze gewährleistet eine hohe Sicherheit gegen Heißrißbildung, da bei auftretenden Werkstofftrennungen eine Ausheilung durch diese erfolgen kann. Die aushärtbaren Legierungen liegen jedoch bezüglich ihrer Konstitution in einem Bereich mit nur einem geringen Anteil eutektisch erstarrender Restschmelze.

Werden beim Schweißen von heißrißempfindlichen Legierungen *Zusatzwerkstoffe*, z.B. S-AlMg4,5Mn, S-AlSi5 oder S-AlSi12, eingesetzt, so erklärt sich deren metallurgische Wirksamkeit durch die Veränderung der Legierungszusammensetzung in der Schmelzzone. Die Konstitution wird in einen Bereich mit einem hohen Anteil an eutektischer Restschmelze und damit niedriger Rißanfälligkeit verschoben.

Wie die bisherigen Ausführungen zeigen, sind die Bedingungen für die Heißrißbildung je nach Schweißverfahren, Wärmeführung und -ableitungsverhältnissen sowie Werkstoffeigenschaften unterschiedlich und müssen daher für jede bauteilbezogene Fügeverbindung gesondert betrachtet werden [63].

2.4 Stand der Erkenntnisse zur Laserschweißeignung von Aluminiumlegierungen

Der Schwerpunkt bisheriger Arbeiten zum Laserschweißen von Aluminiumwerkstoffen lag auf Grundlagenuntersuchungen über den Einfluß der Prozeßparameter - Leistung, Intensität, Fokusdurchmesser und -lage, Vorschubgeschwindigkeit, Betriebsweise (cw/p) sowie Schutzgas und Oberflächenzustand - auf das Schweißergebnis. Dabei standen verfahrenstechnische Fragestellungen mit dem Ziel eines stabilen Schweißprozesses und einer hohen Nahtqualität im Vordergrund [64] bis [77]. Die Einbeziehung legierungsspezifischer Eigenschaften war bis jetzt nur von untergeordneter Bedeutung [78] bis [85].

Die überwiegende Anzahl der Veröffentlichungen befaßt sich mit Blechwerkstoffen der Legierungsklassen AlCuMg, AlZnMgCu, AlMgSiCu und AlLi aus dem Luft- und Raumfahrzeugbau im Dünnblechbereich, d.h. 1 bis < 3 mm [15],[86] bis [94]. Untersuchungsergebnisse für Schweißtiefen > 3 mm oder für Materialien des Straßenfahrzeugbaus, z.B. Karosseriebleche, Strangpreß- oder Gußlegierungen, sind nur vereinzelt bekannt [69],[95] bis [100].

Im folgenden sind nun die wichtigsten Erkenntnisse zur Laserschweißeignung von Aluminiumlegierungen zusammengefaßt, welche sich aus der Literaturrecherche ergeben.

Aluminiumwerkstoffe besitzen gegenüber Stahl eine viel schwierigere Bearbeitbarkeit mit Laserstrahlung der Wellenlänge des CO_2-Lasers, welcher den bisher überwiegend eingesetzten Lasertyp bei dieser Schweißaufgabe darstellt. Es existiert nur ein *schmales Prozeßfenster*, das nach unten hin durch die höhere Schwelle für das Einsetzen des *Tiefschweißeffektes* und nach oben hin durch die niedrigere Schwelle zur *Plasmaabschirmung* abgegrenzt ist.

Beim Einsatz eines Nd:YAG-Lasers ergibt sich gegenüber der CO_2-Laserstrahlung ein breiteres Prozeßfenster und damit eine einfachere Bearbeitbarkeit. Dies beruht auf der niedrigeren Tiefschweißschwelle und der höheren Transparenz des Plasmas bei der kürzeren Wellenlänge. Als nachteilig erwies sich bisher beim Nd:YAG-Laser die geringen verfügbaren mittleren Leistungen und die schlechte Strahlqualität, so daß Aluminiumwerkstoffe mit diesem Lasertyp bis in jüngste Zeit im Tiefschweißbereich ausschließlich gepulst geschweißt werden konnten [101]. Wie die Ergebnisse zahlreicher Arbeitsgruppen dokumentieren [71],[78],[83],[84],[85], [91],[102],[103], lassen sich in dieser Betriebsart im allgemeinen nur Schweißnähte mit schlechter Nahtqualität, d.h. hohem Fehleranteil, bzw. nur geringe

Vorschubgeschwindigkeiten erzielen, weshalb gepulste Laserschweißsysteme legiglich eine eingeschränkte Fertigungstauglichkeit für Leichtbauaufgaben besitzen.

Bei den Untersuchungen mit CO_2-Lasern spielen die Schutzgasart und -führung eine zentrale Rolle [104],[105], da sie neben der Gewährleistung eines stabilen Schweißprozesses durch Kontrolle des Plasmas auch den Schutz der Schmelze gegen reaktiven Luftsauerstoff und -stickstoff zur Aufgabe haben. Mit Inertgasgemischen aus Helium und Argon unterschiedlicher Zusammensetzung, die über einen off-axis Plasmajet zugeführt werden, werden die höchsten Nahtqualitäten erreicht.

Im Gegensatz zu konventionellen Schmelzschweißverfahren üben *leichtflüchtige Legierungselemente*, z.B. Mg, Zn oder Li, einen großen Einfluß auf den Schweißprozeß aus. Dies bedeutet, daß beim Schweißen unterschiedlicher Legierungen mit den gleichen Prozeßparametern unterschiedliche Schweißergebnisse erhalten werden. Hierzu werden zwei verschiedene Mechanismen diskutiert:

1. Leichtflüchtige Elemente verändern die Plasmaeigenschaften des ionisierten Metalldampfes und damit die Energieeinkopplung über das Plasma [64],[87],[88],[95].
2. Leichtflüchtige Elemente erleichtern die Verdampfung und begünstigen damit die Ausbildung der Dampfkapillare [82],[83],[89],[106].

Hypothese 1 wird durch die Beobachtung unterstützt, daß das Plasmaleuchten in Abhängigkeit von der Legierungszusammensetzung eine andersartige Färbung aufweist. Hypothese 2 trägt hingegen der Erkenntnis Rechnung, daß die Schwellintensität und die Einschweißtiefe eine Funktion des Gehalts an niedrigsiedenden Elementen ist, was durch Sakamoto [106] experimentell nachgewiesen wurde. Ein geschlossenes physikalisches Modell zum Einfluß von Legierungselementen auf den Tiefschweißeffekt, mit dem die beiden Hypothesen überprüft werden könnten, existiert bis jetzt noch nicht.

Eine weitere Auswirkung auf die Schweißeignung besteht durch den Abbrand der niedrigsiedenden Legierungselemente in der Schmelzzone, was zu einer Veränderung der metallurgischen und mechanischen Eigenschaften der Schweißnaht führen kann [78],[107],[108].

Als häufigste Nahtfehler beim Laserschweißen von Aluminiumlegierungen werden *Poren* und

Heißrisse genannt. Die Entstehung der beim Laserschweißen von Aluminiumwerkstoffen auftretenden Poren wird zum großen Teil dem ausgasenden übersättigten *Wasserstoff* zugeschrieben, welcher bei der Erstarrung in der Schmelzzone eingeschlossen wird [76],[78],[81],[87],[109]. Zur Vermeidung der Porenbildung wird daher eine sorgfältige Oberflächenvorbehandlung im Fügebereich [110] und die Wahl von Prozeßparametern, welche eine gute Ausgasung ermöglichen [66], vorgeschlagen. Zahlreiche experimentelle Erfahrungen demonstrieren jedoch, daß mit diesen Verfahrensweisen nahezu kein Einfluß auf die Bildung großer Poren im Nahtwurzelbereich - welche einen wesentlichen Anteil der Gesamtporosität darstellen - ausgeübt werden kann. Die Entstehung dieser Porenart wird bei cw-Schweißungen auf

1. die Einwirbelung von Schutzgas bzw. Umgebungsatmosphäre in die Schmelze, welche nicht über die Nahtwurzel ausgasen können [76],[78],[81],[87], bzw.
2. die explosionsartige Verdampfung von niedrigsiedenden Legierungselementen [78],[81],[111],[112]

zurückgeführt. Abhilfemaßnahmen richten sich daher auf eine Optimierung der Schutzgasführung sowie auf die Wahl von Prozeßparametern, welche eine übermäßige Überhitzung des Schmelzbades vermeiden. Damit lassen sich in den meisten Fällen, vorallem bei Schweißaufgaben, bei denen eine höhere Schweißtiefe (ca. > 2 mm) gefordert wird, nur geringfügige Verbesserungen erzielen.

Bei gepulsten Schweißungen können sich Poren im Nahtwurzelbereich auch dadurch bilden, daß beim Abschalten des Laserpulses die Dampfkapillare kollabiert [78]. Diese Ursache kann durch eine entsprechende Pulsformung beseitigt werden, wie Matsunawa [103] experimentell nachgewiesen hat.

Vergleichbar zum MIG- und WIG-Schweißen (Kapitel 2.3.3) zeigt sich die Neigung zur Heißrißbildung stark an die untersuchte(n) Legierung(en) gebunden. Insbesondere bei den aushärtbaren Legierungen der AlMgSi-, AlCuMg- und AlZnMgCu-Klasse wird von einer hohen Rißanfälligkeit berichtet [82],[84],[85],[113], wobei die Rißanzahl mit steigender Vorschubgeschwindigkeit anwächst [109],[110],[114]. Zur Vermeidung von Heißrissen wird in diesen Fällen die Verwendung von Zusatzdraht empfohlen, wobei eine Verringerung der Prozeßgeschwindigkeit und eine Erhöhung der Wärmebelastung des Bauteils in Kauf genommen werden muß [98],[109],[110],[115],[116]. Marsico et al. [81], Matsumura et al.

[82] und Rapp [114] weisen jedoch in unabhängigen Untersuchungen darauf hin, daß in bestimmten Prozeßparameterbereichen keine Heißrisse bei den oben genannten Legierungen entstehen, obwohl kein Zusatzwerkstoff verwendet wurde. Die Erklärung dieser scheinbar widersprüchlichen Aussagen steht noch offen.

Neben Rissen und Poren stellen bei cw-Schweißungen stochastisch auftretende *Schmelzauswürfe* bzw. *Löcher* eine weitere die Schweißeignung beeinträchtigende Fehlerart dar [98],[100],[111]. Die Häufigkeit ihrer Entstehung ist dabei in großen Maße von den gewählten Prozeßparametern abhängig. Die Ursachen der für das Laserschweißen von Aluminiumlegierungen typischen Nahtimperfektionen sind jedoch noch nicht geklärt. Vermutungen von Berkmanns [98], Jones et al. [100],[111] und Calder [89] gehen dahin, daß Schmelzauswürfe prozeßbedingte Instabilitäten sind, welche durch schlagartiges Verdampfen von Material an der Kapillarwand hervorgerufen werden.

Zugversuche an stumpfgeschweißten Blechen zeigen, daß die statische Festigkeit im wesentlichen durch die Legierung und nur in geringem Maß durch die Prozeßführung bzw. die Nahtqualität bestimmt wird [86],[93],[98],[111],[117]. Eine Ausnahme bilden solche Nahtfehler, welche scharfe Kerben darstellen oder den tragenden Querschnitt stark verringern und so die Festigkeit und Duktilität der Verbindung herabsetzen. Über das Festigkeitsverhalten anderer für Leichtbauanwendungen wichtiger Naht- und Stoßarten, z.B. Linien- und Kehlnaht am Überlappstoß oder Bördelnaht, liegen bis jetzt noch keine aussagekräftigen Ergebnisse vor.

3 Zielsetzung und Vorgehensweise

Der Stand der Erkenntnisse verdeutlicht, daß die wesentlichen Einflußgrößen auf die Laserschweißeignung von Aluminiumlegierungen, wie z.B. Prozeßverhalten und Nahtfehler, *erfaßt* sind. Eine allgemeingültige Bewertung mit quantitativen Aussagen existiert jedoch noch nicht bzw. nur in unzulänglicher Weise, z.B. Merkblatt DVS 3203 T3 [112]. Die Schwerpunktbildung liegt dabei auf Blechwerkstoffen des Luft- und Raumfahrzeugbaus, während die häufig gebrauchten Materialgruppen des Straßenfahrzeugleichtbaus unterrepräsentiert sind.

Bis jetzt erfolgte die Beurteilung der Laserschweißeignung einzelner Werkstoffe in den meisten Fällen praktisch ausschließlich auf der Grundlage ihrer konventionellen Schweißeignung, wobei die für das Laserschweißen spezifischen Aspekte (Kapitel 2.3) außer Acht gelassen wurden. Dadurch existieren für Phänomene, welche im Vergleich zu den Schutzgasschweißverfahren *neu* auftreten, z.B. von der Legierungszusammensetzung abhängiges Prozeßverhalten, Bildung großer Poren oder Schmelzauswürfe, nur unzureichende bzw. zwischen den einzelnen Arbeitsgruppen widersprüchliche physikalische Erklärungen. Eine Lösungsfindung für fertigungstechnische Problemstellungen des Straßenfahrzeugbaus, z.B. beim Verschweißen unterschiedlicher Materialklassen bei der Herstellung von "Tailored Blanks" (Kapitel 2.1.2) oder bei Schweißverbindungen in "Space-Frame"-Strukturen (Kapitel 2.1.2), wird dadurch erschwert bzw. nahezu unmöglich gemacht.

Darüber hinaus beschränkten sich die bisher angewendeten Verfahrenstechniken auf das Schweißen mit einem rotationssymetrischen Laserstrahl. Erfahrungen beim Elektronenstrahlschweißen zur Prozeßoptimierung mittels Strahlformung [118],[119] sind beim Laserstrahlschweißen im Dauerstrichbetrieb bisher nicht beachtet bzw. nicht umgesetzt worden.

Ziel der Arbeit ist es, eine *umfassende Charakterisierung der Laserschweißeignung* von Aluminiumwerkstoffen zu erstellen, welche es ermöglicht, bei fügetechnischen Anwendungen im Leichtbau *Verfahrensempfehlungen* zu geben bzw. *werkstofftechnische Verfahrensgrenzen* aufzuzeigen oder eine *lasergerechte Werkstoffauswahl* zu treffen.

Unter Berücksichtigung der in Kapitel 2.3 aufgeführten Eigenschaften, welche die Schweißeignung beeinflussen, werden mit Hilfe theoretischer und werkstofftechnischer Analysen die wichtigsten physikalischen und metallurgischen Grundlagen bei der Wechselwirkung Laserstrahl - Werkstück erarbeitet. Der Schwerpunkt liegt dabei auf der Veranschaulichung möglichst allgemeingültiger Erkenntnisse. Hinsichtlich der gegenseitigen Abhängigkeit zwischen Schweißeignung und fertigungsbedingter Schweißsicherheit sind die Darstellungen der Ergebnisse immer an die Randbedingungen der eingesetzten Laserschweißtechnik bzw. der Prozeßparameter, der Schutzgasführung und eventueller Vor- und Nachbehandlungen geknüpft.

Nach einem kurzen Abriß über Versuchsanlagen und -durchführung in Kapitel 4 werden zunächst die prozeß- und materialspezifischen Einflußgrößen auf die Ausbildung der Dampfkapillare beschrieben. Dadurch läßt sich ein tieferes Verständnis bezüglich der werkstoffseitigen Anforderungen an die Strahlquelle als auch des Prozeßverhaltens beim Vorhandensein leichtflüchtiger Legierungselemente gewinnen (Kapitel 5). Ausgehend vom Tiefschweißverhalten wird in Kapitel 6 der Zusammenhang zwischen Prozeßinstabilitäten und der Bildung von Nahtimperfektionen dargelegt. Es wird gezeigt, daß aufbauend auf diesen Resultaten mittels Strahlformung durch Kombination zweier Laser eine verfahrenstechnische Optimierung gelingt, mit welcher qualitätsmindernde Effekte beseitigt werden können.

Daran anschließend werden die metallurgischen Eigenschaften, welche das Werkstoffverhalten während des Laserschweißzyklusses und die Heißrißbildung bestimmen (Kapitel 7), näher beleuchtet und ihre Auswirkungen auf die Tragfähigkeit geschweißter Verbindungen untersucht (Kapitel 8). Der Schwerpunkt des Werkstoffspektrums liegt im Hinblick auf die fertigungstechnische Relevanz für Leichtbaukonzepte im Straßenfahrzeugbau bei den AlMgSi- und AlMg[Mn]-Knetwerkstoffen und AlSi[Mg]-Gußlegierungen, siehe Kapitel 2.1.2. Aus demselben Grund werden die I-Naht am Stumpfstoß und die Liniennaht am Überlappstoß stellvertretend für die möglichen Fügeverbindungen ausgewählt.

Den Abschluß der Arbeit (Kapitel 9) bildet eine Übertragung der Grundlagenerkenntnisse auf die Laserschweißbarkeit praxisnaher Fügeverbindungen bei neuartigen Karosseriekonzepten: das Herstellen von maßgeschneiderten Platinen - "Tailored Blanks" (Kapitel 2.1.2) - und das Fügen von Knet/Guß-Verbindungen bei Tragrahmenstrukturen - "Space-Frame" (Kapitel 2.1.2). Zur Beurteilung der Leistungsfähigkeit des Laserschweißverfahrens im Leichtbau beinhaltet dieser Abschnitt auch einen Eigenschaftsvergleich von mit unterschiedlichen Verfahren gefügten Tragrahmenverbindungen.

4 Versuchseinrichtungen und -durchführung

4.1 Lasersysteme und Bearbeitungsmaschinen

4.1.1 Einstrahltechnik

Die in den Untersuchungen eingesetzten CO_2-Laserstrahlquellen umfassen einen Bereich zwischen 1,5 und 20 kW Ausgangsleistung bei unterschiedlicher Strahlqualität, vgl. Tabelle 8. Alle Lasergeräte sind längsgeströmt, hochfrequenzangeregt und besitzen einen stabilen Resonatoraufbau, aus welchem ein linear polarisierter Laserstrahl ausgekoppelt wird.

Die Schweißversuche zur Einstrahltechnik wurden auf einer 2-Achsen-Portalmaschine sowie mit einem 6-Achsen-Standard-Industrieroboter, der über ein externes, bewegliches Strahlführungssystem verfügt, und einem 5-Achsen-Laserroboter mit innenliegender Strahlführung durchgeführt. Die Laserstrahlquellen und die Bearbeitungsmaschinen sind über ein am IFSW entwickeltes flexibles Strahlführungssystem [120] miteinander verbunden, welches einen Mehrstationen- und einen Simultanbetrieb erlaubt. Eine Ausnahme bilden die Laser RS 5000 und SR 200, welche nicht in das Strahlführungssystem eingebunden sondern mit dem Industrieroboter (RS 5000) bzw. mit einer 4-Achsen-Sonderbearbeitungsstation (SR 200; siehe unten) starr gekoppelt sind.

Strahldaten der Laser	TLF 1500	TLF 5000	RS 5000	TLF 5000 TURBO	TLF 12000 [2] TURBO	SR 200
Ausgangsleistung [kW]	1,3	5	5	5	10	20
K-Zahl	0,7	0,18 / 0,27 [1]	0,23	0,3	0,34	0,1 [3]
Einsatzgebiet [4]	x	x + xx	x	x + xx	xx	xx

[1] ... Verbesserung der K-Zahl infolge Optimierung des Elektrodenkonzepts.
[2] ... Version HQ mit Modenblende.
[3] ... Leistungsabhängige Variationen zwischen 0,09 und 0,12.
[4] ... x = Einstrahltechnik; xx = Zweistrahltechnik.

Tabelle 8: Strahldaten der im Rahmen dieser Arbeit eingesetzten CO_2-Laserstrahlquellen.

Die Fokussierung des Laserstrahls auf die Werkstückoberfläche erfolgte mit wassergekühlten Spiegeloptiken der Brennweiten 150 mm, 200 mm und in Einzelfällen 300 mm. Die Strahlvermessung wurde mit dem Strahldiagnostikgerät PROMETEC UFF 100 [121] durchgeführt, welches die Ermittlung der für das Laserschweißen wichtigen Kenngrößen *Intensitätsverteilung*, *Strahlradius* und *Rayleighlänge* erlaubt. Zur Veranschaulichung ist in Bild 16 die örtliche Leistungsdichteverteilung der Strahlen verschiedener Laserquellen im Fokus dargestellt.

Zum Schutz der Optiken vor Schweißrauch und Spritzern wurden an den Strahlaustrittsöffnungen "Querjets", d.h. "Gasvorhänge" aus Stickstoff bzw. Druckluft quer zur Strahlachse, verwendet.

4.1.2 Zweistrahltechnik

Die Untersuchungen zur Optimierung des Laserschweißprozesses bei Aluminiumlegierungen mittels *Strahlformung* wurden über die *Zweistrahltechnik* (Bild 17) realisiert, wobei als Bearbeitungsmaschine eine 4-Achsen-Sonderbearbeitungsstation diente. Für eine ausführliche Beschreibung der Anlagentechnik und der verfahrenstechnischen Möglichkeiten wird auf die Arbeiten von Glumann [122],[123] verwiesen.

Im Rahmen dieser Arbeit wurden die verfahrenstechnischen Möglichkeiten dahingehend beschränkt, zwei CO_2-Laser miteinander in *Tandem-Anordnung* zu kombinieren, wobei die

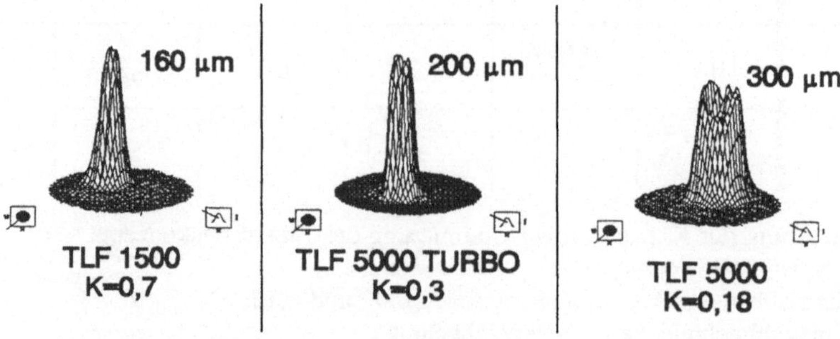

Bild 16: Intensitätsverteilung und Strahldurchmesser verschiedener Laser im Fokus bei einer Brennweite von 150 mm.

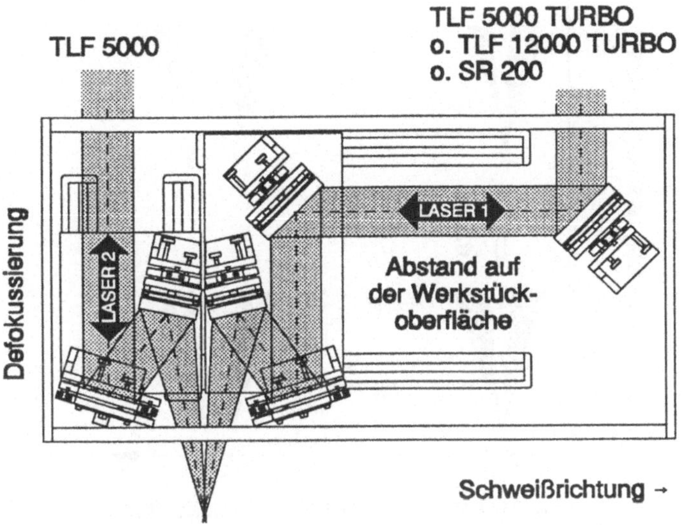

Bild 17: Schemaskizze der bei der Zweistrahltechnik eingesetzten Sonderfokussieroptik zur Strahlformung.

Einzelstrahlen dabei bis zur Bearbeitungsfläche separat geführt und geformt werden. Die Überlagerung beider Strahlen erfolgt in einer Sonderfokussieroptik mit der Brennweite 150 mm (300 mm). Konstruktionsbedingt weisen die Einzelstrahlen jeweils einen Einfallswinkel von 15° (10°) auf. Dabei ist - in Schweißrichtung gesehen - der erste Laser der Schweißlaser und der zweite Laser der Folgelaser. Der *Schweißlaser* ist primär für die Erzeugung der *Nahtgeometrie* verantwortlich, der *Folgelaser* hingegen wird in erster Linie für die *Prozeßbeeinflussung* eingesetzt.

Durch Veränderung des Abstandes zwischen beiden Laserstrahlen bzw. Defokussierung des zweiten Lasers - mittels horizontal (Laser 1) bzw. vertikal (Laser 2) beweglicher Fokussiersysteme - läßt sich die räumliche Intensitätverteilung am Werkstück nahezu frei gestalten, wie in Bild 18 schematisch dargestellt ist. Die resultierende Intensitätsverteilung bei Strahlüberlagerung ergibt sich durch Addition der lokalen Intensitäten der Einzelstrahlen. Für den Fall der Überlagerung beider Einzelfoki in einem Punkt auf der Werkstückoberfläche (Strahlkombination) ist dies anhand der Strahlvermessung für die verschiedenen in den Zweistrahluntersuchungen eingesetzten Laserkombinationen in Bild 19 demonstriert. Interferenzeffekte zwischen beiden Einzellaserstrahlen sind nicht zu beobachten [122]. Dies bedeutet, daß in

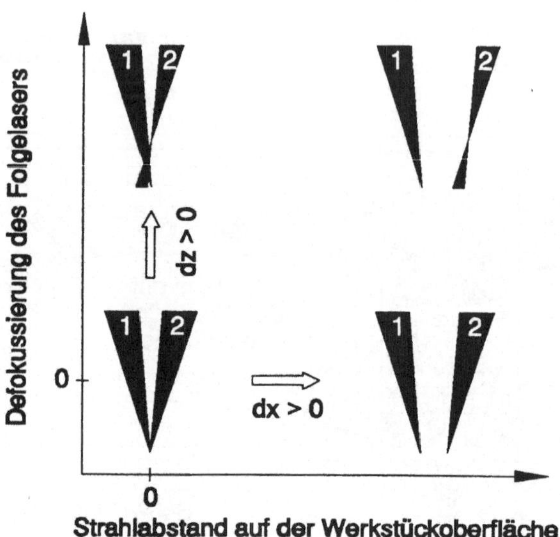

Bild 18: Schematische Darstellung der möglichen Fokussierungen und daraus resultierender Intensitätsverteilungen bei der Zweistrahltechnik.

diesem Fall der "schlechter" fokussierte Laserstrahl mit dem größeren Fokusradius den Durchmesser des gemeinsamen Fokuspunktes festlegt.

4.2 Schutzgasführung

Die Zuführung des Schutzgases an die Schweißstelle erfolgte über einen off-axis Plasmajet mit einem Durchmesser von 6 bis 8 mm (Bild 20). Vorversuche ergaben, daß ab einem Volumenstrom von ca. 2000 Nl/h mit Helium und Helium/Argon-Gemischen gleichzeitig eine ausreichende Plasmakontrolle und ein wirksamer Oxidationsschutz der erstarrenden Oberraupe gewährleistet werden kann. Oberhalb dieser Durchflußgrenze zeigt sich das Prozeßverhalten sowie die Ausbildung der Nahtgeometrie nahezu unabhängig von der Zusammensetzung des Inertgasgemisches (Bild 21). Bei Volumenströmen unter 2000 Nl/h tritt bei reinem Argon eine Plasmaabschirmung mit entsprechender Reduzierung der Einschweißtiefe auf.

Hierauf basierend wurden für die Einstrahlversuche Reinhelium und Helium/Argon-Gemische

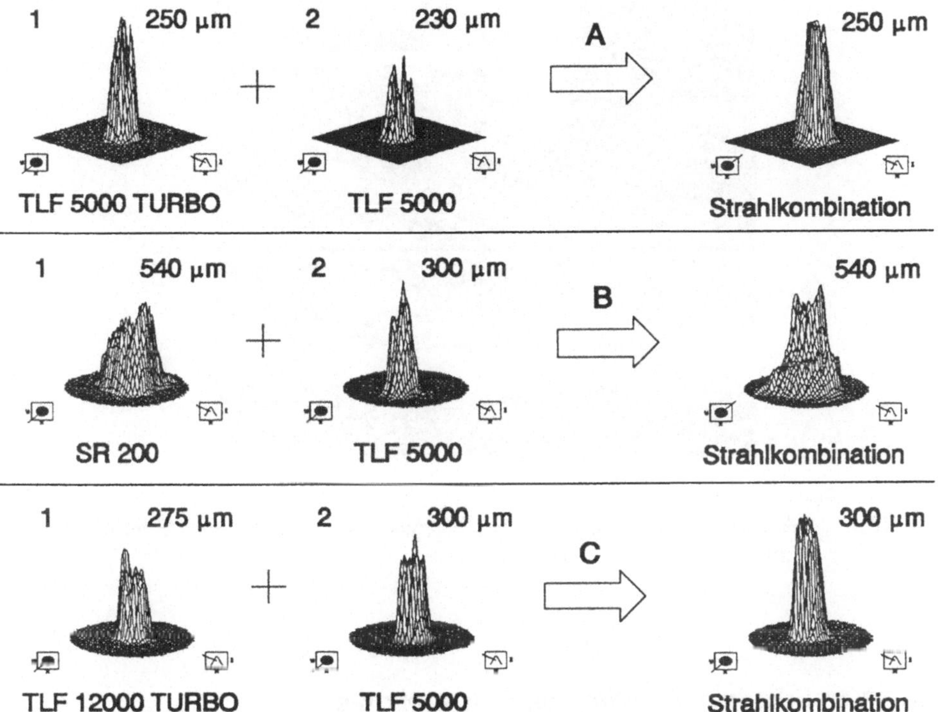

Bild 19: Intensitätsverteilung und Strahldurchmesser im Fokus der Einzelstrahlen und bei Überlagerung in einem Fokuspunkt für die verschiedenen Laserkombinationen bei einer Brennweite von 150 mm.

in der Zusammensetzung 100 % He bis 25 % He / 50 % Ar bei Durchflußmengen zwischen 2000 und 3000 Nl/h eingesetzt. Bei Anwendung der Zweistrahltechnik mußte der Rohrdurchmesser auf 10 mm erhöht und die Durchflußmenge auf 4000 bis 5000 Nl/h gesteigert werden, um bei gleichen Gasgemischen eine vergleichbare Kontroll- und Schutzwirkung zu erzielen.

Bei Durchschweißungen, z.B. I-Nähten am Stumpfstoß, wurde die Wurzel zur Abstützung des Schmelzbades und als Oxidationsschutz mit einem Helium-Gasstrom in der Größenordnung zwischen 500 und 1500 Nl/h beaufschlagt. Die Zuführung des Wurzelgases erfolgte über eine Gasdüse (Bild 20) oder alternativ über eine in die Spannvorrichtung integrierte Cu-Schiene, wie sie auch beim konventionellen Schmelzschweißen verwendet wird.

Bild 20: Anordnung der Gasdüsen zur Plasmakontrolle sowie zum Schutz der Nahtoberraupe und -wurzel.

4.3 Versuchsdurchführung und -auswertung

Als konstante Parameter bei den einzelnen Versuchsreihen der Ein- und Zweistrahltechnik wurden eine

- parallel zur Schweißrichtung ausgerichtete Polarisation des Laserstrahls (welche bei den Roboterstationen über ein LIPOR-Gerät [124] gesteuert wird),
- auf der Werkstückoberfläche liegende Fokuslage (FL=0) des Schweißlasers,
- Schutzgasführung entsprechend Kapitel 4.2 und
- kein Zusatzwerkstoff

gewählt. Abweichungen hiervon sind im Text bzw. den Tabellen oder Bildern ausdrücklich angegeben.

Die Versuchsmaterialien wurden aus der Auswahl an verschiedenen Blechen, Strangpreß- und

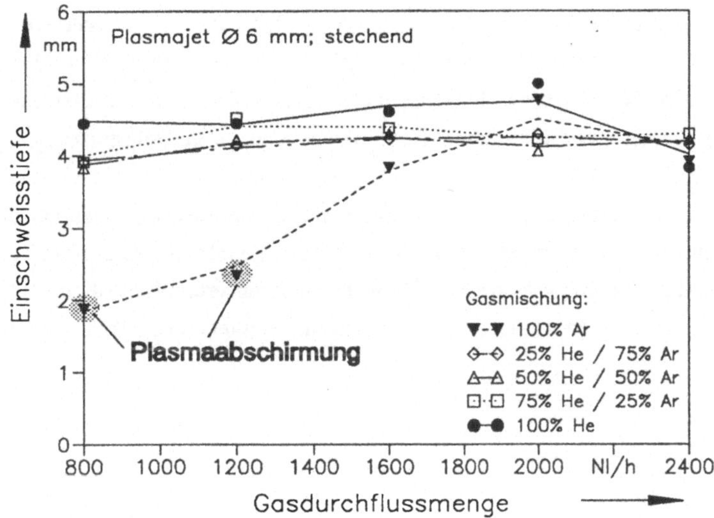

Bild 21: Einschweißtiefe als Funktion des Gasvolumenstroms und der Gasmischung bei AlMgSi1-Blindschweißungen (P=3,5 k; v=3 m/min; K=0,3; F=4,4; s=5 mm).

Gußlegierungen der AlMgSi- (6xxx), AlMg[Mn]- (5xxx) und AlSi[Mg]-Klasse (Tabelle 2, Tabelle 3 und Tabelle 4) so zusammengestellt, daß eine repräsentative Übersicht über die Laserschweißeignung der für den Straßenfahrzeugbau wichtigen Aluminiumlegierungen gegeben werden kann. Zur Bestätigung allgemeingültiger Erkenntnisse war es in den Kapiteln 5.3 und 7.2 erforderlich, noch zusätzlich Bleche der Luftfahrtwerkstoffe AlCuMg2 (AA 2024), AlZnMgCu1,5 (AA 7075) und AlLiCu (AA 8090) sowie der Legierung AlMg1 (AA 5005A) heranzuziehen. Die Angaben zur Legierungszusammensetzung und den wichtigsten physikalischen und mechanischen Eigenschaften können den Herstellerangaben und [20] entnommen werden.

Zur werkstoffkundlichen Untersuchung der Schweißnähte wurden verschiedene Methoden angewandt: Das Schweißnahtgefüge, welches die Nahtgeometrie und -fehler einschließt, wurde metallographisch charakterisiert. Die Röntgendurchstrahlung diente speziell zur Erfassung makroskopischer Nahtinhomogenitäten, wie z.B. Risse, Poren oder Lunker. Die chemische Untersuchung des Schweißnahtgefüges, z.B. zur Ermittlung des Elementabbrandes oder der Elementverteilung beim Verbinden unterschiedlicher Legierungen, erfolgte durch die Analyse der charaktersistischen Röntgenstrahlung mit einem wellenlängendispersiven

Spektrometer (WDX) in einer Mikrosonde. Zur Bestimmung der mechanischen Schweißnahteigenschaften wurde die Messung der Mikrohärte nach Vickers im Lastbereich zwischen 25 und 300 g sowie Zugversuche nach DIN 50123 [125] (Stumpfstoß) und Scherzugversuche nach DIN 50124 [126] (Überlappstoß) angewendet. Diese Prüfverfahren wurden in konkreten Anwendungsfällen durch Tests unter dynamischer Belastung ergänzt.

Die Ergebnisse der Härte- und Mikrosondenmessungen sind im folgenden auf die Schmelzzonenbreite normiert aufgetragen. Dabei ist die Schweißnahtmitte zu null und die Schmelzlinien zu plus bzw. minus eins gesetzt. Diese Darstellung erlaubt es, allgemeingültige, d.h. von den Nahtabmessungen (und Prozeßparametern) weitgehend unabhängige Aussagen zu treffen.

5 Einfluß der Werkstoffeigenschaften auf den Tiefschweißeffekt

Die wesentlichen *optischen* und *thermophysikalischen Eigenschaften*, welche die Laserschweißeignung festlegen, sind das Absorptionsverhalten an der Werkstückoberfläche, die Wärmeleitfähigkeit sowie die Schmelz- und Verdampfungstemperatur [112]. Daraus kann nun abgeleitet werden, daß aufgrund der zwischen den einzelnen Legierungen stark variierenden Eigenschaften eine Laserschweißeignung nicht für die Werkstoffgruppe Aluminium allgemein sondern nur für die einzelnen Werkstoffe angegeben werden kann. Diese These wird durch die metallographische Auswertung von Blindschweißungen gestützt, welche im Rahmen dieser Arbeit für unterschiedliche Legierungen und Prozeßparameter hergestellt wurden. In Bild 22 ist dazu die erzielbare Vorschubgeschwindigkeit als Funktion der spezifischen Leistung pro Tiefe aufgetragen.

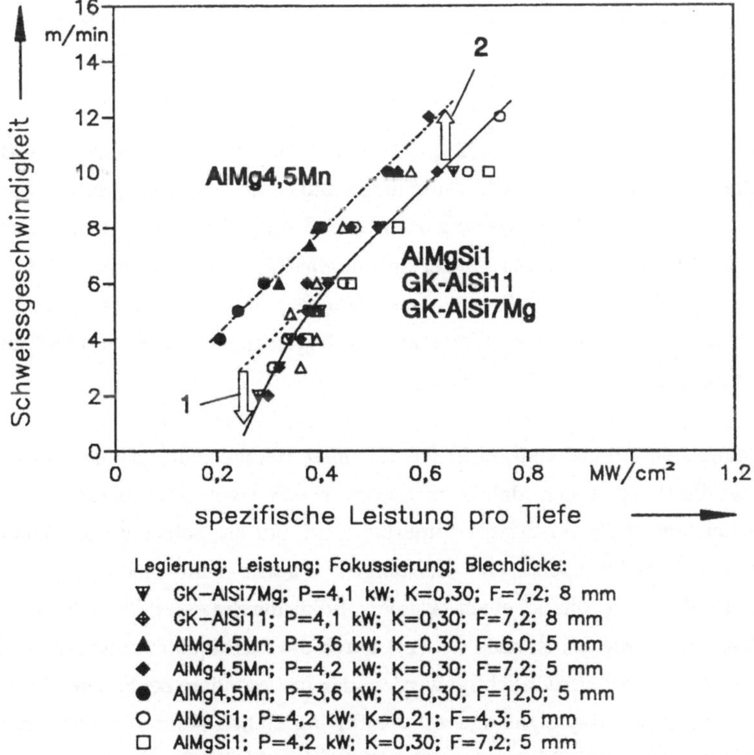

Bild 22: Maximal erreichbare Vorschubgeschwindigkeit als Funktion der spezifischen Leistung pro Tiefe beim Laserschweißen verschiedener Aluminiumlegierungen.

Entsprechend den Ausführungen in Kapitel 2.2.1 ergibt sich ein linearer Zusammenhang, wobei für die Legierungen AlMgSi1, GK-AlSi11 und GK-AlSi7Mg bei niedrigen spezifischen Leistungen pro Tiefe (≤ 0,4 MW/cm²) ein Abfall der erzielbaren Schweißgeschwindigkeit (1) zu beobachten ist. Bei der Legierung AlMg4,5Mn hingegen läßt sich eine deutlich höhere Vorschubgeschwindigkeit bei gleicher spezifischer Leistung pro Tiefe (2) erreichen. Außerdem tritt kein Abknicken der Kurve auf.

Im den folgenden Kapiteln dieses Abschnitts werden nun die strahl- und werkstückseitigen Einflußgrößen, welche Ursache dieses Verhaltens sind, analysiert und die sich daraus ergebenden Auswirkungen auf die Auswahl der Strahl- bzw. Prozeßparameter dargestellt.

5.1 Anforderungen an die Strahlparameter bezüglich hoher Prozeßeffizienz

In Tabelle 9 sind Literaturwerte [29],[127],[128] der für das Laserschweißen wichtigen physikalischen Eigenschaften für Aluminium und Eisen gegenübergestellt. Mittels dieser Übersicht läßt sich die Schlußfolgerung ziehen, daß die schwierigere Bearbeitbarkeit von Aluminium im Vergleich zu Eisen - außer auf die *niedrigere Ionisationsenergie* - insbesondere auf die *hohe Wärme-* bzw. *Temperaturleitfähigkeit* und die *hohe Oberflächenreflexion* zurückzuführen ist. Alle übrigen Eigenschaften begünstigen bei Aluminium den Laserschweißprozeß.

Aus einer einfachen Abschätzung nach Gl. (2) unter Berücksichtigung der entsprechenden Werte in Tabelle 9 ergibt sich, daß beim Laserschweißen von Aluminium deutlich höhere spezifische Leistungen als bei Eisen erforderlich sind, um die Schwelle zum Tiefschweißen zu überschreiten. Hohe spezifische Leistungen können zum einen durch eine hohe Strahlleistung als auch durch einen kleinen Fokusdurchmesser erreicht werden. Der Fokusdurchmesser wiederum ist nach Gl. (11) durch die Strahlqualität und die Fokussierzahl festgelegt. Es muß jedoch berücksichtigt werden, daß insbesondere bei höheren Schweißtiefen eine ausreichend große Rayleighlänge zur Verfügung stehen sollte, wodurch der nutzbare Bereich für die Fokussierzahl eingeschränkt ist (Kapitel 2.2.3). Als Konsequenz dieser Überlegungen sind also die *Strahlqualität* und *-leistung* die für den Tiefschweißprozeß wesentlichen Laserstrahlparameter.

physikalische Eigenschaften	Aluminium	Eisen
*volumenspezifische Wärmekapazität [J/(K*cm³)] bei RT*	2,47	3,6
volumenspezifische Schmelzwärme [kJ/cm³]	1,1	2,2
volumenspezifische Verdampfungswärme [kJ/cm³]	20,1	41,8
Schmelztemperatur [°C]	660	1536
Verdampfungstemperatur [°C]	2518	2859
*Wärmeleitfähigkeit [W/(K*cm)] bei RT*	2,7	0,4
Temperaturleitfähigkeit [cm²/s] bei RT	1,1	0,1
Oberflächenabsorption bei 10,6 μm, flüssiger Zustand [%]	5	12
Oberflächenabsorption bei 1,06 μm, flüssiger Zustand [%]	11	31
Ionisierungsenergie 1. Elektron [eV]	6,0	7,9

Tabelle 9: Thermophysikalische und optische Eigenschaften von Aluminium und Eisen im Vergleich.

Im folgenden sind nun am Beispiel der Legierung AlMgSi1 experimentelle Untersuchungsergebnisse zum Einfluß der Strahlqualität und Leistung auf das erzielbare Schweißergebnis aufgeführt und durch theoretische Überlegungen auf eine allgemeingültige Basis gestellt. Bei diesen beiden Prozeßgrößen spielen Werkstoffeigenschaften nur insofern eine Rolle, als daß *Absolutwerte* bei den einzelnen Legierungen variieren. Die allgemeingültigen Aussagen können daher als werkstoffunabhängig betrachtet werden.

5.1.1 Strahlqualität und Prozeßeffizienz

Der Einfluß der *Strahlqualität* auf die Einschweißtiefe bei Lasern unterschiedlicher Leistungsklassen ist in Bild 23 veranschaulicht. Bei vergleichbarer Gesamtleistung (4,2 kW) können beim Einsatz eines 5 kW-Lasers mit höherer Strahlqualität tiefere Schweißnähte erzeugt werden. Dies wird besonders deutlich bei hohen Schweißtiefen und Streckenenergien. Wird

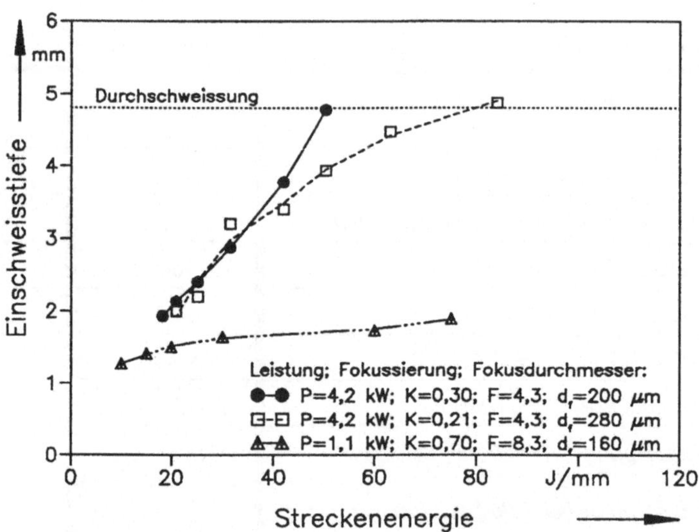

Bild 23: Einschweißtiefe bei AlMgSi1-Blechen (s=5 mm) als Funktion der Streckenenergie für Laser unterschiedlicher Strahlqualität und Ausgangsleistung.

hingegen eine gewisse Schweißtiefe gefordert, so kann mit reduzierter Wärmebelastung bzw. schneller geschweißt werden. Bis zu einer Schweißtiefe von 1 bis 1,5 mm läßt sich auch ein Laser mit kleiner Ausgangsleistung (1,5 bis 2 kW), jedoch hoher Strahlqualität, einsetzen. Hierbei muß allerdings beachtet werden, daß oberhalb 1,5 mm die Einschweißtiefe gegenüber den Lasern höherer Ausgangsleistung drastisch abfällt, trotz des kleinsten Fokusdurchmessers. Bei großen Streckenenergien wird sogar ein gewisser "Plateauwert" bei ca. 2 mm erreicht, d.h. die Tiefe läßt sich durch eine Absenkung des Vorschub nicht mehr steigern. Auf dieses Phänomen wird in Kapitel 5.1.2 näher eingegangen.

Eine Gegenüberstellung verschiedener Strahlkombinationen in Bild 24 beweist, daß auch beim Einsatz der Zweistrahltechnik der Zusammenhang zwischen Strahlqualität und Prozeßeffizienz bei hohen Leistungen gilt. Trotz unterschiedlicher Strahlquellen und Leistungsbereiche lassen sich mit den Kombinationen A und C bzw. B und D bei gleicher Streckenenergie vergleichbare Nahttiefen realisieren. Dies ist in beiden Fällen auf die sich in der gleichen Größenordnung befindlichen gemeinsamen Fokidurchmesser von 250 bis 300 µm (A und B) bzw. 500 bis 550 µm (C und D) zurückzuführen. Der Fokusdurchmesser der einzelnen Strahlkombinationen wird dabei durch den Laser schlechterer Fokussierbarkeit bestimmt.

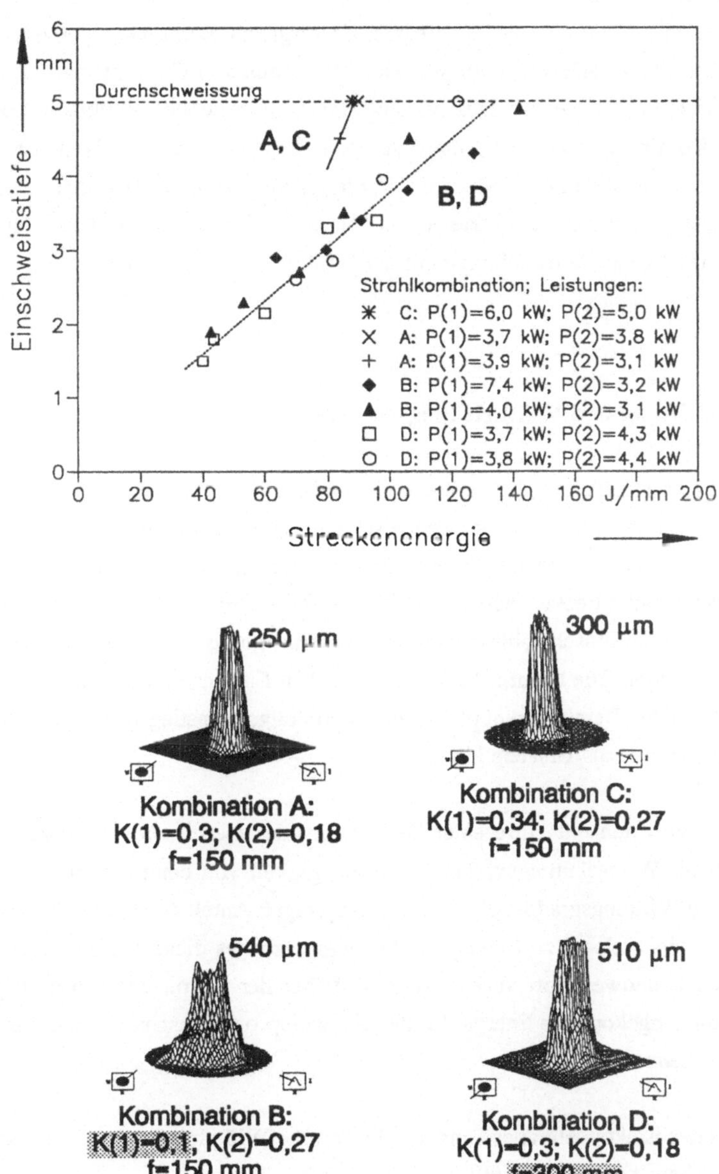

Bild 24: Einschweißtiefe bei AlMgSi1-Blechen der Dicke 5 mm als Funktion der Streckenenergie für verschiedene Strahlkombinationen im Vergleich.

Für eine Brennweite von 150 mm erzielt man bei hohen Schweißtiefen mit einem Schweißlaser hoher Strahlqualität eine höhere Effizienz (Vergleich Kombination A oder C mit B). Wird ein Schweißlaser schlechter Strahlqualität (Kombination C, f=150 mm) eingesetzt, so läßt sich diesselbe Nahttiefe erreichen wie mit einem Laser hoher Strahlqualität bei größerer Brennweite (Kombination D, f=300 mm), da der Fokusdurchmesser in beiden Fällen gleich groß ist. Bei Kombination D ist jedoch die Rayleighlänge nach Gl. (13) deutlich höher, was in der größeren Fokussierzahl begründet ist. Nach Kapitel 2.2.3 wirkt sich dies in einer höheren Toleranz gegen Schwankungen in der Strahlpositionierung aus.

5.1.2 Laserleistung und Wärmeleitungsverluste

Wie aus Bild 23 ersichtlich ist, läßt sich die Schweißtiefe *nicht* dadurch beliebig steigern, daß bei konstanter Laserleistung die Schweißgeschwindigkeit abgesenkt wird. In den meisten Fällen ergibt sich nur für kleine Streckenenergien ein linearer Zusammenhang zwischen Einschweißtiefe und Streckenenergie (Gl. (5)). Ab einem gewissen leistungsabhängigen Grenzwert nimmt die Einschweißtiefe nur noch unterproportional zu und kann sogar in einen Nullzuwachs münden. Die lineare Beziehung zwischen Einschweißtiefe und Streckenenergie gilt hier nicht mehr. Damit verknüpft ist ein übermäßiger Anstieg der Nahtbreite, was auf Wärmeleitungseffekte als Ursache hindeutet.

Im folgenden wird nun mit Hilfe einer Betrachtung des *thermischen Wirkungsgrades* eine Abschätzung der Wärmeleitungsverluste in Abhängigkeit von der Laserleistung entwickelt. Der thermische Wirkungsgrad ist ein Maß für denjenigen Anteil der in das Werkstück eingekoppelten Energie, welcher zu Erzeugung des Schmelzbades dient und nicht durch Wärmeleitung in den Grundwerkstoff verlorengeht. Je höher der thermische Wirkungsgrad, desto besser wird die eingekoppelte Energie für den Schweißprozeß ausgenutzt und desto höher ist die Prozeßeffizienz.

Bei Kenntnis des Einkoppelgrades kann der thermische Wirkungsgrad aus dem Schmelzbadvolumen berechnet werden [29],[60]:

$$\eta_{th} = \frac{v * SF * \delta h}{\eta_A * P} \quad . \tag{15}$$

Die experimentelle Ermittlung des thermischen Wirkungsgrades erstreckte sich im Rahmen dieser Arbeit auf Blindschweißungen, die bei unterschiedlichen Prozeßparametern hergestellt wurden. Die Schmelzfläche wurde dabei aus Nahtquerschliffen, der Einkoppelgrad aus kalorimetrischen Messungen (Bild 10) bestimmt.

Die nach Gl. (15) berechneten Werte wurden in einer normierten Darstellung (Bild 25) aufgetragen, welche Dausinger [29] für Durchschweißungen und Einschweißungen mit nicht zu kleinem Tiefe/Breiten-Verhältnis angibt. In diesem Fall wird der Laserstrahl als eine linienförmige Energiequelle betrachtet und als Randbedingung eine überwiegend zweidimensionale Wärmeableitung angenommen. Die normierte Leistung stellt den Quotient aus eingekoppelter Leistung pro Tiefe und dem werkstoffspezifischen Wärmebedarf dar:

$$X = \frac{\eta_A * P}{d * k_m * T_m} \quad . \tag{16}$$

Sie ist ein Ausdruck für das Verhältnis aus verfügbarer (=eingekoppelter) Leistung η_A*P und dem Leistungsverlust d*k_m*T_m durch Wärmeleitung.

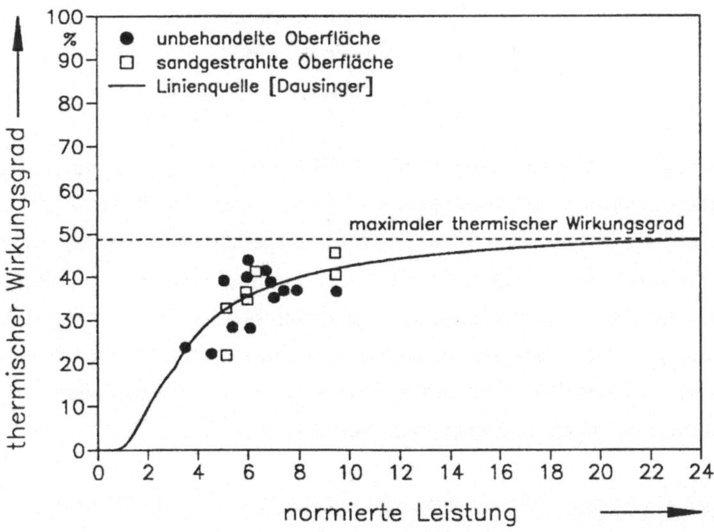

Bild 25: Thermischer Wirkungsgrad als Funktion der normierten Leistung bei Einschweißungen in AlMgSi1 für verschiedene Prozeßparameter (P=3,7 kW; K=0,28; F=6,4) und bei einer Linienquelle [29].

Die Messungen für AlMgSi1 und die Theoriekurve für eine Linienquelle [29] zeigen eine gute Übereinstimmung. Bei kleinen Werten der normierten Leistung ($X < 4$) ergeben sich nur niedrige thermische Wirkungsgrade ($\eta_{th} < 25$ %). Mit größer werdender normierter Leistung steigt auch der thermische Wirkungsgrad an und geht dann in die Sättigung über. Der maximal nutzbare Wärmeanteil liegt bei einem Wert von 48,3 %.

Wird nun der Fall betrachtet, daß bei konstanter Laserleistung die Einschweißtiefe durch Absenken der Vorschubgeschwindigkeit vergrößert wird, dann geht die normierte Leistung zurück, was mit einer Zunahme der Wärmeverluste verbunden ist. Als Folge davon nimmt die Einschweißtiefe unterproportional zu, was die experimentell in Bild 23 zu beobachtenden Abweichungen von der linearen Beziehung zwischen der Einschweißtiefe und der Streckenenergie erklärt.

Aus dieser normierten Darstellung läßt sich ableiten, daß der thermische Wirkungsgrad für einen Werkstoff im wesentlichen durch die *eingekoppelte Laserleistung pro Tiefe* - auch Energiequellstärke genannt - bestimmt wird. Für AlMgSi1 und einen Einkoppelgrad zwischen 50 und 75 % (vgl. Bild 10) können beispielhaft folgende Richtwerte für die erforderliche Laserleistung pro Tiefe angegeben werden:

- $P/d \approx 5$ kW/mm für maximales η_{th},
- $P/d \approx 2$ kW/mm für $\eta_{th} = 40$ %,
- $P/d \approx 1$ kW/mm für $\eta_{th} = 25$ %.

Zur Optimierung der Prozeßeffizienz kann mit Hilfe dieser Ergebnisse nun ein quantitativer Zusammenhang zwischen der vorliegenden Schweißaufgabe und der dazu notwendigen Mindestlaserleistung hergeleitet werden. Die oben aufgeführten Richtwerte lassen erkennen, daß bei Schweißungen im Leichtbau (1 mm $\leq d \leq$ 5 mm) eine maximale Energieausnutzung nur durch den Einsatz von Lasern im Leistungsbereich oberhalb 5 kW zu erreichen ist. Eine hohe Leistung pro Tiefe ist jedoch immer mit einer hohen Vorschubgeschwindigkeit verknüpft - vgl. [29] -, welche sich bei Leichtbaustrukturen in vielen Fällen, z.B. bei Space-Frame-Knotenverbindungen, technisch nicht verwirklichen läßt.

Wird hingegen ein mittlerer Wärmewirkungsgrad (25 % $< \eta_{th} <$ 40 %) toleriert, dann ist die erforderliche Leistung pro Tiefe mit einem Wert zwischen 1 und 2 kW/mm deutlich niedriger. Im Dickenbereich von Karosserieblechen (0,8 mm $< d <$ 1,5 mm) reicht dazu eine

Laserleistung von 1,5 kW vollständig aus. An der oberen Grenze des Dünnblechbereichs (d = 2,5 mm) ist jedoch mindestens ein 3 kW-Laser notwendig, wenn ein mittlerer thermischer Wirkungsgrad realisiert werden soll. Sind Nahttiefen größer als 2,5 mm gefordert, so muß mindestens ein 5 kW-Laser zur effizienten Energieausnutzung eingesetzt werden.

Mit Hilfe dieser Überlegungen kann nun auch das unterschiedliche Verhalten des 1,5 kW-Lasers im Vergleich zu den 5 kW-Lasern in Bild 23 interpretiert werden. Im niedrigen Leistungsbereich sind die Wärmeverluste bei Einschweißtiefen oberhalb 1 bis 1,5 mm so groß, daß eine Erhöhung der Streckenenergie durch Absenken der Schweißgeschwindigkeit nur noch geringfügig bzw. nicht mehr zu einem Zuwachs an Einschweißtiefe beiträgt.

Auf Energieverluste durch Wärmeableitung in das kalte Grundmaterial kann damit das Abknicken der Kurven für die Legierungen AlMgSi1, GK-AlSi11 und GK-AlSi7Mg in Bild 22 zurückgeführt werden. Bei kleinen spezifischen Leistungen pro Tiefe sind die Wärmeverluste relativ hoch, und die erzielbare Vorschubgeschwindigkeit reduziert sich. Die Legierung AlMg4,5Mn weist gegenüber den AlMgSi- und G-AlSi[Mg]-Legierungen eine deutlich niedrigere Wärmeleitfähigkeit auf (AlMg4,5Mn: 1,1 bis 1,4 W/(cm*K); AlMgSi1, GK-AlSi7Mg und GK-AlSi11: 1,5 bis 2,2 W/(cm*K) [20]), weshalb ein Abknicken erst bei weitaus kleineren spezifischen Leistungen auftritt.

5.2 Einfluß der Oberflächenabsorption

In der Vergleichs-Auftragung in Bild 22 ergeben sich für spezifische Leistungen pro Tiefe größer 0,4 MW/cm² näherungsweise für alle Legierungen parallele Geraden, wobei diejenigen für die AlMgSi- und G-AlSi[Mg]-Legierungen aufeinanderliegen. Da die Geradensteigung den Einkoppelgrad beim Tiefschweißen widerspiegelt (Kapitel 2.2.1), läßt sich daraus ablesen, daß dieser bei den untersuchten Legierungen für gleiche spezifische Leistungen pro Tiefe gleich groß ist. Ein Vergleich der kalorimetrischen Meßwerte für die Legierungen AlMgSi1 und AlMg4,5Mn in Bild 10 bestätigen diesen Sachverhalt.

Weiterhin kann hieraus die Schlußfolgerung gezogen werden, daß sich die Oberflächenabsorption beim Tiefschweißen bei verschiedenen Aluminiumwerkstoffen *nur unwesentlich unterscheidet*. Theoretische Berechnungen der Fresnelabsorption (Bild 26) belegen die

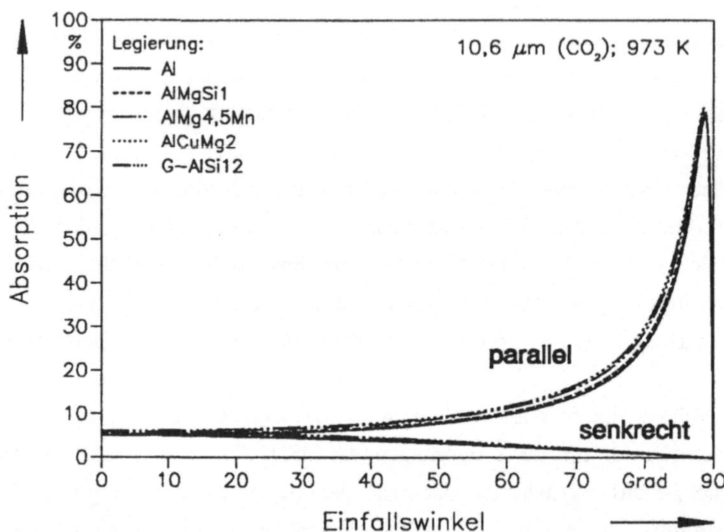

Bild 26: Absorption von flüssigen Aluminiumlegierungen in Abhängigkeit vom Einfallswinkel für CO_2-Laserstrahlung bei paralleler und senkrechter Polarisation.

experimentellen Ergebnisse. Die den Rechnungen zugrunde liegenden komplexen Brechungsindizes wurden der Literatur [29] entnommen.

Weitere Untersuchungen zeigen, daß entgegen dem bisherigen Kenntnisstand (Kapitel 2.4) der Oberflächen*zustand* eines Werkstückes nur einen untergeordneten Einfluß auf den Tiefschweißeffekt und die Prozeßeffizienz besitzt. Bild 27 und Bild 28 fassen hierzu die Erkenntnisse aus Blindschweißungen an AlMgSi1-Blechen der Dicke 5 mm zusammen. Es ist deutlich zu erkennen, daß sich die Einschweißtiefe bei gleichen Strahlparametern und bei gleichem Vorschub nicht unterscheidet. Das gleiche gilt für die Schwelle zwischen Wärmeleitungs- und Tiefschweißen. Bei vorgebenem Werkstoff und vorgegebener Schweißgeschwindigkeit wird die Einschweißtiefe *nur* durch die Strahlparameter, d.h. die Intensitätsverteilung, bestimmt: Je größer die Leistung bzw. die Strahlqualität bei gleicher Fokussierzahl gewählt wird, desto höher ist die Intensität, was in einer tieferen Einschweißung resultiert.

Eine durch eine mechanische Oberflächenvorbehandlung erzeugte hohe Rauhigkeit verbessert also die Energieeinkopplung beim Tiefschweißen nicht. Messungen des Einkoppelgrades (Bild 10) an Werkstücken mit gewalzter und sandgestrahlter Oberfläche weisen aus diesem

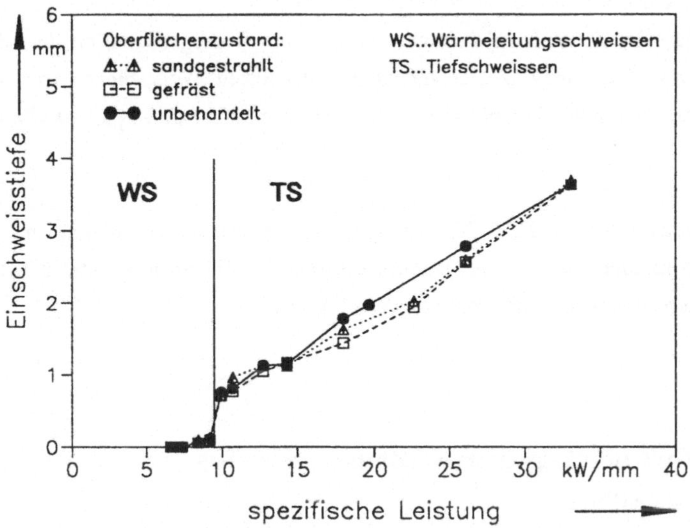

Bild 27: Einschweißtiefe als Funktion der Strahlparameter bei AlMgSi1-Blechen mit verschiedenen Oberflächenzuständen (K=0,3; F=5,0; v=5 m/min; s=5 mm).

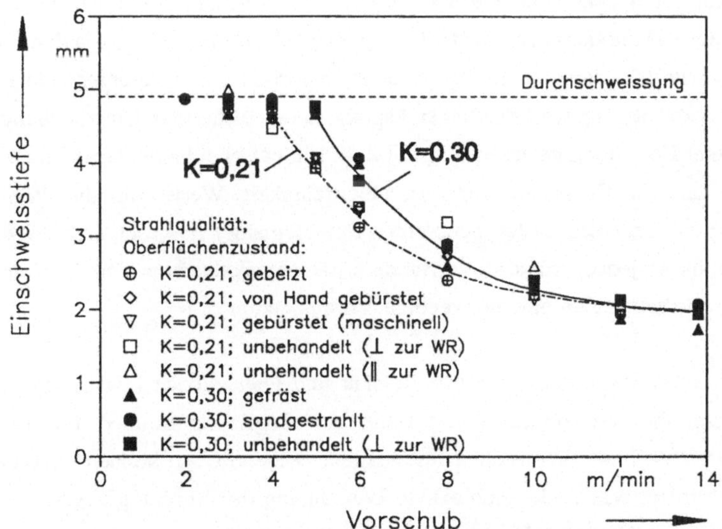

Bild 28: Einschweißtiefe als Funktion der Schweißgeschwindigkeit und der Strahlqualität bei AlMgSi1-Blechen mit verschiedenen Oberflächenzuständen (P=4,4 kW; F=4,3; s=5 mm).

Grund keine Differenzen auf. Dies kann damit begründet werden, daß die Ausbildung der Dampfkapillare im Schmelzbad erfolgt, weshalb nur die Eigenschaften der flüssigen Phase von Bedeutung sind. Der Oberflächenzustand des festen Werkstückes wird durch die der Kapillare vorauseilenden Schmelzfront irreversibel zerstört und spielt deshalb keine Rolle mehr.

Darüber hinaus bestätigt Bild 28, daß der Einfluß der Strahlqualität mit abnehmender Schweißtiefe kleiner wird und im Dünnblechbereich - die nach Kapitel 5.1.2 erforderliche Mindestleistung vorausgesetzt - nahezu verschwindet.

5.3 Einfluß der Legierungszusammensetzung auf die Verdampfung in der Kapillare

Sakamoto [106] legte in seiner Studie dar, daß im Gegensatz zu den konventionellen Schmelzschweißverfahren die Einschweißtiefe beim Laserschweißen verschiedener Aluminiumlegierungen nicht direkt mit der Wärmeleitfähigkeit korreliert. Die Ursache liegt darin, daß die Verdampfung neben der Wärmeleitung den wichtigsten physikalischen Effekt bei der Ausbildung einer Dampfkapillare darstellt (Kapitel 2.2.1), deren Existenz ja den Schlüssel für den Tiefschweißeffekt darstellt. Demgegenüber ist jedoch deren tiefergehende Betrachtung bzw. die Berücksichtigung werkstofflicher Aspekte in den bisherigen Untersuchungen nur von untergeordneter Bedeutung gewesen (Kapitel 2.4). Ein entscheidender Grund hierfür ist darin zu suchen, daß im Gegensatz zur Wärmeleitfähigkeit Werte für die *Verdampfungstemperaturen von Legierungen* (ausgenommen Reinelemente) praktisch nicht verfügbar sind. Deren Kenntnis ist jedoch für das Verständnis der physikalischen Vorgänge und Einflußgrößen beim Tiefschweißen eine notwendige Voraussetzung.

Für das Laserschweißens existieren von Cieslak und Fuerschbach [108] sowie Metzbower [129] Ansätze, die Verdampfungstemperatur von Legierungen über die Messung von Verdampfungsraten bzw. -intensitäten festzulegen. Diese Größen können experimentell nur abgeschätzt werden, was weder eine exakte Berechnung der Verdampfungstemperatur noch eindeutige Aussagen über das Verdampfungsverhalten zuläßt.

Aus diesem Grund wird in der vorliegenden Arbeit ein anderer Weg verfolgt. Ausgehend von thermodynamischen Überlegungen wird ein theoretischer Ansatz zur Berechnung der Verdampfungstemperatur von Legierungen - kurz *Verdampfungsmodell* genannt - entwickelt und auf das Laserschweißen von Aluminiumwerkstoffen angewendet. Über die Integration dieses Ansatzes in das Tiefschweißmodells von Beck [28] läßt sich der Einfluß der Legierungszusammensetzung auf die Ausbildung der Nahtgeometrie untersuchen. Weiterhin können bei Kenntnis der Verdampfungsvorgänge Aussagen über das Prozeßverhalten verschiedener Legierungen und somit eine Prozeßoptimierung gemacht werden.

5.3.1 Berechnung der Verdampfungstemperatur von Legierungen

5.3.1.1 Thermodynamisches Modell

Wie in Kapitel 2.2.1 erläutert ist, wird die Dampfkapillare durch den Verdampfungsdruck stabilisiert. Im stationären Zustand ist der Verdampfungsdruck gleich dem gesamten Dampfdruck in der Dampfkapillare. Gemäß dem Gesetz von Dalton ergibt sich der Gesamtdampfdruck aus der Summe der Partialdampfdrücke aller Legierungselemente, siehe Gl. (17):

$$p_{kap} \doteq p_{dampf} = \sum_i \bar{p}_i(x_i) \quad . \qquad (17)$$

Im *Modell der realen Lösung* [130], angewandt auf das Schmelzbad, ist der Partialdampfdruck eines Legierungselementes über der Oberfläche der flüssigen Schmelze durch das Produkt aus der Aktivität dieses Legierungselementes in der Schmelze und dem Dampfdruck des Reinelementes gegeben:

$$\bar{p}_i(x_i) = a_i(x_i) * p_i^0 \quad . \qquad (18)$$

Der Dampfdruck eines Reinelementes ist nur eine Funktion der Temperatur [127]:

$$\log(p_i^0) = -\frac{A_i}{T} + B_i + C_i * \log(T) + 10^{-3} * D_i * T \quad . \qquad (19)$$

Die Aktivität ist der Molenbruch eines Legierungselementes, bei dem die Änderung der zwischenmolekularen Wechselwirkungskräfte bei der Mischungsbildung aus den Reinelementen berücksichtigt wurde, siehe Gl.(20):

$$a_i(x_i) = x_i * \gamma_i(x_i) \quad . \tag{20}$$

Der Aktivitätskoeffizient stellt dabei den Korrekturfaktor der Enthalpieänderung bei Mischungsbildung dar:

$$\gamma_i(x_i) = \exp\left(\frac{\Delta \bar{G}_i^{exc}(x_i)}{R*T}\right) \quad . \tag{21}$$

Die partielle freie Excessenthalpie ist durch die Gibbs-Helmholtz Gleichung gegeben:

$$\Delta \bar{G}_i^{exc}(x_i) = \Delta \bar{H}_i(x_i) - T*\Delta \bar{S}_i^{exc}(x_i) \quad . \tag{22}$$

Werden die Gleichungen (17) bis (22) miteinander kombiniert, erhält man folgende Gleichung für den Verdampfungsdruck in der Dampfkapillare:

$$p_{kap} = \sum_i [x_i * \exp\left(\frac{\Delta \bar{H}_i(x_i)}{R*T_v} - \frac{\Delta \bar{S}_i^{exc}(x_i)}{R}\right) * 10^{\left(-\frac{A_i}{T_v} + B_i + C_i*\log(T_v) + 10^{-3} D_i * T_v\right)}] \quad . \tag{23}$$

Für die meisten *binären* Al-Legierungen sind die Daten für die partielle Mischungsenthalpie und die partielle Excessentropie im flüssigem Zustand als Literaturdaten bzw. in Datenbanken [131],[132] verfügbar, siehe Bild 29 als Beispiel für AlCu-Legierungen. Die für diese Arbeit notwendigen thermodynamischen Daten sind in Tabelle 20 und Tabelle 21 im Anhang enthalten.

Werte für Legierungen *dritter bzw. höherer Ordnung*, zu denen fast alle technischen Legierungen gehören, sind jedoch nur in einzelnen Ausnahmefällen bekannt. Da der Legierungselementanteil in diesen Werkstoffen im allgemeinen relativ niedrig ist, können die atomaren Wechselwirkungskräfte *zwischen den einzelnen Legierungselementen* vernachlässigt werden. Aus diesem Grund können die Berechnungen für Legierungssysteme höherer Ordnung mittels Superposition von binären Legierungen aus Matrix und dem jeweiligen Legierungselement mit hoher Genauigkeit durchgeführt werden.

Zur Vereinfachung der Berechung wurden die Enthalpie- und Entropiewerte in einen Konzentrationsbereich zwischen 0 und 20 Gew-% (Bereich technisch wichtiger Aluminium-

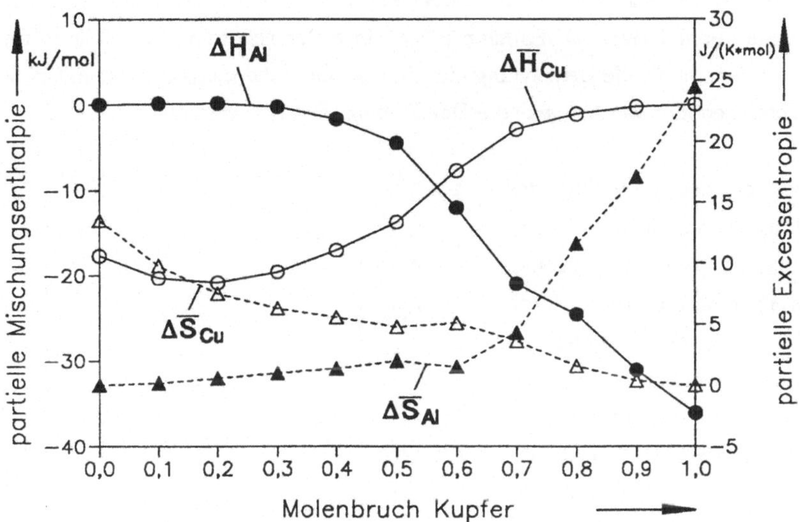

Bild 29: Partielle Mischungsenthalpie und Excessentropie im binären Legierungssystem AlCu als Funktion des Kupfergehaltes.

werkstoffe) linear interpoliert:

$$\begin{aligned} \Delta\overline{H}_i(x_i) &= \Delta\overline{H}_i^0 + x_i*\Delta\overline{H}_i^m \\ \Delta\overline{S}_i^{exc}(x_i) &= \Delta\overline{S}_i^0 + x_i*\Delta\overline{S}_i^m \end{aligned} \tag{24}$$

Eine alternative Möglichkeit besteht darin, auf das Schmelzbad das *Modell der idealen Lösung* [130] anzuwenden. Hier werden Änderungen der zwischenatomaren Wechselwirkungskräfte bei Mischungsbildung *nicht* berücksichtigt. In diesem Fall können dann die Werte für die partielle Mischungsenthalpie und die partielle Excessentropie zu Null gesetzt werden:

$$\Delta\overline{H}_i(x_i)^{id} = \Delta\overline{S}_i^{exc}(x_i)^{id} = 0 \quad . \tag{25}$$

Damit läßt sich Gl. (23) vereinfachen:

$$p_{kap}^{id} = \sum_i [x_i * 10^{\left(-\frac{A_i}{T_v}+B_i+C_i*\log(T_v)+10^{-3}D_i*T_v\right)}] \quad . \tag{26}$$

Dieses Modell gilt strenggenommen nur für Schmelzen mit sehr kleinen Legierungselementkonzentrationen (< 0,5 Gew-%). Es kann jedoch in erster Näherung für Mehrstoffsysteme eingesetzt werden, da für die Berechnung nur die bekannten thermodynamischen Größen von Reinelementen benötigt werden, was die Handhabung deutlich vereinfacht.

Ausgehend von der Verteilung des Verdampfungsdruckes in der Dampfkapillare lassen sich die lokalen Verdampfungstemperaturen durch rekursive Lösung der Gleichungen (23) bzw. (26) ermitteln. Dazu wurde dieser Ansatz in ein FORTRAN-Programm umgesetzt. Theoretisch ermittelte Ergebnisse (Bild 30) [28] zur Verteilung des Dampfdrucks in der Kapillare bildeten dabei den Ausgangspunkt der Berechnungen. Der Verdampfungsdruck variiert über die gesamte Kapillarlänge nur geringfügig und liegt um wenige (< 10 %) Prozent höher als Atmosphärendruck. Eine Ausnahme bilden der Kapillarausgang, an welchem der Verdampfungsdruck gleich dem Umgebungsdruck (=1,013 bar) ist, und die Kapillarspitze, in der ein Überdruck von 2 bis 3 bar herrscht.

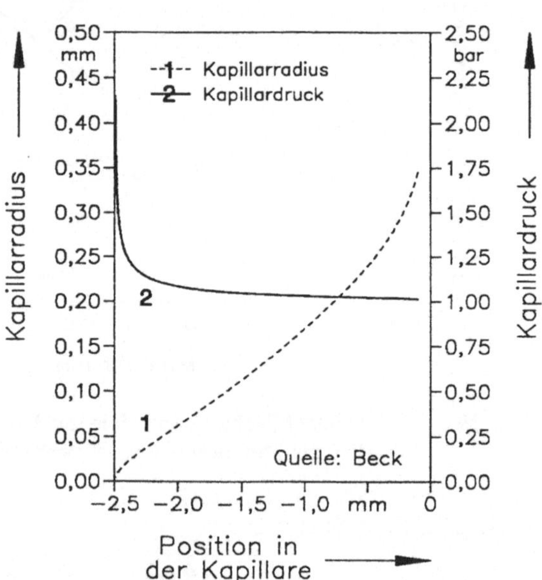

Bild 30: Berechnete Verteilung des Dampfdruckes über die Kapillartiefe nach Beck [28].

5.3.1.2 Verifizierung des Ansatzes und Berechnungsergebnisse

Die Überprüfung des Verdampfungsmodells mit experimentellen Daten wurde am *System CuZn (Messing)* durchgeführt (Bild 31), da hier die Verdampfungstemperaturen bei Atmosphärendruck von Wallbauer und Leitgebel [133] gemessen worden sind. Die unter Annahme einer realen Lösung berechneten Werte zeigen im interpolierten Bereich und darüber hinaus bis ca. 50 Gew-% Zn eine sehr gute Übereinstimmung mit den Meßwerten.

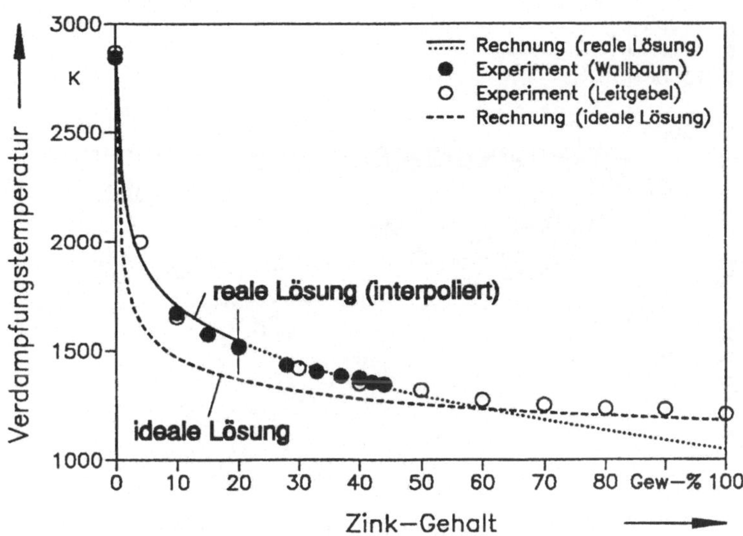

Bild 31: Gemessene und mit dem Verdampfungsmodell berechnete Verdampfungstemperaturen von Messinglegierungen bei Athmosphärendruck.

Die maximale Abweichung beträgt 2 %. Dahingegen beschreibt die ideale Lösung die Realität nur für Zn-Konzentrationen um 1 Gew-% bzw. > 60 Gew-% in recht guter Näherung. Im technisch interessanten Konzentrationsbereich zwischen 0 und 50 Gew-% Zn werden bis zu 20 % niedrigere Verdampfungstemperaturen berechnet. Dies bedeutet, daß bei Nichtberücksichtigung der zwischenatomaren Wechselwirkungskräfte für eine ideale Lösung der Einfluß eines Legierungselementes auf die Verdampfungstemperatur überbewertet wird.

Die weiteren Berechnungen mit dem Verdampfungsmodell für *Aluminiumlegierungen* wurden aus diesem Grund unter der Voraussetzung einer realen Lösung durchgeführt. Die Ergebnisse bei Atmosphärendruck in Bild 32 lassen erkennen, daß die Legierungselemente in zwei Gruppen eingeteilt werden können. Die *leichtflüchtigen Elemente Magnesium, Lithium und Zink*, die wesentlich niedrigere Verdampfungstemperaturen als Aluminium besitzen, siehe Tabelle 10, erniedrigen die Verdampfungstemperatur einer Legierung schon bei geringem Gehalten überaus stark. Die größten Änderungen mit mehr als 100 °C/Gew-% sind bei Elementgehalten kleiner als 3 Gew-% zu verzeichnen.

Die andere Gruppe besteht aus den Legierungselementen Kupfer, Silizium, Eisen und

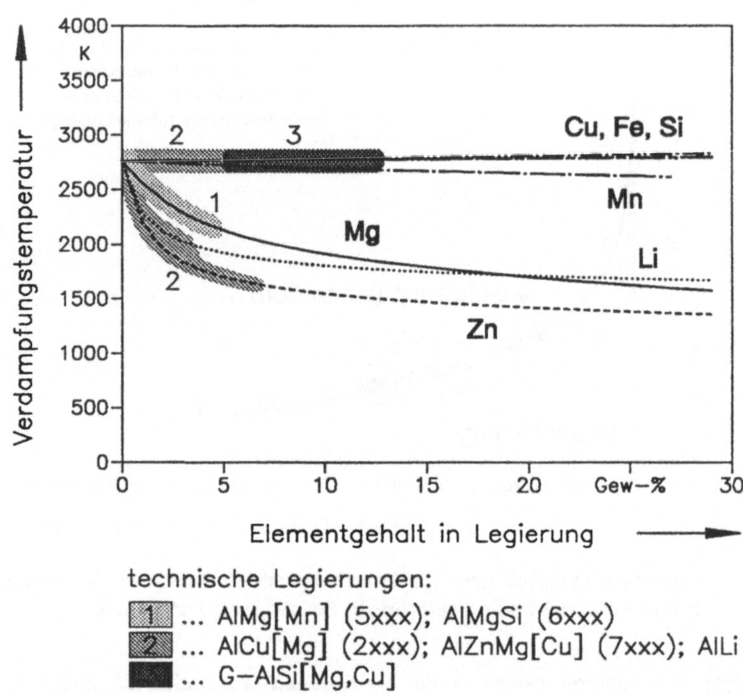

Bild 32: Mit dem Verdampfungsmodell berechnete Verdampfungstemperaturen von verschiedenen binären Aluminiumlegierungen bei einem Kapillardampfdruck von 1,013 bar.

Mangan, deren Verdampfungstemperaturen ungefähr gleich oder höher als bei Aluminium liegen. Diese Elemente üben einen vernachlässigbaren Einfluß auf die Verdampfungstemperatur einer Aluminiumlegierung aus. Hervorgehobene Bereiche geben Gebiete für den Leichtbau wichtiger Legierungsgruppen wieder.

In Tabelle 11 sind nach dem Verdampfungsmodell berechnete Verdampfungstemperaturen für ausgewählte Legierungen der Gruppen 1, 2 und 3 in Bild 32 im Vergleich zu Ergebnissen von Cieslak und Fuerschbach [108] sowie Metzbower [129] aufgeführt. Die Werkstoffe sind dabei nach ihrem Gehalt an leichtflüchtigen Elementen geordnet. Mit steigendem Magnesium- und Zink-Gehalt sinkt die Verdampfungstemperatur ab. So liegt die Verdampfungstemperatur der Legierung AlMg4,5Mn mit 4,5 bis 5 Gew-% Mg um 25 % niedriger als bei Reinaluminium und um 19 % niedriger als bei der Legierung AlMgSi1. Die höchste Absenkung mit 43 % tritt bei der Legierung AlZnMg1 auf, was hauptsächlich durch ihren hohen Zn-Gehalt

Legierungs-element	Verdampfungs-temperatur bei 1,013 bar [°C]	
Si	3231	
Fe	2859	$T_v > T_v^{Al}$
Cu	2595	
Al	2518	T_v^{Al}
Mn	2059	
Li	1347	
Mg	1088	$T_v < T_v^{Al}$
Zn	906	

Tabelle 10: Verdampfungstemperaturen von Aluminium und der wichtigsten Legierungselemente bei Atmosphärendruck.

verursacht wird. Im Gegensatz zu dem in dieser Arbeit entwickelten theoretischen Ansatz weisen die Literaturwerte einen großen Streubereich auf, was auf die oben erwähnte ungenaue Messungen der Verdampfungsrate bzw. -intensität zurückzuführen ist.

5.3.1.3 Gültigkeitsbereich des Ansatzes

In Tabelle 12 sind mit dem Verdampfungsmodell berechnete sowie von Schauer und Giedt [134],[135] pyrometrisch gemessene Verdampfungstemperaturen beim *Elektronenstrahlschweißen* aufgetragen bzw. graphisch dargestellt. Rechenergebnisse und Pyrometermessungen lassen eine gute Übereinstimmung erkennen. Die Abweichungen bei den Werkstoffen AlMgSiCu und AlCuMg2 können z.B. mit Variationen der Legierungszusammensetzung innerhalb der Norm oder mit Meßungenauigkeiten erklärt werden.

Der Vergleich beweist, daß mit Hilfe dieses theoretischen Ansatzes der Einfluß von Legierungselementen auf die Verdampfungstemperatur über den gesamten Druckbereich

Legierung	Verdampfungstemperatur [°C]					leichtfl. Elemente [Gew-%]	
	Cieslak et al.		Metzbower		VM		
	max	min	max	min		Mg	Zn
Al99,5 (AA 1050)	-	-	2769	2363	2518	-	-
G-AlSi11 (413)	-	-	-	-	2518	-	-
G-AlSi7Mg (356)	-		-	-	2432	0,4	-
AlMg1 (AA 5005A)	-	-	-	-	2318	0,9	-
AlMgSi1 (AA 6082)	-	-	-	-	2313	1,0	-
AlMgSiCu (AA 6061)	1292	822	2005	1824	2294	0,9	0,1
AlCuMg2 (AA 2024)	-	-	1912	1746	2232	1,5	-
AlMg3 (AA 5754)	-	-	-	-	2019	3,0	-
AlMg4,5Mn (AA 5083)	1697	982	1700	1562	1883	5,0	-
AlZnMg1 (AA 7020)	-	-	-	-	1446	1,2	4,5

Tabelle 11: Mit dem Verdampfungsmodell (VM) bei Atmosphärendruck berechnete Verdampfungstemperaturen von verschiedenen Aluminiumlegierungen im Vergleich mit Literaturergebnissen beim Laserschweißen.

Legierung	Verdampfungstemperatur bei 0,02 bar [°C]	
	Schauer, Giedt	VM
Al99,5 (AA 1050)	1900 ± 100	1842
AlMgSiCu (AA 6061)	1800 ± 100	1390
AlCuMg2 (AA 2024)	1700 ± 100	1410
AlMg4,5Mn (AA 5083)	1250 ± 100	1170
AlZnMgCu1,5 (AA 7075)	1080 ± 100	828

Tabelle 12: Mit dem Verdampfungsmodell (VM) berechnete Verdampfungstemperaturen für einen mittleren Kapillardampfdruck von 0,02 bar im Vergleich mit Meßergebnissen beim Elektronenstrahlschweißen.

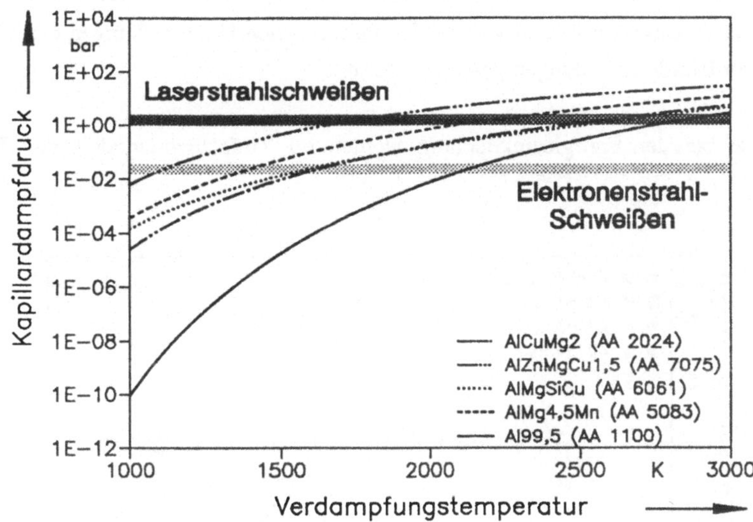

Bild 33: Mit dem Verdampfungsmodell berechnete Verdampfungstemperaturen als Funktion des Kapillardruckes für verschiedene Aluminiumlegierungen. Die Bereiche für das Laser- und Elektronenstrahlschweißen sind markiert.

(Bild 33) physikalisch richtig beschrieben werden kann. Für die Berechnungen wurde ein mittlerer Kapillardampfdruck von 0,02 bar angenommen, welcher sich aus der in [135] angegebenen Verteilung des Dampfdruckes in der Elektronenstrahl-Kapillare ergibt.

Eine auf dem vorgestellten Modell basierende, weiterführende Studie [136] demonstriert, daß dieser Ansatz nicht nur bei Aluminiumlegierungen sondern auch bei *Stahl- und Kupferwerkstoffen* angewendet werden kann, um ein tiefergehendes Verständnis des Verdampfungsprozesses beim Tiefschweißen zu erlangen.

5.3.2 Einfluß leichtflüchtiger Legierungselemente auf die Nahtgeometrie und die Schwelle für den Tiefschweißeffekt

Zur Analyse des Einflusses der Legierungselemente auf die Ausbildung der Nahtgeometrie wurde das oben vorgestellte Verdampfungsmodell in das Tiefschweißmodell von Beck [28] integriert. Dies erlaubte die selbstkonsistente Berechnung der Dampfkapillare und des

Temperaturfeldes nicht nur als Funktion der Laserschweißparameter sondern auch der Werkstoffzusammensetzung. Zusätzlich werden den theoretischen Untersuchungen experimentelle Ergebnisse an Blindschweißungen gegenübergestellt.

Als Prozesse bei der Energieeinkopplung werden im Tiefschweißmodell von Beck die

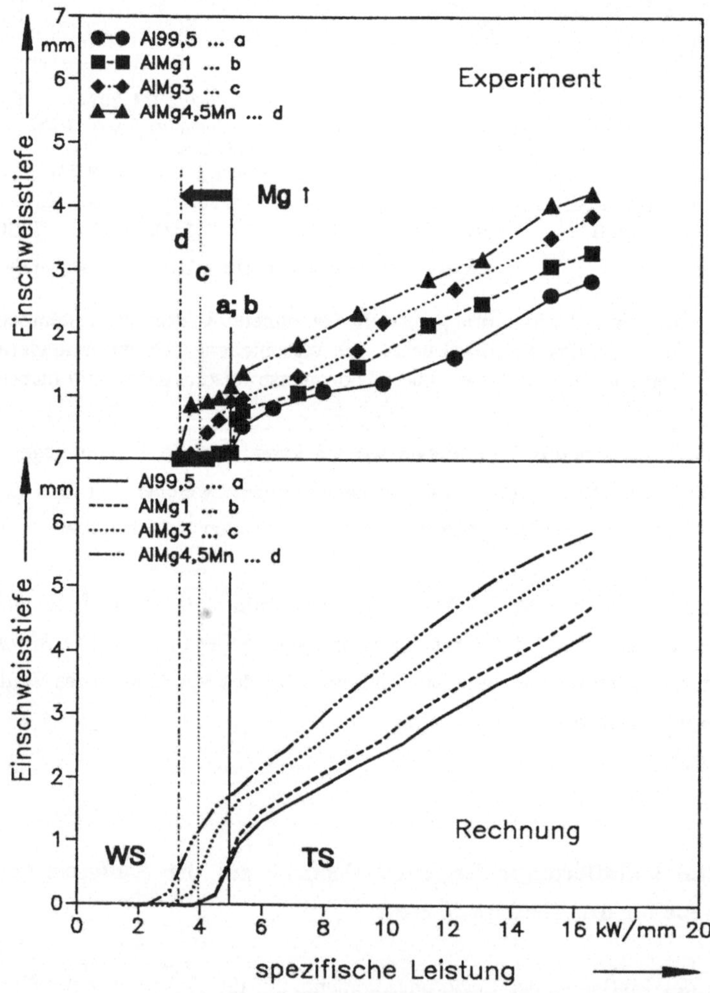

Bild 34: Für verschiedene AlMg-Legierungen berechnete und experimentell gemessene Einschweißtiefen als Funktion der spezifischen Leistung (K=0,3; F=5; v=5 m/min).

Fresnelabsorption, die Vielfachreflexion sowie die Plasmaabsorption in der Kapillare betrachtet (Kapitel 2.2.2). Abdampfverluste und eine zweidimensionale, d.h. in einer Ebene senkrecht zum Strahlausbreitungsrichtung stattfindende Wärmeableitung werden als Energieverlustmechanismen berücksichtigt. Als eine weitere Randbedingung wird angenommen, daß auf der Kapillarwand Verdampfungstemperatur herrscht.

Am Beispiel von AlMg-Legierungen in Bild 34 wird deutlich, daß mit steigendem Magnesiumgehalt und damit sinkender Verdampfungstemperatur (und Wärmeleitfähigkeit !) die Einschweißtiefe bei sonst gleichen Prozeßparametern ansteigt. Darüber hinaus wird auch die spezifische Schwellleistung niedriger, da diese nach Gl. (2) bei gleichem Oberflächenabsorptionsgrad direkt proportional zum Produkt aus Verdampfungstemperatur und Wärmeleitfähigkeit ist. Dieser Zusammenhang ist graphisch in Bild 35 veranschaulicht. Hier wurden die von Sakamoto [106] gemessenen Schwellintensitäten gegen das Produkt aus Wärmeleitfähigkeit und berechneter Verdampfungstemperatur für verschiedene Legierungen aufgetragen. Es ergibt sich in guter Näherung eine Gerade.

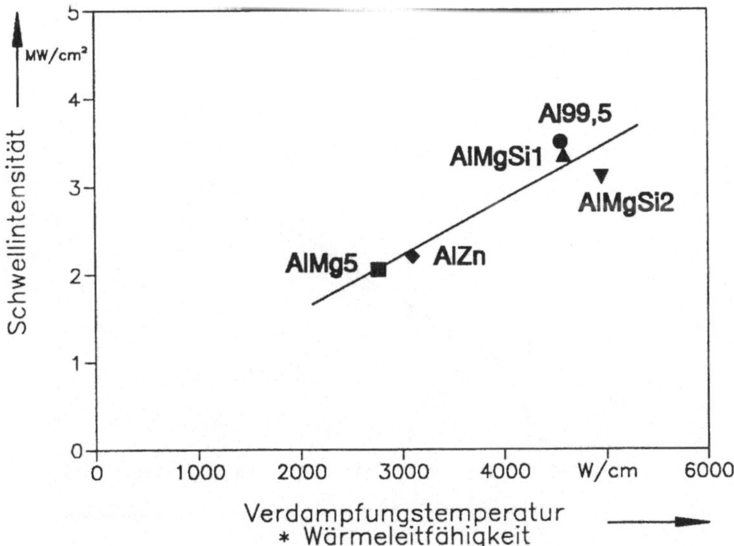

Bild 35: Von Sakamoto [106] gemessene Schwellintensitäten als Funktion der Wärmeleitfähigkeit und der mit dem Verdampfungsmodell berechneten Verdampfungstemperatur (v=5 m/min; d_f=360 μm).

Magnesium-Gehalte bis 1 Gew-% wirken nur unwesentlich auf die Absenkung der spezifische Schwellleistung gegenüber Reinaluminium aus. Dahingegen besitzt die Legierung AlMg4,5Mn mit ca. 4,5 Gew-% Mg eine 35 % niedrigere Schwelle als Al99,5 bzw. AlMg1.

Die berechneten Schwellwerte und der relative Kurvenverlauf in Bild 34 stimmen sehr gut

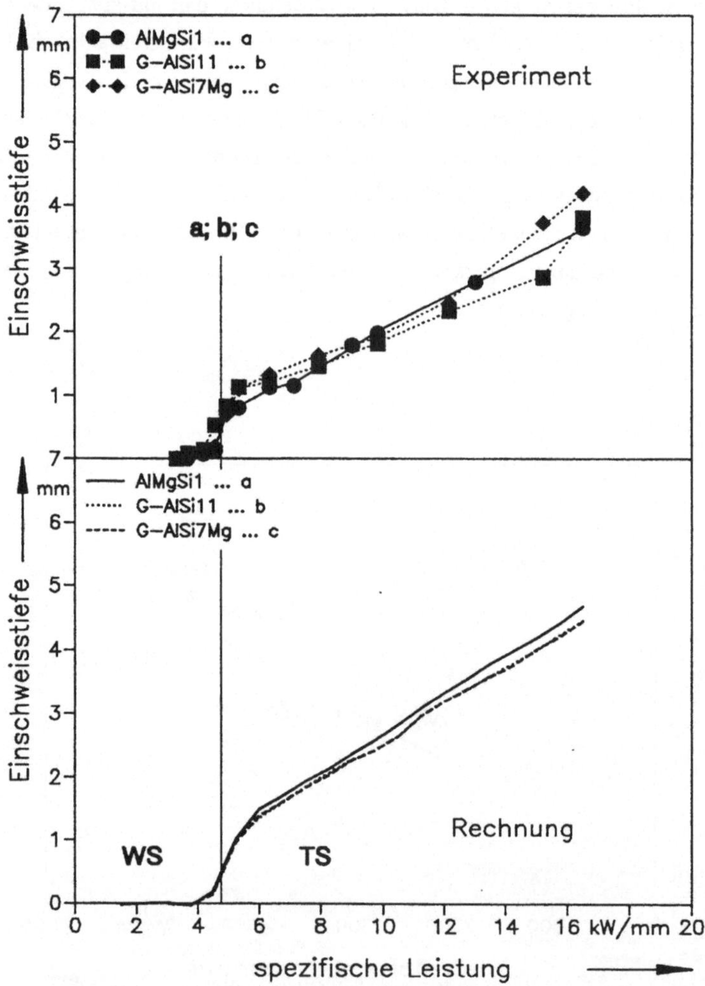

Bild 36: Für AlMgSi1, G-AlSi11 und G-AlSi7Mg berechnete und experimentell gemessene Einschweißtiefe als Funktion der spezifischen Leistung (K=0,3; F=5; v=5 m/min)

mit den experimentellen Ergebnissen überein. Sie werden also durch das mit dem Verdampfungsmodell erweiterte Tiefschweißmodell physikalisch richtig beschrieben.

Bild 36 zeigt am Beispiel der Legierungen AlMgSi1, G-AlSi11 und G-AlSi7Mg, daß auch bei Legierungen ternärer und höherer Ordnung qualitativ und quantitativ sehr gute Berechnungsergebnisse zu erzielen sind. Die im Verdampfungsmodell nicht erfaßte Wechselwirkung zwischen den Legierungselementen (siehe oben), welche sich physikalisch z.B. durch eine intermetallische Phasenbildung bemerkbar macht, hat also einen vernachlässigbaren Einfluß.

Hingegen werden die absoluten Schweißtiefen mit zunehmender spezifischer Leistung bis zu 50 % zu hoch berechnet. Dies ist zum einen darauf zurückzuführen, daß im Tiefschweißmodell eine reine zweidimensionale Wärmeleitung angenommen wird. Dreidimensionale Wärmeleitungsanteile, die bei realen Einschweißungen in Materialien mit hoher Wärmeleitfähigkeit auftreten, sind nicht berücksichtigt. Außerdem wird bei der Berechnung die Wechselwirkung zwischen Laserstrahl und Plasma oberhalb der Werkstückoberfläche vernachlässigt, was zu einer Aufweitung des Fokusdurchmessers und damit zu einer Reduzierung der Einschweißtiefe führen kann (Kapitel 2.2.2).

Leichtflüchtige Legierungselemente beeinflussen nicht nur die Einschweißtiefe und die Schwelle, sondern auch die Nahtbreite. Nach einer einfachen Abschätzung von Dausinger [29] gilt für das Verhältnis aus Nahtbreite und Fokusdurchmesser bei sehr hohen Geschwindigkeiten:

$$\frac{b}{d_f} \approx \frac{T_v}{T_m} \tag{27}$$

Nach den oben vorgestellten Ergebnissen sinkt die Verdampfungstemperatur mit steigendem Anteil an leichtflüchtigen Legierungselementen. Die Schweißnähte werden dadurch nicht nur tiefer sondern gemäß Gl. (27) auch schlanker. Dies gilt allgemein für nahezu alle technischen Aluminiumwerkstoffe, da sich die Schmelztemperatur bei den einzelnen Legierungen nur unwesentlich unterscheidet [20].

5.3.3 Einfluß leichtflüchtiger Legierungselemente auf das Prozeßverhalten

Aus zahlreichen experimentellen Beobachtungen ist bekannt, daß sich der Einfluß leichtflüchtiger Elemente direkt auf das Prozeßverhalten erstreckt. Um dieses Verhalten physikalisch erklären zu können, wird nun im folgenden das Verdampfungsmodell mit Hilfe der allgemeinen Gasgesetze erweitert.

5.3.3.1 Zusammensetzung und Eigenschaften des Metalldampfes in der Kapillare

Die Zusammensetzung des Metalldampfes in der Kapillare ergibt sich aus dem Anteil des Partialdampfdruckes eines Elementes am gesamten Dampfdruck [130]:

$$x_i^D(x_i) = \frac{\bar{p}_i(x_i)}{p_{kap}} \quad . \tag{28}$$

Diese Beziehung gilt nur unter der Voraussetzung, daß der Metalldampf in der Kapillare als ideales Gas betrachtet werden kann. Bei einem Vergleich der Werte für die spezifische Wärmekapazität von Metalldampf bei hohen Temperaturen mit dem theoretischen Wert (Tabelle 13) zeigt sich, daß diese Bedingung bei allen betrachteten Legierungselementen näherungsweise erfüllt ist. Die Werte für die spezifische Wärmekapazität bei hohen Temperaturen sind [128] entnommen.

Mit Hilfe des Verdampfungsmodells kann nun die chemische Zusammensetzung des Dampfes in der Kapillare als Funktion des Legierungsgehalts ermittelt werden. Dazu wird Gl. (23) in Gl. (28) eingesetzt. Die Berechnungsergebnisse für binäre Aluminiumsysteme sind in Bild 37

Element	i. G.*)	Al	Cu	Fe	Li	Mg	Mn	Si	Zn
c_p^g *[J/(K*mol)]*	20,8	20,8	25,2	26,8	20,8	20,8	21,0	23,1	20,8

*) ... ideales Gas

Tabelle 13: Spezifische Wärmekapazität gasförmiger Metalle bei $T > T_v$ im Vergleich mit derjenigen eines idealen Gases.

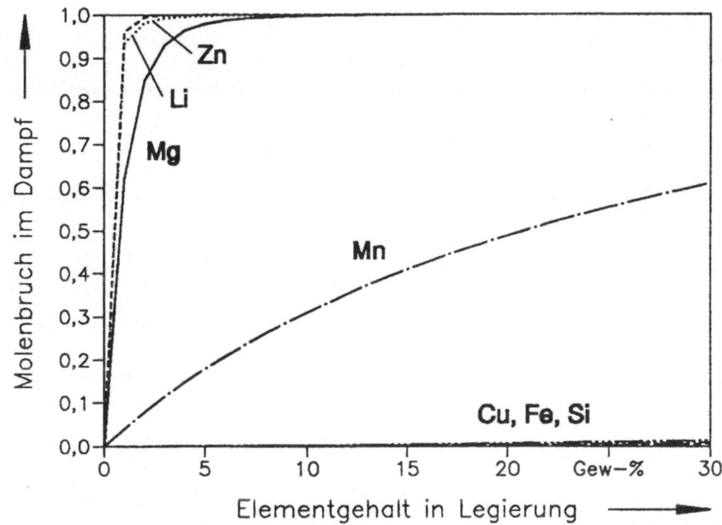

Bild 37: Mit dem erweiterten Verdampfungsmodell berechnete Dampfzusammensetzung bei Verdampfungstemperatur von verschiedenen binären Aluminiumlegierungen bei einem Kapillardampfdruck von 1,013 bar.

graphisch dargestellt. Analog zur Verdampfungstemperatur können auch hier die selben beiden Gruppen von Legierungselementen unterschieden werden. Die leichtflüchtigen Elemente Mg, Zn und Li sind im Dampf stark angereichert. Bei Legierungsgehalten von über 5 Gew-% setzt sich der Metalldampf in den Kapillare sogar fast ausschließlich aus diesen Elementen zusammen. Die Legierungselemente Cu, Si und Fe sind dagegen in nur sehr kleinen Anteilen in der Dampfphase enthalten. Eine Zwischenstellung nimmt das Mn ein, da es aufgrund seiner gegenüber Al geringfügig niedrigeren Verdampfungstemperatur in Dampf leicht angereichert ist.

Die Messungen von Simidzu et al. [83] untermauern die hier vorgestellten theoretische Untersuchungen. Die Autoren führten Bestimmungen des Magnesiumgehaltes an ultrafeinen Partikeln, die sich beim gepulsten Schweißen verschiedener Aluminiumlegierungen mit einem Nd:YAG-Laser im Kapillarrandbereich ablösen, durch. Dabei stellten sie eine legierungsabhängige, hohe Anreicherung dieses Elementes in den Partikeln fest (Tabelle 14).

Ein weitere Bestätigung oben aufgeführter Thesen findet sich in den spektroskopischen Beobachtungen von Biermann [87] an Plasmen beim Laserschweißen der Werkstoffe

Legierung	AlCuMg1 AA 2017	AlMgSiCu AA 6061	AlMg2,5 AA 5052	AlMg4,5Mn AA 5083
Mg-Gehalt in Grundwerkstoff [Gew-%]	0,6	1,1	2,7	4,6
Mg-Gehalt in Partikel [Gew-%]	5 bis 20	10 bis 40	40 bis 65	50 bis 80

Tabelle 14: Von Simidzu gemessene Mg-Gehalte (Minimal- und Maxiximalwerte) in beim gepulsten Laserschweißen entstandener ultrafeiner Partikel im Vergleich zum Grundwerkstoffgehalt [83].

AlCuMg2 (AA 2024), AlCuLi (AA 2090), AlCuLiMg (AA 2091), AlZnMgCu1,5 (AA 7475) und AlLiCu (AA 8090). Bei diesen Legierungen treten ausgeprägte Spektrallinien der leichtflüchtigen Elemente Mg, Zn bzw. Li auf, deren Intensität im Vergleich zum Legierungsgehalt überproportional hoch ist.

Unter Berücksichtigung des erweiterten Verdampfungsmodells kann dieser Effekt auf die Anreicherung leichtflüchtiger Elemente im Dampf zurückgeführt werden. Nach den theoretischen Ergebnissen (vgl. Bild 37) sind von der Anreicherung besonders die Legierungsklassen AlMg[Mn] (5xxx), AlZnMg[Cu] (7xxx) und AlLi betroffen. Bei diesen Werkstoffen ist dann der Anteil der leichtflüchtigen Elemente, welcher im Metalldampf der Kapillare mit dem Laserlicht in Wechselwirkung tritt, weitaus höher als deren Legierungsanteil. Dies schlägt sich dann in der Höhe der Intensität der zugehörigen Spektrallinien nieder.

Element	Ionisierungsenergie (IE) [eV]							
	Si	Fe	Cu	Al	Mn	Li[1)]	Mg[1)]	Zn[1)]
IE 1. Elektron	8,2	7,9	7,7	6,0	7,4	5,4	7,6	9,4

[1)] ... Leichtflüchtiges Legierungselement hinsichtlich Aluminium.

Tabelle 15: Literaturwerte [140] für die Ionisierungsenergien der wichtigsten Legierungselemente bei Aluminiumwerkstoffen.

Als zweite Möglichkeit für die Ursache dieses Effektes könnten gegebenenfalls niedrigere Ionisierungsenergien der leichtflüchtigen Stoffe im Vergleich zu Aluminium verantwortlich gemacht werden. Der Vergleich der Ionisierungsenergien [137] in Tabelle 15 zeigt jedoch, daß in diesem Fall nur bei Lithium-haltigen Legierungen ausgeprägte Spektrallinien auftreten dürften, was den spektroskopischen Beobachtungen widerspricht.

5.3.3.2 Spritzerneigung und Verdampfungsrate

Meßreihen an verschiedenen Legierungen bei gleichen Prozeßparametern zeigen, daß die Spritzerneigung mit zunehmendem Gehalt an leichtflüchtigen Elementen ansteigt. Diese die Schweißeignung beeinträchtigende Eigenschaft ist bei AlMg4,5Mn (AA 5083) und den Luftfahrtlegierungen AlZn4,5Mg1 (AA 7020) und AlZnMgCu1,5 (AA 7075) besonders ausgeprägt. High-Speed-Video-Aufnahmen lassen erkennen, daß es sich bei dieser Art von Spritzern um kleine Schmelztröpfchen handelt, welche sich nahe am Kapillarrand ablösen [138]. Damit gekoppelt ist eine unruhige Nahtausbildung, was in Bild 38 anschaulich dargestellt ist.

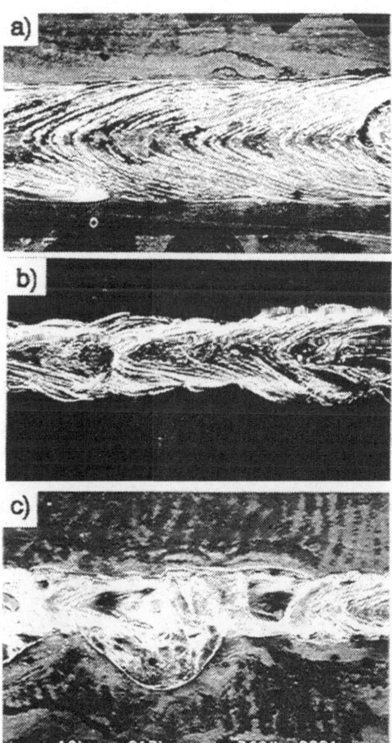

Bild 38: Ausbildung der Nahtoberraupe mit steigendem Gehalt an leichtflüchtigen Elementen (P=4,3 kW; K=0,3; F=7,2):
a) AlMg1: v=4 m/min;
b) AlMg4,5Mn: v=6 m/min und
c) AlZnMg1: v=5 m/min.

Um einen Zusammenhang zwischen Legierungsgehalt und Spritzerneigung zu gewinnen, wird nun ein einfaches, für qualitative Beurteilungen ausreichendes Modell der Spritzerbildung entwickelt. Die Basis hierzu bildet eine Abschätzung der Schubspannung auf der Kapillarwand (Bild 39). Diese wird von dem ausströmenden Metalldampf hervorgerufen und führt zu einer Tröpfchenablösung, wenn die Oberflächenspannung der Schmelze überwunden wird. Je höher die Wandschubspannung ist, desto höher ist die Wahrscheinlichkeit für die Bildung eines Spritzers.

Der abströmende Metalldampf - welcher hier als inkompressibel angenommen sei - wird als laminare Strömung in einem zylindrischen Rohr (≡ Dampfkapillare) betrachtet. Nach dem *Newton'schen Reibungsgesetz* kann dann für die Verteilung der Wandschubspannung folgende Gleichung angesetzt werden [139]:

$$\tau_w(z) = 2\eta_D * \frac{v_D(z)}{r_k} \qquad (29)$$

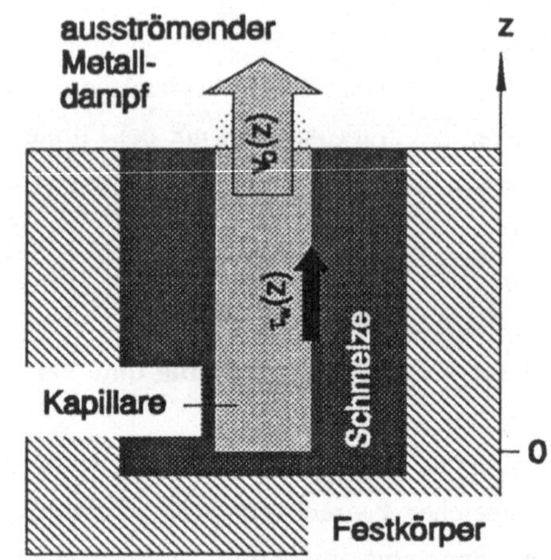

Bild 39: Schemadarstellung der Ausbildung von Schubspannungen an der (Flüssigkeits-) Wand einer zylindrischen Dampfkapillare durch ausströmenden Metalldampf.

Für die Ausströmgeschwindigkeit gilt:

$$v_D(z) = \frac{dV(z)}{dt * \pi r_k^2} \quad , \qquad (30)$$

wobei der Volumenstrom durch

$$\frac{dV(z)}{dt} = \frac{J_{KW}}{\rho_D} * 2\pi r_k * z \qquad (31)$$

gegeben ist. Die Gesamtverdampfungsrate an der Rohrwand J_{KW} wird dabei als konstant über der Tiefe in der Kapillare angenommen.

Aus der Kombination der Gl. (29) bis (31) erhält man folgende Beziehung:

$$\tau_w(z) = \frac{4\eta_D}{\rho_D} * \frac{J_{KW}}{r_k^2} * z \qquad (32)$$

Wird der Kapillarradius gleich dem Fokusdurchmesser gesetzt, so ist die Wandschubspannung in einer bestimmten Tiefe der Kapillare proportional zur Gesamtverdampfungsrate und umgekehrt proportional zum Quadrat des Fokusdurchmessers:

$$\tau_w(z=const.) \sim \frac{J_{KW}}{d_f^2} \tag{33}$$

Die Wandschubspannung und damit die Spritzerneigung stehen also mit der Legierungszusammensetzung nach Gl. (33) über die Gesamtverdampfungsrate auf der Kapillaroberfläche in Beziehung.

Die Verdampfungsrate eines Legierungselementes und die Gesamtverdampfungsraten lassen sich aus der *kinetischen Gastheorie* berechnen:

$$J_i(x_i) = \kappa * \bar{p}_i(x_i) * \sqrt{\frac{M_i}{2\pi * R * T_v}}$$
$$J_{KW} = \sum_i J_i(x_i) \tag{34}$$

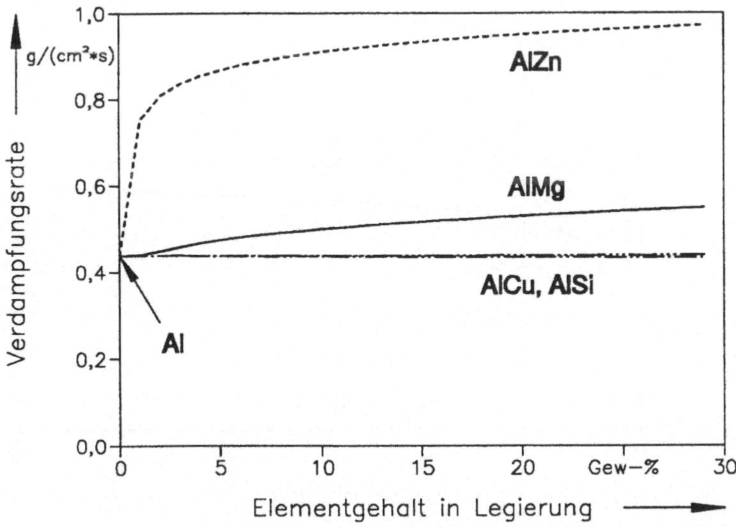

Bild 40: Mit dem erweiterten Verdampfungsmodell berechnete Gesamtverdampfungsraten der binären Legierungssysteme AlMg, AlZn, AlSi und AlCu bei Verdampfungstemperatur für einen Kapillardampfdruck von 1,013 bar.

Mit Hilfe des Verdampfungsmodells kann nun aus Gl. (34) die Verdampfungsrate in Abhängigkeit der Legierungszusammensetzung bestimmt werden. Für den Kondensationskoeffizienten unter Atmosphärenbedingungen wird von Sahoo et al. [140] und Cieslak und Fuerschbach [108] ein Wert von 0,1 angegeben.

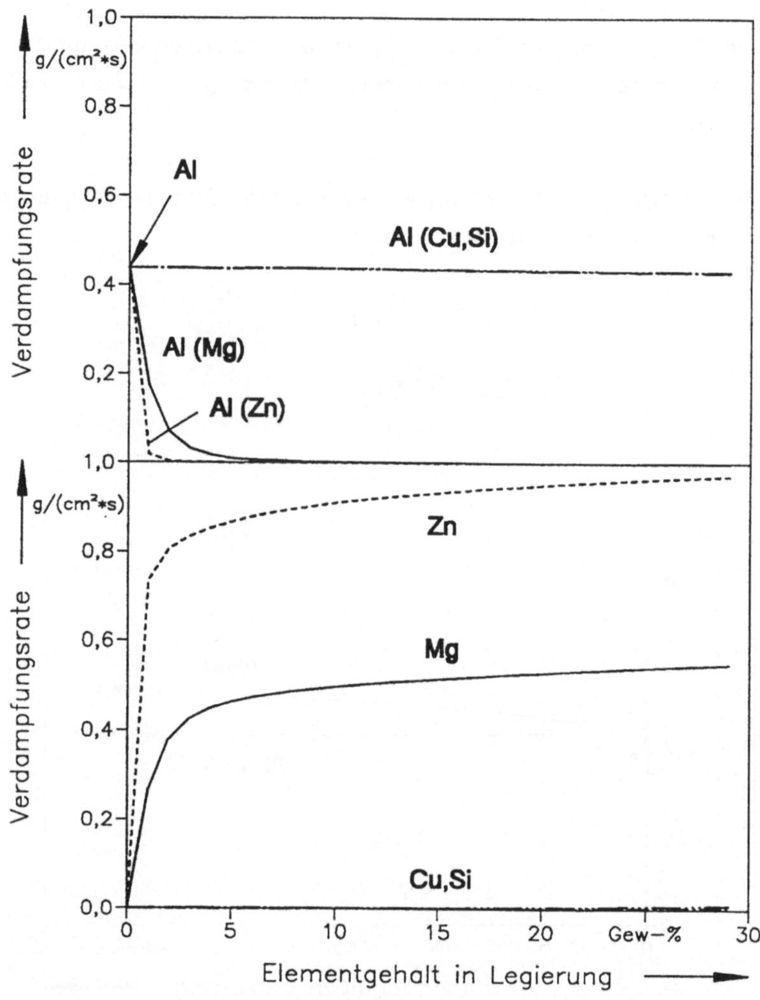

Bild 41: Mit dem erweiterten Verdampfungsmodell berechnete Elementverdampfungsraten der binären Legierungssysteme AlMg, AlZn, AlSi und AlCu bei Verdampfungstemperatur für einen Kapillardampfdruck von 1,013 bar.

Berechnungsergebnisse für die Gesamtverdampfungsraten bei den binären Legierungssystemen AlMg, AlZn, AlSi und AlCu sind in Bild 40 graphisch aufgetragen. Ein Vergleich zeigt, daß ein Zusatz von leicht flüchtigen Legierungselementen eine starke Zunahme der Verdampfungsrate bewirkt. Ein besonders hoher Zuwachs ist bei Zn-haltigen Materialien zu verzeichnen. Eine AlMg5-Legierung mit 5 Gew-% Mg weist eine ca. 10 %, eine AlZn5-Legierung mit 5 Gew-% Zn sogar eine 100 % höhere Verdampfungsrate als Reinaluminium, AlMg1 bzw. AlSi- und AlCu-Werkstoffe auf.

Die Erhöhung der Gesamtverdampfungsrate wird bei AlMg- und AlZn-Legierungen durch die hohe Elementverdampfungsrate des leichtflüchtigen Legierungsbestandteils hervorgerufen, wie Bild 41 anschaulich demonstriert. Diejenige des Matrixelementes Aluminium hingegen geht deutlich zurück.

Die unterschiedliche Spritzerneigung bei verschiedenen Aluminiumlegierungen läßt sich nach diesen Ausführung dann damit erklären, daß die Wandschubspannung mit ansteigendem Gehalt an leichtflüchtigen Elementen stark zunimmt. Zusätzlich geht die Oberflächenspannung entsprechend den Literaturwerten [141] mit zunehmendem Legierungsgehalt zurück, was die Wahrscheinlichkeit für die Ablösung eines Schmelztröpfchens zusätzlich erhöht.

Als Konsequenz dieser theoretischen Ausführungen ergibt sich, daß die Verwendung großer Fokussierzahlen oder die Defokussierung des Laserstrahls effektive Maßnahmen zur

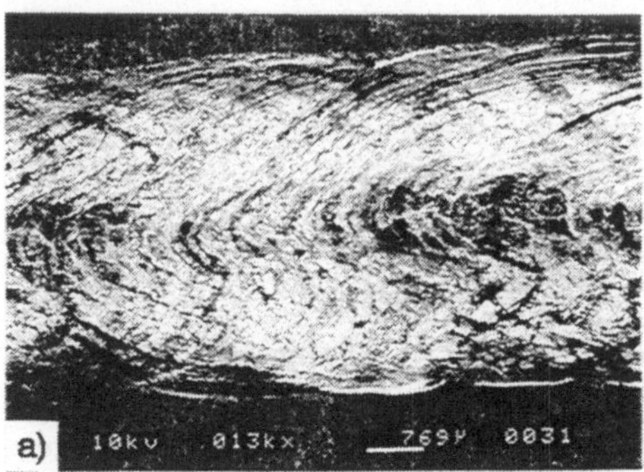

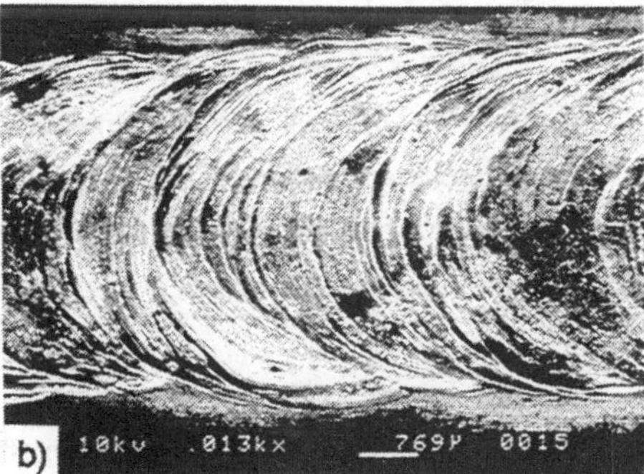

Bild 42: Ausbildung der Nahtoberraupe bei den Legierungen AlMg4,5Mn: FL=+5 mm; v=2 m/min (a) und AlZnMg1: FL=+4 mm; v=1 m/min (b) (P=4,2 kW; K=0,3; F=7,2).

Reduzierung bzw. Vermeidung der Spritzerbildung bei Werkstoffen mit einem hohen Mg- bzw. Zn-Anteil verkörpern. Damit verbunden ist eine ruhigere und gleichmäßigere Nahtausbildung, siehe Bild 42. Die Wirkung dieser Methoden beruht darauf, daß der Strahldurchmesser auf der Werkstückoberfläche größer wird. Dies hat nach Gl. (33) eine drastische Abnahme der Wandschubspannung und damit der Spritzerwahrscheinlichkeit zur Folge.

5.4 Zusammenfassung Kapitel 5

In Kapitel 5 wurden der Einfluß der optischen und thermophysikalischen Legierungseigenschaften auf die Laserschweißeignung untersucht und daraus sich ergebende Anforderungen an die Laserschweißfertigung diskutiert.

Prozeßeffizienz

- Die hohe Oberflächenreflexion und die hohe Wärmeleitfähigkeit von Aluminiumwerkstoffen erfordern sowohl bei Ein- als auch bei Mehrstrahltechniken Laserquellen hoher Strahlqualität. Mit Lasern hoher Strahlqualität werden höhere Einschweißtiefen bei gleicher Streckenenergie bzw. eine höhere Vorschubgeschwindigkeit bei gleicher Nahttiefe erzielt. Dies macht sich besonders bei Nahttiefen oberhalb des Dünnblechbereichs (> 2,5 mm) bemerkbar.

- Eine einfache Betrachtung legt dar, daß bei gegebener Schweißtiefe eine gewisse Mindestlaserleistung notwendig ist, um einen hohen thermischen Wirkungsgrad zu erhalten. Diese ist nur in geringem Maß von den Fokussierungsbedingungen und der Wellenlänge abhängig. Als Faustformel kann ein Wert von 2 kW pro mm Einschweißtiefe für einen thermischen Wirkungsgrad von 40 %, bzw. 1 kW/mm für 25 % angegeben werden.

- Wird in einem Parameterbereich gearbeitet, in dem ein stabiler Tiefschweißprozeß gewährleistet ist, dann sind die Oberflächeneigenschaften, z.B. Rauhigkeit, von untergeordneter Bedeutung. Verschiedene Legierungen oder Oberflächenzustände zeigen keine Unterschiede hinsichtlich Energieeinkopplung bzw. Nahtausbildung. Eine aufwendige Oberflächenvorbereitung zur Verbesserung des Strahleinkopplung ist daher weitgehend nutzlos. Die gewünschte Wirkung läßt sich nur durch bessere Fokussierbedingungen oder eine Strahlquelle höherer Leistung und/oder Strahlqualität erreichen.

Verdampfung und Tiefschweißverhalten

Mit einem in dieser Arbeit entwickelten thermodynamischen Ansatz - dem Verdampfungsmodell - ist eine Analyse des Einflußes der Legierungszusammensetzung auf die Nahtausbildung und das Prozeßverhalten beim Laserschweißen möglich:

- Die leichtflüchtigen Legierungselemente Li, Mg und Zn senken infolge ihres hohen Partialdampfdruckes die Verdampfungstemperatur von Legierungen ab. Mit steigendem Anteil wird die spezifische Schwelleistung erniedrigt und die Einschweißtiefe erhöht.

- Leichtflüchtige Elemente reichern sich im Metalldampf der Kapillare stark an und bestimmen dadurch weitgehend dessen Eigenschaften.

- Die mit zunehmendem Anteil von Magnesium und Zink größer werdende Spritzerneigung kann mit einem hohen Anstieg der Verdampfungsrate beim Vorliegen dieser leichtflüchtigen Elemente erklärt werden. Dadurch nimmt die Schubspannung auf der Kapillarwand, welche durch den ausströmenden Metalldampf erzeugt wird, und damit die Wahrscheinlichkeit der Ablösung eines Schmelztröpfchens zu. Eine wirksame Abhilfe kann durch eine Defokussierung des Laserstrahls oder die Verwendung höherer Fokussierzahlen getroffen werden.

Als Fazit dieser Ergebnisse läßt sich feststellen, daß die thermophysikalischen Eigenschaften von Aluminiumlegierungen *werkstoffangepaßte* Fokussierungsbedingungen und Strahleigenschaften erzwingen.

6 Prozeßinstabilitäten und Nahtimperfektionen

Eine der wichtigsten Zielstellungen beim Laserschweißen ist die (Weiter-) Entwicklung dieses Verfahrens zu einer *fertigungssicheren* und gleichzeitig eine *hohe Qualität gewährleistenden* Fügetechnik. Bezüglich der Laserschweißeignung von Aluminiumlegierungen sind die hohe *Nahtporosität* und stochastisch auftretende *Schmelzauswürfe* als diejenigen Punkte zu nennen, welche große Probleme beim Erreichen des obengenannten Zieles aufwerfen. Wie in Kapitel 2.4 dargelegt ist, ist das Auftreten dieser Nahtfehler eng mit der Prozeßführung beim Laserschweißen verknüpft. Da das Laserschweißen sich durch den Tiefschweißeffekt von anderen Schweißverfahren unterscheidet, existieren in der konventionellen Schmelzschweißtechnik weder zufriedenstellende Erklärungsmodelle für deren Entstehung noch Abhilfemaßnahmen.

Im folgenden Abschnitt wird nun der Zusammenhang zwischen dem Prozeßverhalten der Dampfkapillare und der Bildung obengenannter Nahtimperfektionen untersucht. Zur Erklärung physikalischer Hintergründe werden Erfahrungen aus der Elektronenstrahlschweißtechnik und theoretische Erkenntnisse aus der Literatur zum Tiefschweißmechanismus mit herangezogen. Die Ergebnisse dienen dann als Basis zur Verfahrensoptimierung.

6.1 Poren

Mit Hilfe metallographischer und röntgenographischer Studien an lasergeschweißten Verbindungen konnten im Rahmen dieser Arbeit neben den Wasserstoffporen eine weitere Porenart identifiziert werden.

6.1.1 Wasserstoffporen

Wasserstoffporen ließen sich genauso wie beim Schutzgasschweißen (Kapitel 2.3.1) als nahezu gleichmäßig verteilte, kugelrunde Blasen in der Schmelzzone feststellen. Ihre maximale Größe liegt im allgemeinen bei ca. 0,1 (0,5) mm. Als Wasserstoffquellen stellten sich ein über dem Grenzwert für die Erzeugung porenarmer Verbindungen liegender Wasserstoffgehalt im Grundwerkstoff, z.B. bei konventionellem Druckguß (Bild 43a), oder ungereinigte Fügekanten (Bild 43b und c) heraus. So können aufgrund fehlender Entgasungsmöglichkeiten beim Überlappstoß wasserstoffinduzierte Poren in der Fügeebene an der Schmelzlinie entstehen, siehe Bild 43c.

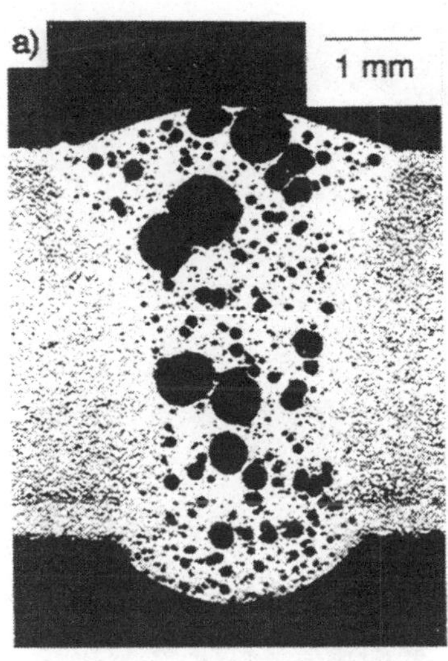

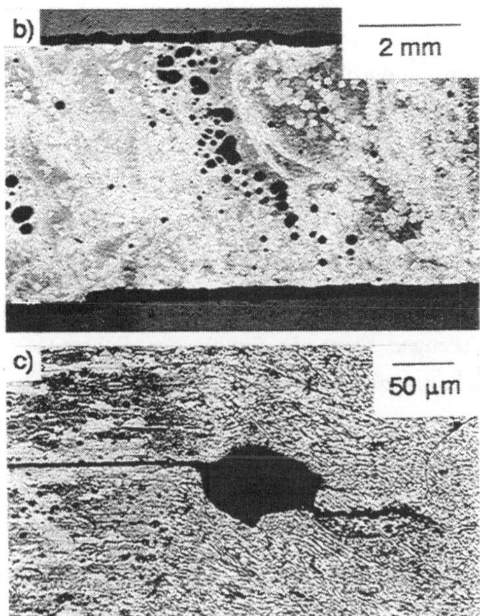

Bild 43: Wasserstoffporen beim I-Stoß in konventionellem Druckguß GD-AlSi10Mg s=4,0 mm (a) und in AlLiCu s=3,7 mm (b; Längsschliff) sowie in der Fügeebene am Überlappstoß in AlZnMgCu1,5 s=2,5 mm (c).

Dieser *metallurgisch* bedingten Porosität kann mit einer entsprechenden Oberflächenvorbehandlung bzw. einer geeigneten Werkstoffwahl, z.B. wasserstoffarmer Vakuum-Druckguß, begegnet werden.

6.1.2 Prozeßporen

6.1.2.1 Einfluß der Prozeßparameter auf die Porenbildung

In den untersuchten Laserschweißungen konnte eine häufig auftretende, große Porenart identifiziert werden, deren Entstehungsursache im folgenden näher analysiert wird. Poren dieser Art sind hauptsächlich bei Einschweißtiefen oberhalb des Dünnblechbereichs (> 2 mm) in der unteren Hälfte der Schweißnaht (Bild 44) zu beobachten. Sie besitzen eine unregelmäßige, meistens schlauchförmige Gestalt. Das Vorhandensein dieser Poren ist nicht notwendigerweise an das Auftreten einer Unregelmäßigkeit im äußeren Nahtbild geknüpft, d.h. auch an Oberraupe und Wurzel völlig gleichmäßig erscheinende Nähte können stark porenhaltig sein.

Röntgendurchstrahlungsaufnahmen an Blind- und Überlappschweißungen verschiedener Legierungen belegen eine *"perlenschnur"*-artige Anordnung dieser Poren in der Mitte der Schweißnaht, also in der *Spur der Dampfkapillare* (Bild 45a). Dabei ist in Längsschliffen (Bild 45b) eine deutliche Vorzugsrichtung bezüglich der Schweißrichtung zu erkennen.

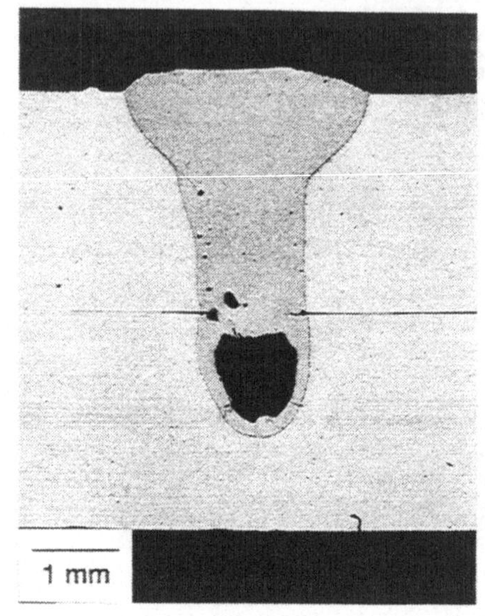

Bild 44: Porenbildung bei im Überlapp lasergeschweißten AlMgSi1-Blechen (P=4,3 kW; K=0,3; F=7,2; v=3 m/min; s=2,5 mm).

Beim Übergang von der Einschweißung zu einer Durchschweißung wandern diese Poren von der Schweißnahtmitte an den Rand. Bei vollständiger Durchschweißung, d.h. mit nach unten offener Dampfkapillare bei durchstochener Oxidhaut, reduziert sich ihre Anzahl dabei sehr stark. Gleichmäßig durchgeschweißte Stumpfstöße sind daher weniger anfällig gegen diese Porenart als Überlappschweißungen. Diese Beobachtung wird auch von Behler et al. [66] bei Blindschweißungen an 3 mm dicken AlMgSi1-Blechen gemacht.

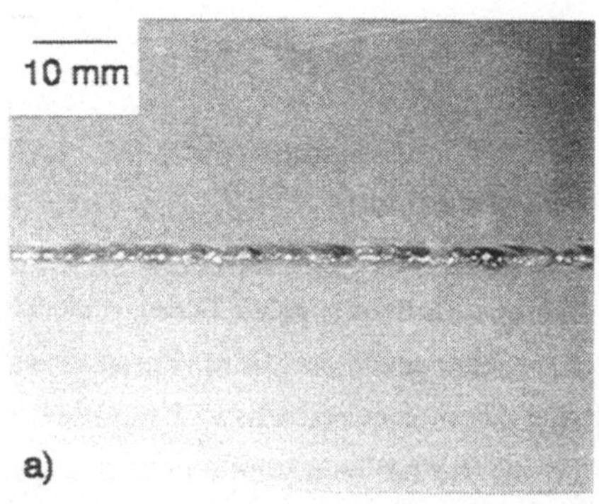

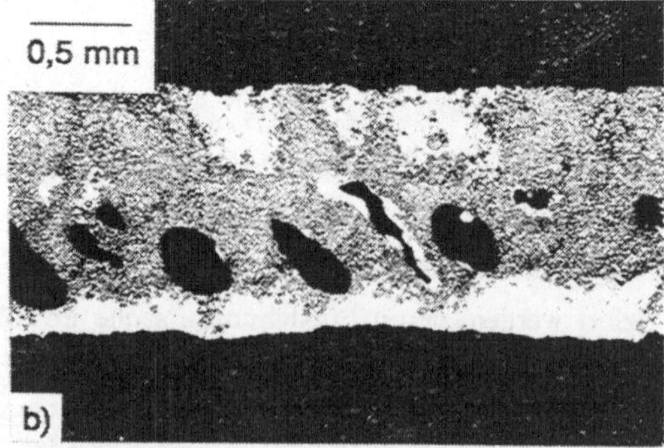

Bild 45: Durchstrahlungsaufnahme einer AlMgSi-Blindschweißung (P=3,6 kW; K=0,3; F=4,3; v=4 m/min, d=4,3 mm) (a) und Längsschliff einer AlMg5Mn-Überlappschweißung (P=1,1 kW; K=0,7; F=8,3; v=1,5 m/min; s=1,25 mm) (b).

Bei der quantitativen Auswertung von Röntgendurchstrahlungsaufnahmen von Blindschweissungen in 5 mm dicken AlMgSi1-Blechen läßt sich eine starke Abhängigkeit der Porenanzahl von den *Strahlparametern* und der *Schweißgeschwindigkeit* feststellen (Bild 46). Da die Größe von Wasserstoffporen bei Knetlegierungen zum größten Teil unterhalb der Auflösungsgrenze von ca. 0,2 mm bei Röntgenfilmen liegt, werden sie bei der Auswertung weitestgehend nicht erfaßt.

Im Gegensatz zum Verhalten der Wasserstoffporen beim MIG-Schweißen [142] nimmt die Anzahl der Poren beim Laserstrahlschweißen mit zunehmendem Vorschub ab (Bild 46). Bei der Legierung AlMgSi1 können für die in den Untersuchungen gewählten Prozeßparameter porenfreie Schweißnähte bei Schweißgeschwindigkeiten oberhalb 9 m/min erzeugt werden.

Ein direkter Vergleich zwischen Laserstrahlung unterschiedlicher Strahlqualität zeigt, daß mit der höheren Strahlqualtät (K=0,30) eine Reduzierung der Porenanzahl um ca. 35 % bei gleichzeitig gesteigerter Schweißtiefe - vgl. Bild 28 - über den gesamten Geschwindigkeitsbereich erzielt werden kann. Besonders deutlich macht sich dieser Effekt bei kleinem

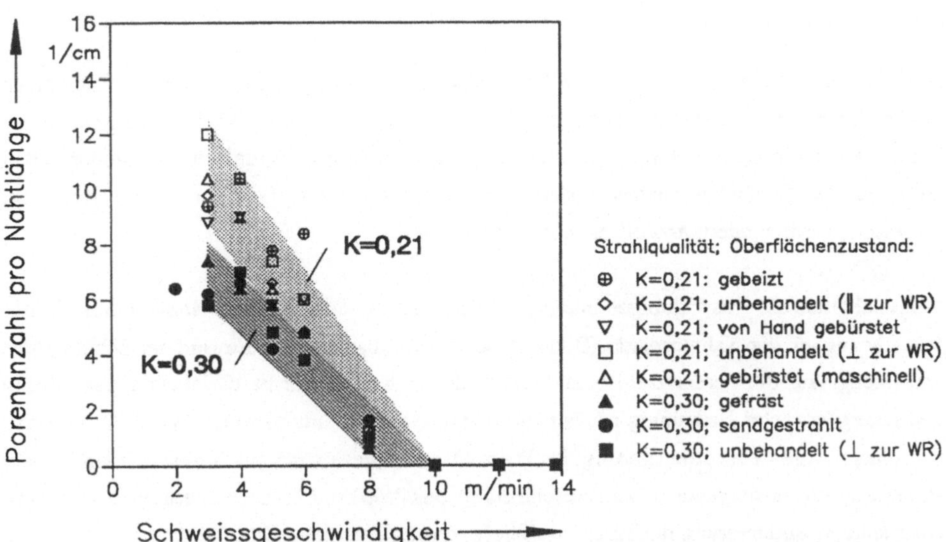

Bild 46: Anzahl der Poren pro Nahtlänge in Röntgendurchstrahlungsaufnahmen als Funktion des Vorschubs, des Oberflächenzustandes und der Strahlqualität bei AlMgSi1-Blindschweißungen (P=4,4 kW; K=0,3; F=4,3; s=5 mm).

Vorschub und damit hohen Schweißtiefen bemerkbar. Weiterhin weisen die Ergebnisse in Bild 46 eindeutig darauf hin, daß der Oberflächenzustand keinen Einfluß auf die Entstehung dieser Porenart ausübt.

Durch die im Vergleich zu konventionellen Schmelzschweißverfahren konzentrierte Energieeinbringung bei Strahlschweißverfahren werden schmale und tiefe Schmelzbäder sowie sehr hohe Abkühlungsraten erzeugt. Diese Bedingungen wirken sich ungünstig auf die Ausgasung aus. Hingegen können infolge der viel kürzeren Wechselwirkungzeiten in den kleineren Schmelzbädern nur geringe Wasserstoffanteile aufgenommen werden. Außerdem ist eine klassische Gasporenbildung bei den für diese Verfahren charakteristischen hohen Schweißgeschwindigkeiten behindert, da dieser Vorgang diffusionsgesteuert ist. Zusätzlich kann ein kleiner Anteil des Wasserstoffs über die Kapillare ausgasen, da für Temperaturen im Bereich des Verdampfungspunktes die Wasserstofflöslichkeit in flüssigem Aluminium stark zurückgeht (Bild 12).

Insgesamt kann daher beim Strahlschweißen von einer geringeren Anfälligkeit für Wasserstoffporosität gegenüber konventionellen Lichtbogenschweißverfahren ausgegangen werden. Diese Hypothese wird beim Elektronenstrahlschweißen von Nörenberg [47] experimentell gestützt.

Die hier vorgestellten experimentellen Ergebnisse zeigen auf, daß das zahlreiche Erscheinen großer Poren beim Laserschweißen im Gegensatz zu den bekannten Gesetzmäßigkeiten der Wasserstoffporenbildung steht. Dies läßt die Schlußfolgerung zu, daß diese Porenart nicht durch in der Schmelze ausgeschiedenen, übersättigten Wasserstoff, d.h. metallurgisch, verursacht wird, sondern *prozeßcharakteristisch* ist.

Vergleicht man die Auswirkungen unterschiedlicher *He/Ar-Schutzgasmischungen* und *-durchflüsse* bezüglich der Nahtporosität (Bild 47), so ist offenbar, daß der Einfluß der Schutzgasart und -menge auf die Porenanzahl beim Einsatz der in Kapitel 4.2 beschriebenen Gasführung von untergeordneter Bedeutung ist. Nur unterhalb eines Volumenstroms von 2000 Nl/h tritt bei reinem Argon eine Reduzierung der Porosität auf. Diese wird durch eine mit sinkendem Volumenstrom ansteigende Plasmaabschirmung des Werkstücks hervorgerufen und ist mit einer starken Reduzierung der Einschweißtiefe verbunden, siehe Bild 21.

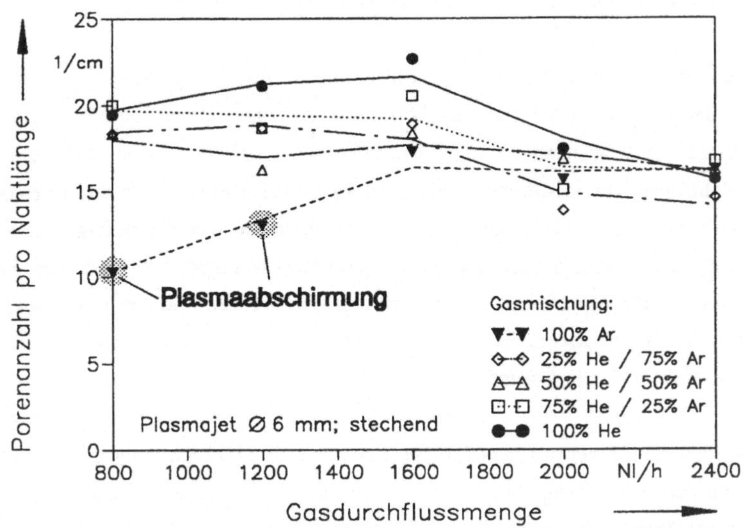

Bild 47: Anzahl der Poren pro Nahtlänge in Röntgendurchstrahlungsaufnahmen als Funktion des Gasvolumenstroms und der Gasmischung bei AlMgSi1-Blindschweißungen (P=3,5 kW; K=0,3; F=4,4; v=3 m/min; s=5 mm).

Daraus kann gefolgert werden, daß die Ursache dieser Poren bei einer prozeßangepaßten Schutzgasführung nicht in der Einwirbelung von Schutzgasen in die Schmelze (These 1 in Kapitel 2.4) zu suchen ist. Dies bedeutet, daß nur die Optimierung der Schutzgasführung allein keine befriedigende Lösungsmöglichkeit zur vollständigen Beseitigung dieser Porenart bzw. zur Verhinderung ihrer Entstehung darstellt.

Wesentliche Unterschiede zwischen den einzelnen Legierungen hinsichtlich des oben genannten Verhaltens konnten bei den Untersuchungen, die im Rahmen dieser Arbeit stattfanden, nicht festgestellt werden. Poren dieser Ausprägung in mehr oder weniger vergleichbarer Größe und Anzahl traten sowohl bei Al99,5 und GK-AlSi11 als auch bei AlMg4,5Mn oder AlZnMg1 auf. These 2 aus Kapitel 2.4, welche die Porenentstehung der explosionsartigen Verdampfung niedrigsiedender Elemente zuschreibt, ist damit auch nicht haltbar.

6.1.2.2 Mechanismus der Porenbildung beim Tiefschweißen

Werden Erfahrungen bezüglich der Porenbildung beim Elektronenstrahlschweißen [143], [144],[145] zu Hilfe genommen, dann können die experimentellen Befunde beim Laserschweißen gedeutet werden. Eine vergleichende Analyse ergibt, daß die oben beschriebenen Nahtfehler ein Verhalten aufweisen, welches für eine bestimmte Porenart bei *Strahlschweißverfahren* charakteristisch ist. Der Vorgang der Porenbildung beim Tiefschweißen kann dann mit dem *prozeßbedingten, dynamischen Kapillarverhalten in Verbindung mit fluiddynamischen Effekten* im Schmelzbad erklärt werden. Dieser Aspekt stellt hinsichtlich der Porosität beim Laserschweißen einen neuen Sachverhalt dar, welcher bisher in dieser Form noch nicht diskutiert wurde.

Beim Tiefschweißen im Dauerstrichbetrieb handelt es sich nicht um einen kontinuierlich ablaufenden, stationären Vorgang, bei welchem die Kapillare bei der Vorschubbewegung durch das Werkstück "hindurchgezogen" wird. Vielmehr zeichnet sich die Vorschubbewegung durch ein instationäres Verhalten mit zeitlich sich stark ändernder Kapillargeometrie aus, wodurch es z.B. zu Schwankungen der Einschweißtiefe entlang der Schweißnaht kommen kann. Die Kapillaroszillation läßt sich direkt beim Laserschweißen von Quarzglas beobachten, siehe Bild 48. Für Metalle konnte dies experimentell sowohl beim Elektronen- als auch beim Laserstrahlschweißen von Tong und Giedt [143] bzw. Arata [146],[147] mittels Röntgendurchstrahlung und fluoreszierender Methoden nachgewiesen werden. Berkmanns et al. [98] demonstrierten mit Hilfe von High-Speed-Video-Aufnahmen und Messungen der transmittierten Leistung, daß beim Laserstrahlschweißen von Aluminium die Kapillar-

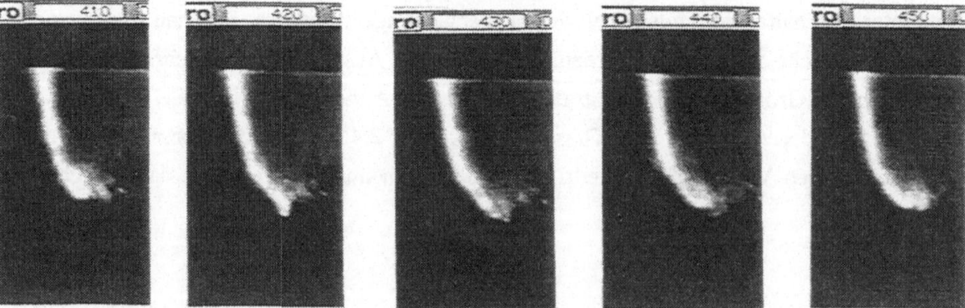

Bild 48: High-Speed-Video-Aufnahmen einer Laserschweißung in Quarzglas, welche im Abstand von 10 ms gemacht wurden.

geometrie einer hohen Dynamik unterliegt und daß es während des Tiefschweißprozesses sogar kurzeitig zum Verschluß der Kapillare kommen kann.

Bei diesem Vorgang übt die oszillierende Dampfkapillare, ähnlich der Wirkung eines Stempels, einen Impuls auf die umgebende Schmelze aus. Hierdurch kann eine Einschnürung bzw. ein Einschwappen von Schmelze verursacht werden, wodurch der untere Teil der Kapillare durch flüssiges Schmelzgut vom oberen abgetrennt wird. Poren entstehen, wenn die so entstandene Schmelzbrücke schnell erstarrt, ohne daß der darunterliegende Hohlraum aufgefüllt wird, und der darin enthaltene Metalldampf an den Hohlraumwänden kondensiert. Dieser für die Porenbildung beim Tiefschweißen charakteristische Mechanismus ist schematisch in Bild 49 dargestellt. Mit zunehmender Einschweißtiefe nimmt dann die Gefahr der Porenbildung zu.

Gemäß Einordnung dieser Fehlerart nach DIN 8524 T1 [148] werden diese Hohlräume im Schweißgut entsprechend ihrer Entstehungsursache im folgenden als *Prozeßporen* bezeichnet. Infolge der durch die thermophysikalisch bedingten großen Schmelzbäder und der extrem dünnflüssigen Schmelze sind Aluminiumlegierungen deutlich anfälliger für die Bildung von Prozeßporen als Stahlwerkstoffe.

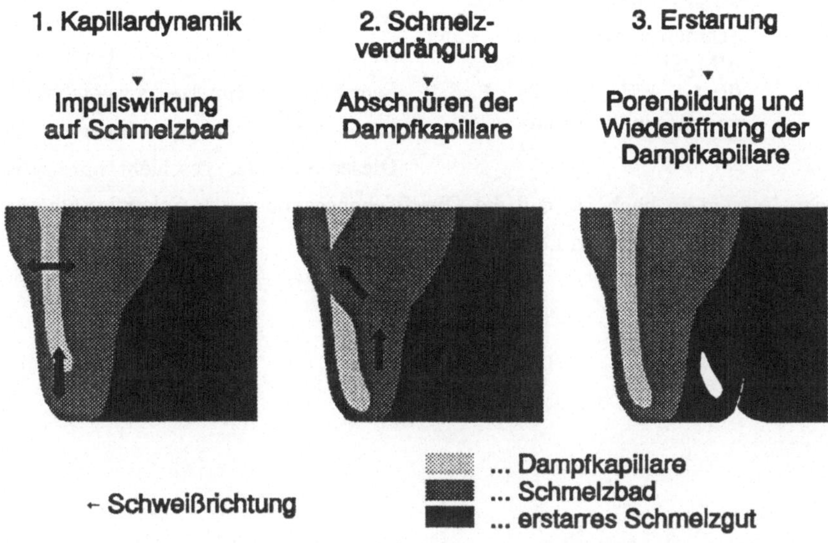

Bild 49: Schemadarstellung des Mechanismus der Porenbildung beim Tiefschweißen.

6.2 Schmelzauswürfe

Der Tiefschweißprozeß bei Aluminium ist durch das *stochastische* Auftreten von *Schmelzauswürfen* bei Einschweißungen (Bild 50) und *Löchern* bei Stumpfstößen gekennzeichnet. Im Gegensatz dazu sind beim Wärmeleitungsschweißen keine derartigen Nahtimperfektionen zu beobachten. Ihr Auftauchen muß also eng mit den physikalischen Mechanismen beim Tiefschweißen verbunden sein. Umfangreiche Untersuchungen an Blind- und Überlappschweißungen bei verschiedenen Legierungen zeigten, daß das Erscheinen von Schmelzauswürfen fast an die gleichen Gesetzmäßigkeiten gebunden ist wie die Bildung von Prozeßporen.

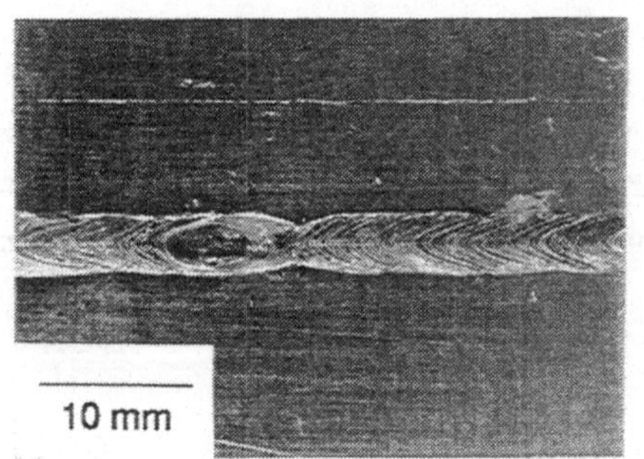

Bild 50: Schmelzauswurf bei einer AlMgSi1-Blindschweißung (P=4,4 kW; K=0,28; F=6,4; v=4 m/min, d=5 mm).

Die vorliegenden Ergebnisse lassen darauf schließen, daß diese Nahtfehler vergleichbar mit dem Mechanismus der Prozeßporenbildung (Kapitel 6.1.2.2) durch *dynamische Prozesse im Schmelzbad während des Tiefschweißens* entstehen.

Beim Abbau der kinetischen Energie in der flüssigen Phase, welche durch die Impulswirkung der oszillierenden Kapillare erzeugt wird, kann ähnlich wie beim gepulsten Schweißen Schmelze ausgeworfen bzw. nach unten "durchgeschossen" werden. Dieser Vorgang geschieht nur, wenn die kinetische Energie so hoch ist, daß die Oberflächenspannung der Schmelze überwunden werden kann. Zurück bleibt ein Loch in der Schweißnaht.

6.3 Prozeßinstabilitäten beim Tiefschweißen

Als Ursache des dynamischen Kapillarverhaltens und damit letztendlich der Prozeßporen und Schmelzauswürfe sind *Prozeßinstabilitäten* anzusehen. Der mehr oder weniger stochastische Vorgang sich daraus entwickelnder Nahtfehler liegt in der komplexen Wechselwirkung zwischen den einzelnen Komponenten des Schwingungssystems Laserstrahl - Oberflächenplasma - Dampfkapillare - Schmelzbad - Festkörper begründet.

Zu den Störgrößen, welche Instabiltäten hervorrufen, zählt eine nicht optimierte Schutzgasführung, bei welcher der Gasstrahl eine mechanische Impulswirkung auf die Schweißstelle ausübt und dadurch das Schmelzbad zu Schwingungen anregt. Desweiteren gehören Materialinhomogenitäten, z.B. Verunreinigungen, oder starke Schwankungen bei der Strahllage-, Moden- oder Leistungsstabilität der Laserquelle dazu. Diese *äußeren* Störgrößen können durch eine richtige Schweiß*vorbereitung*, d.h. Auswahl einer geeigneten Schutzgasführung, Laserquelle und Werkstoffgüte, beseitigt bzw. vermieden werden.

In den nächsten Abschnitten werden nun ausschließlich Störungseinflüsse betrachtet, die direkt aus der *physikalischen Wechselwirkung zwischen Laserstrahl und Materie* herrühren. Es werden Hypothesen vorgestellt, welche die im Experiment beobachteten Phänomene vollständig beschreiben und die Ableitung von Maßnahmen zur verfahrenstechnischen Optimierung erlauben. Dazu werden theoretische Erkenntnisse verschiedener Autoren zur Ausbildung der Dampfkapillare und zum Schmelzbadverhalten miteinbezogen.

Der endgültige Beweise dieser Hypothesen steht jedoch noch aus, da bisher eine on-line-Diagnose der Kapillarausbildung *innerhalb* des Werkstücks nicht möglich war. Außerdem existieren bis jetzt noch keine theoretischen Prozeßmodelle, welche das Kapillarverhalten beim Dauerstrichschweißen *zeitabhängig* abbilden können.

6.3.1 Einkoppelverhalten und Prozeßstabilität

Beck weist in seinen theoretischen Studien [28] nach, daß ein Laserstrahl durch Brechungseffekte im teilionisierten Metalldampf - dessen optische Eigenschaften von der Dichte und Temperatur abhängig sind - defokussiert wird. Dies bedeutet, daß durch die *Wechselwirkung zwischen Laserstrahl und Oberflächenplasma* Störungen induziert werden können. Treten hochfrequente Plasmafluktuationen auf, ist der Strahldurchmesser auf der Werkstückoberfläche schnellen zeitlichen und räumlichen Schwankungen unterworfen. Dadurch oszilliert die spezifische Leistung am Werkstück, was mit Schwankungen beim Einkoppelgrad verbunden ist. Dieser Effekt hat Veränderungen der Kapillartiefe und des Kapillardurchmessers in schnellem zeitlichem Wechsel zur Folge. Je größer die Dynamik der Geometrieänderungen der Dampfkapillare ist, desto höher ist die Impulswirkung auf das Schmelzbad und desto wahrscheinlicher sind Prozeßinstabilitäten.

Wird nun in einem Parameterbereich nahe der Tiefschweißschwelle gearbeitet (Bereich 1 in Bild 51), dann rufen Änderungen der spezifischen Leistung ($\Delta(P/d_f)$) große Variationen des Einkoppelgrades ($\Delta\eta_A(1)$) und damit eine große Prozeßdynamik hervor. Im Extremfall kann sogar die Tiefschweißschwelle kurzfristig unterschritten werden und es kommt zu Prozeßaussetzern. Bei höheren spezifischen Leistungen (Bereich 2 in Bild 51), d.h. weit oberhalb der Tiefschweißschwelle, sind bei gleich großem $\Delta(P/d_f)$ wie in Bereich 1 die Änderungen des Einkoppelgrades ($\Delta\eta_A(2)$) und die Prozeßdynamik geringer. Es kann in diesem Bereich also prozeßstabiler als in der Nähe der Schwelle gearbeitet werden.

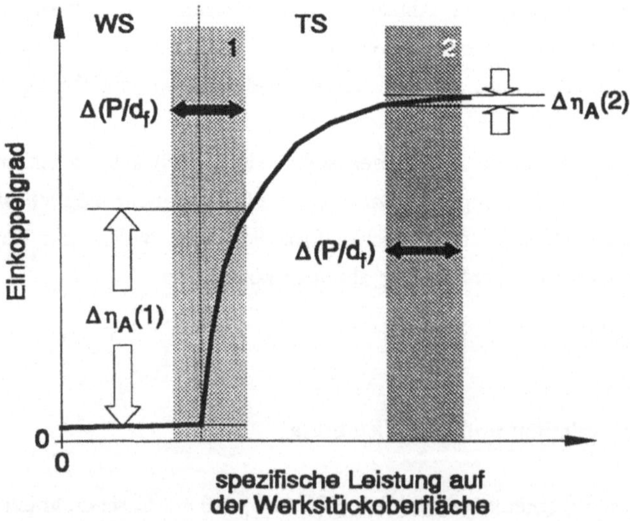

Bild 51: Schematische Darstellung der Auswirkung von Änderungen der spezifischen Leistung auf den Einkoppelgrad in unterschiedlichen Parameterbereichen.

Als Maß für die Prozeßstabilität im Tiefschweißbereich kann die Anzahl der Prozeßporen herangezogen werden: Je höher die Prozeßstabilität ist, desto weniger Prozeßporen entstehen und umgekehrt. Um einen Zusammenhang zwischen der Stabilität und der Energieeinkopplung herzustellen, wurde deshalb die Anzahl der Prozeßporen als Funktion der spezifischen Leistung pro Tiefe (Bild 52 linkes Diagramm) und als Funktion der Leistung pro Tiefe (Bild 52 rechtes Diagramm) aufgetragen.

Bei niedrigen spezifischen Leistungen pro Tiefe (Bereich I in Bild 52) ergibt sich eine lineare

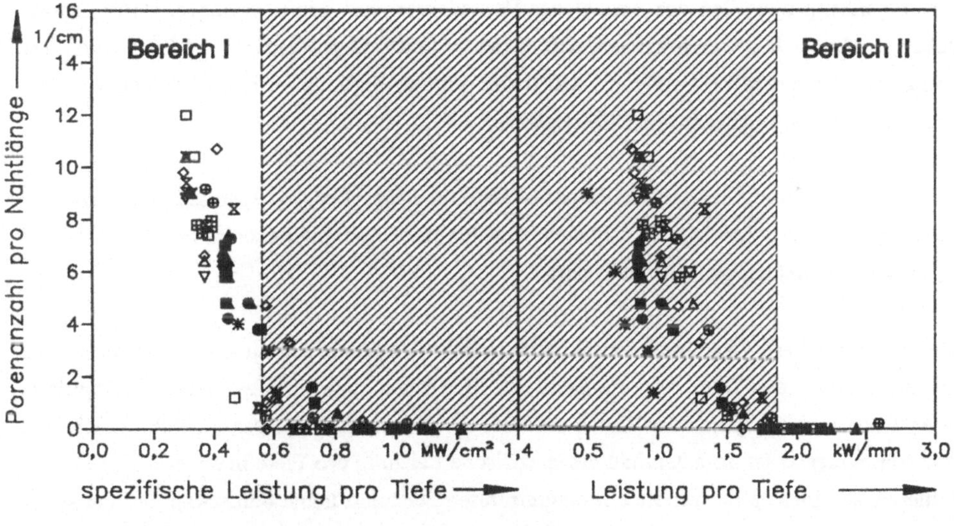

Leistung; Fokussierung; Oberflächenzustand:

- ✱ P=1,0 kW; K=0,70; F=8,3; unbehandelt
- ⊞ P=3,6 kW; K=0,30; F=6,0; unbehandelt
- ◇ P=3,6 kW; K=0,30; F=4,3; unbehandelt
- ⊕ P=4,2 kW; K=0,30; F=7,2; unbehandelt
- ⧗ P=4,2 kW; K=0,21; F=4,3; gebeizt
- ◇ P=4,2 kW; K=0,21; F=4,3; unbehandelt (∥ zur WR)
- ▽ P=4,2 kW; K=0,21; F=4,3; von Hand gebürstet
- □ P=4,2 kW; K=0,21; F=4,3; unbehandelt (⊥ zur WR)
- △ P=4,2 kW; K=0,21; F=4,3; gebürstet (maschinell)
- ▲ P=4,2 kW; K=0,30; F=4,3; gefräst
- ● P=4,2 kW; K=0,30; F=4,3; sandgestrahlt
- ■ P=4,2 kW; K=0,30; F=4,3; unbehandelt (⊥ zur WR)

Bild 52: Prozeßporenanzahl bei Blindschweißungen in AlMgSi1 s=5 mm als Funktion der Strahlparameter und der Einschweißtiefe für verschiedene Prozeßparameter.

Beziehung zwischen der Anzahl der Prozeßporen und der spezifischen Laserleistung pro Tiefe:

$$\textit{Anzahl der Prozeßporen} \sim \left(\frac{P}{d*d_f}\right)^{-1} \tag{35}$$

Bei Werten über 0,55 MW/cm² gilt der in Gl. (35) beschriebene Zusammenhang nicht mehr.

In Bild 52 ist im rechten Diagramm bei kleinen Leistungen pro Tiefe kein eindeutiger Zusammenhang zwischen der Anzahl der Prozeßporen und der Energiequellstärke festzustellen. Vielmehr läßt sich erkennen, daß bei einer Leistung pro Tiefe von 1,8 kW/mm eine Grenze für die Prozeßporenbildung und damit für die Stabilität vorliegt, welche von den Prozeßparametern unabhängig ist (Bereich II).

Unter Berücksichtung der physikalischen Zusammenhänge bei der Ausbildung der Dampfkapillare und des Schmelzbadesverhaltens werden die Gesetzmäßigkeiten in den Bereichen I und II im folgenden genauer analysiert.

Die Dampfkapillare wird durch eine kontinuierliche Verdampfung an der Wand und durch das Ausströmen des Dampfes offengehalten. Betrachtet man eine zylindrische Kapillare, deren Tiefe ungefähr gleich der Einschweißtiefe und deren Durchmesser ungefähr gleich dem Fokusdurchmesser ist, so entspricht die spezifische Leistung pro Tiefe in erster Näherung der mittleren, auf die Kapillarwandfläche eingestrahlten Leistungsdichte (kurz: Kapillarintensität). Je höher diese ist, desto stärker ist die Verdampfung auf der Wandoberfläche. Dadurch kann die Dampfkapillare leichter offengehalten werden. Als Folge davon geht die Anfälligkeit gegen prozeßinduzierte Instabilitäten zurück und die Anzahl der Prozeßporen nimmt ab (Bereich I).

Die kapillarstabilisierende Wirkung dieses Effektes spiegelt sich beim Vergleich zweier Laser unterschiedlicher Strahlqualität in Bild 46 wieder. Bei gleicher Ausgangsleistung und gleicher Einschweißtiefe ist die Kapillarintensität für den Laser mit höherer Strahlqualität - was in diesem Fall gleichbedeutend mit einem kleinerem Fokusdurchmesser ist - größer und die Anzahl der Prozeßporen somit kleiner.

Wird in Bild 46 die Einschweißtiefe durch Absenken der Vorschubgeschwindigkeit bei konstanter spezifischer Leistung erhöht, so nimmt die Kapillarintensität und die Prozeßstabilität ab. Dies macht sich in einer größeren Neigung zur Bildung von Prozeßporen und Schmelzauswürfen bemerkbar.

Der in Bereich II (Bild 52) für die Prozeßstabilität auftretende Schwellwert bei einer spezifischen Leistung von 1,8 kW/mm läßt sich nicht durch das Verdampfungsverhalten erklären. Er wird jedoch plausibel, wenn daß Schmelzbadverhalten betrachtet wird.

In Bild 53 [29] ist das Verhältnis aus Nahtbreite und Fokusdurchmesser als Funktion der normierten Leistung aufgetragen. Bewegt man sich auf der Kurve für das Verhältnis aus Nahtbreite und Fokusdurchmesser von hohen zu niedrigen normierten Leistungen, dann tritt bei Werten zwischen 12 und 6 ein scharfes Abknicken der Kurve auf.

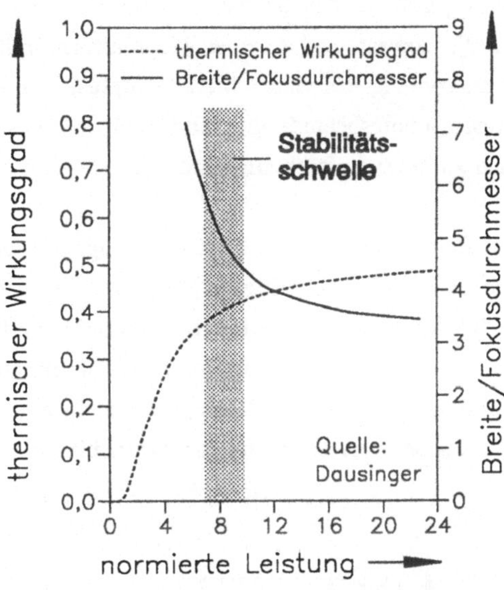

Bild 53: Thermischer Wirkungsgrad und Verhältnis Breite/Fokusdurchmesser als Funktion der normierten Leistung nach Dausinger [29].

Wird die Stabilitätsschwelle aus Bild 52 in Bild 53 übertragen, so fällt diese genau in diesen Übergangsbereich. Ab hier steigt die Schmelzbadbreite mit abnehmender Leistung pro Tiefe durch eine Zunahme der Wärmeverluste überproportional stark an. Je größer das Schmelzbadvolumen im Verhältnis zum Kapillarvolumen ist, desto größer ist die Wahrscheinlichkeit, daß Schmelze in die Kapillare einschwappt, diese abschnürt und eine Prozeßpore hinterläßt.

6.3.2 Stabilitätsverhalten der Dampfkapillare

Nach den Studien von Beck [28] können bei Stabilitätsbetrachtungen zwei Kapillargeometrien unterschieden werden (Bild 54). Im Falle einer hoher Dampftemperatur (16000 K), welche als typisch für das Schweißen von Aluminiumwerkstoffen mit CO_2-Lasern anzusehen ist [149], kommt es bei einer Kapillarform mit Einschnürung (A) zu einer Blockade der Ausströmung des zähen Metalldampfes, siehe grau unterlegtes Gebiet E in Bild 54a. Die Ausströmungsbehinderung führt zu einer Druckerhöhung im eingeschnürten Teil der Kapillare und zu einer Aufblähung (Bild 55a).

Im Bereich der lokalen Engstelle steigt die Oberflächenspannung an der Kapillarwand an, wodurch die Triebkraft zum Schließen der Kapillare größer wird. Zusätzlich verursacht der aufgeblähte untere Kapillarteil einen Schmelzfluß in Richtung der Verengung. Beide Effekte führen zu einer Selbstverstärkung der Kapillarabschnürung. Überwiegen diese die Druckkräfte des ausströmenden Metalldampfes, welche einer Abschnürung entgegenwirken, kann sich eine Prozeßpore oder ein Schmelzauswurf bilden.

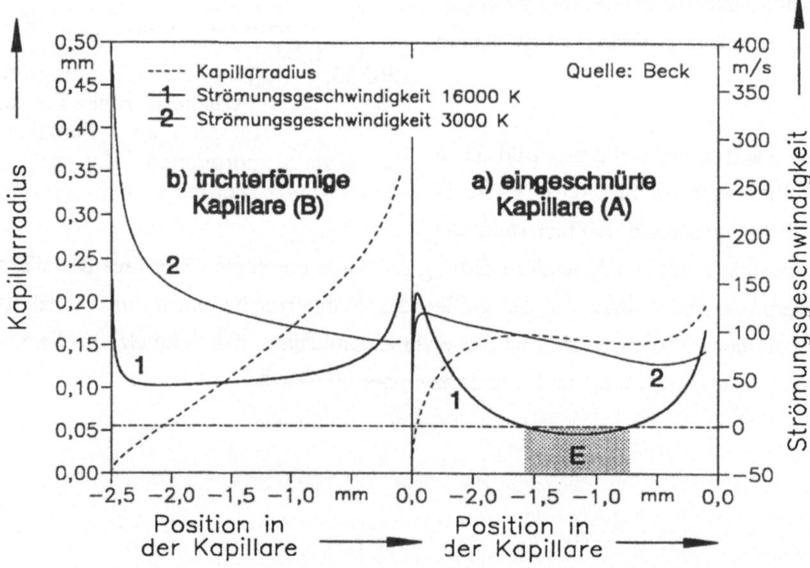

Bild 54: Von Beck berechnete Geschwindigkeiten des ausströmenden Metalldampfes bei unterschiedlicher Kapillarform und unterschiedlicher Dampftemperatur für Aluminium [28].

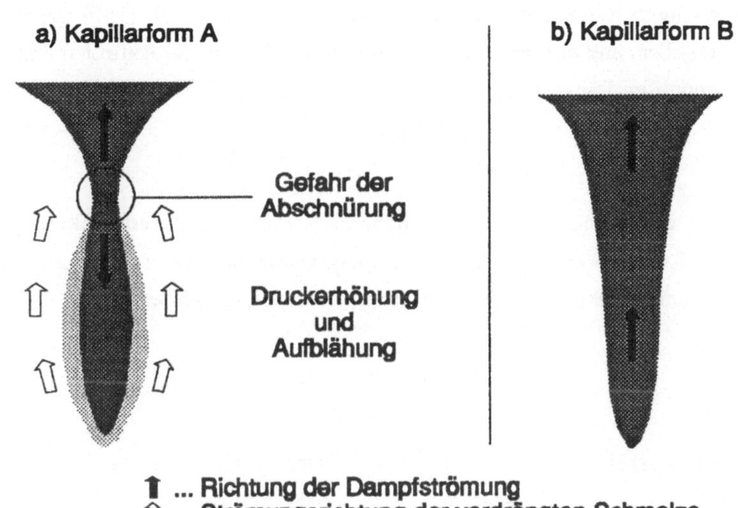

Bild 55: Schematische Darstellung der Metalldampfströmung bei unterschiedlicher Kapillarform.

Bei Durchschweißungen wird experimentell eine geringere Anfälligkeit für Prozeßporen beobachtet. In diesem Fall ist die Dampfkapillare nach unten geöffnet, so daß sich infolge der Ausgasung zur Wurzelseite keine Druckerhöhung im gegen den Laserstrahl abgeschnürten Teil aufbauen kann.

Bei einer trichterförmigen Kapillare (B) hingegen strömt der Metalldampf ungehindert aus (Bild 54b und Bild 55b) und die Gefahr der Kapillarabschnürung tritt dann nicht auf. Daher wirken Prozeßparameter, wie z.B. positive Fokuslagen oder hohe Vorschubgeschwindigkeiten, welche eine der Geometrie B ähnliche Form bzw. eine Aufweitung begünstigen, prozeßstabilisierend.

Ist der Dampf durch eine geringere Plasmaabsorption - z.B. bei der kürzeren Wellenlänge des Nd:YAG-Lasers - kühler (3000 K), dann ist die Zähigkeit des Metalldampfes geringer. Die Anfälligkeit für eine Blockade der Ausströmung ist kleiner (Bild 54), was ebenfalls einer Stabilisierung gleichkommt.

Die These, daß sich eine einmal auftretende Kapillarverengung weiter fortsetzt und sich nicht rückbildet, wird durch die Stabilitätsbetrachtungen von Klein et al. [150] gestützt. Seine Berechnungen ergeben, daß eine zylinderförmige Dampfkapillare bei Auftreten einer Störung instabil wird, wenn ihre Länge größer als der Umfang ist:

$$d > 2\pi r_k \tag{36}$$

Wird in Gl. (36) der Kapillardurchmesser näherungsweise gleich dem Fokusdurchmesser gesetzt und umgeformt, so kann ein Zusammenhang zwischen dieser sogenannten *Rayleigh-Instabilität* und dem Aspektverhältnis der Kapillare aufgestellt werden:

$$\frac{d}{d_f} > 3{,}1 \tag{37}$$

Nach dieser Theorie ist eine Dampfkapillare physikalisch instabil, wenn das Aspektverhältnis einen Grenzwert von ca. 3,1 überschreitet. Je höher die Schweißtiefe bei gleichem Fokusdurchmesser, desto größer ist die Neigung zur Instabilität. Eine instabile Dampfkapillare liegt also bei einem Fokusdurchmesser von 200 µm ab einer Schweißtiefe von ca. 0,6 mm und bei 300 µm ab einer Tiefe von 0,9 mm vor. Dies bedeutet, daß bei allen Schweißaufgaben im Leichtbau unter Normalbedingungen mit Prozeßinstabilitäten gerechnet werden muß.

6.4 Lösungsansatz zur Prozeßstabilisierung: Tandem-Laserstrahlschweißen

Aus den experimentellen und theoretischen Erkenntnissen der vorausgehenden Abschnitte läßt sich ableiten, daß eine wirkungsvolle Steigerung der Prozeßsicherheit nur durch Maßnahmen erzielt werden kann, welche

- eine *Stabilisierung des Tiefschweißprozesses* hinsichtlich der *Energieeinkopplung* und/oder
- eine *geometrische Stabilisierung* der *Dampfkapillare*

zur Folge haben.

Daraus ergeben sich im wesentlichen drei effektive verfahrenstechnische Methoden, um dieses Ziel zu erreichen:

1. Der Einsatz von Hochleistungslasern *hoher Strahlqualität*.
2. Die *Verkürzung der Wellenlänge*, z.B. durch Einsatz von Nd:YAG- an Stelle von CO_2-Lasern.
3. Die Erzeugung einer gegen Störungen *unempfindlichen Kapillargeometrie*, welche gleichzeitig ein *ungehindertes Ausströmen des Metalldampfes* gewährleistet. Dazu muß der Umfang der Kapillare bei gleicher Tiefe erhöht werden. Außerdem sollte sie eine annähernd trichterförmige Form aufweisen.

Verfahrenstechnisch kann Methode 3 mit Hilfe der *Strahlformung*, d.h. einer gezielten Gestaltung der Intensitätsverteilung auf der Werkstückoberfläche, realisiert werden.

6.4.1 Intensitätsverteilung und Prozeßstabilisierung

Beim Elektronenstrahlschweißen werden zwei verschiedene strahlformende Techniken erfolgreich eingesetzt, um den Tiefschweißprozeß zu stabilisieren. Mit Hilfe des Strahlpendelns (Strahloszillation) bei kleinen Pendelamplituden längs zur Schweißrichtung [118] können die dynamischen Vorgänge in der Dampfkapillare und die Schmelzbadbewegung beeinflußt werden. Bei Pendelfrequenzen zwischen 100 Hz und mehreren kHz bewegt sich der Elektronenstrahl infolge der Trägheit des Tiefschweißeffektes in der Kapillare und verlängert diese in Schweißrichtung.

Eine zweite Möglichkeit, den Tiefschweißprozeß zu stabilisieren und die Dampfkapillare länger offen zu halten ist, das Tandem-Elektronenstrahlschweißen (TEB) mit zwei unabhängig voneinander fokussierten und in Bezug auf die Schweißrichtung hintereinanderliegenden Elektronenstrahlen. Arata [119] zeigte am Beispiel der Aluminiumlegierung AlMg4,5Mn (AA 5083), daß mit dieser Verfahrenstechnik in einem bestimmten Parameterbereich porenfreie Schweißnähte erzeugt werden können.

Beim Laserstrahlschweißen ist eine Strahloszillation mittels Rotation massebehafteter Spiegel- bzw. Linsensysteme bei hohen Frequenzen technisch nur sehr aufwendig zu realisieren. Im Rahmen dieser Arbeit wurden die grundlegenden Untersuchungen zur Prozeßstabilisierung durch Strahlformung mittels des *Tandem-Laserstrahlschweißens (TLS)* durchgeführt, speziell mit der in Kapitel 4.1.2 und [122] beschriebenen *CO_2-Zweistrahltechnik*. Abgesehen von den unterschiedlichen Prozeßbedingungen und den verschiedenen Einfallswinkeln der Einzelstrahlen kann das TLS verfahrenstechnisch mit dem TEB verglichen werden. Außerdem hat diese Technik den Vorteil, daß eine hohe Strahlqualität der Einzellaser (Methode 1) zusätzlich genutzt werden kann.

Die Auswahl eines geeigneten Prozeßfensters erfolgte an Einschweißungen in 5 mm dicke Bleche der Legierungen AlMgSi1 und AlMg4,5Mn, welche hinsichtlich Prozeßporen und Schmelzauswürfen röntgenographisch ausgewertet wurden. Die Schweißparameter wurden so ausgesucht, daß sich Einschweißtiefen zwischen 3 und 5 mm ergaben. Wie in den Kapiteln 6.1.2.1 und 6.2 beschrieben, stellt sich dieser für Leichtbauanwendungen interessante Tiefenbereich als kritisch bezüglich der Prozeßstabilität beim Einstrahlschweißen dar. Variable Parameter in den Versuchen sind die Laserkombination, die Leistung der Einzellaser, die Schweißgeschwindigkeit sowie der Strahlabstand und die Fokuslage des Folgelasers. Einen konstanten Parameter stellt die Fokuslage des Schweißlasers dar, welche auf der Werkstückoberfläche beibehalten wurde.

In den folgenden drei Abbildungen sind die Ergebnisse von Röntgendurchstrahlungsaufnahmen zur Porosität von geschweißten AlMgSi1-Blechen dargestellt. Bei der Kombination mit einem Schweißlaser hoher Strahlqualität (A(6)) tritt ein prozeßporenfreies Parametergebiet für Defokussierungen des Folgelasers von 1 bzw. 2 mm oberhalb der Werkstückoberfläche bei einem Strahlabstand von 1 mm auf, siehe Bereich A in Bild 56. Keine Reduzierung der Porosität wird bei Defokussierung im Werkstück sowie bei Strahlabständen von über 1 mm beobachtet. Defokussierungen oberhalb der Werkstückoberfläche, welche größer als 2 mm sind, lassen ebenfalls keine Veränderungen der Nahtqualität mit dem Strahlabstand mehr erkennen. Ein Ausschnitt dieser Ergebnisse ist anschaulich in den Röntgendurchstrahlungsaufnahmen von Bild 58 wiedergegeben.

Wird ein Laser schlechter Strahlqualität als Schweißlaser verwendet (Kombination B, Bild 57), so sind trotz unterschiedlicher Leistungs- und Fokusverhältnisse analoge Resultate wie bei Kombination A(6) zu verzeichnen. Infolge des ungefähr doppelt so großen Fokusdurchmessers des Schweißlasers in Kombination B erstreckt sich das porenfreie Gebiet über einen Strahlabstand von 1 bis 2 mm (Bereich A in Bild 57). Auch in diesem Fall kann bei Defokussierungen über 2 mm oberhalb der Werkstückoberfläche bzw. bei Fokuslagen im

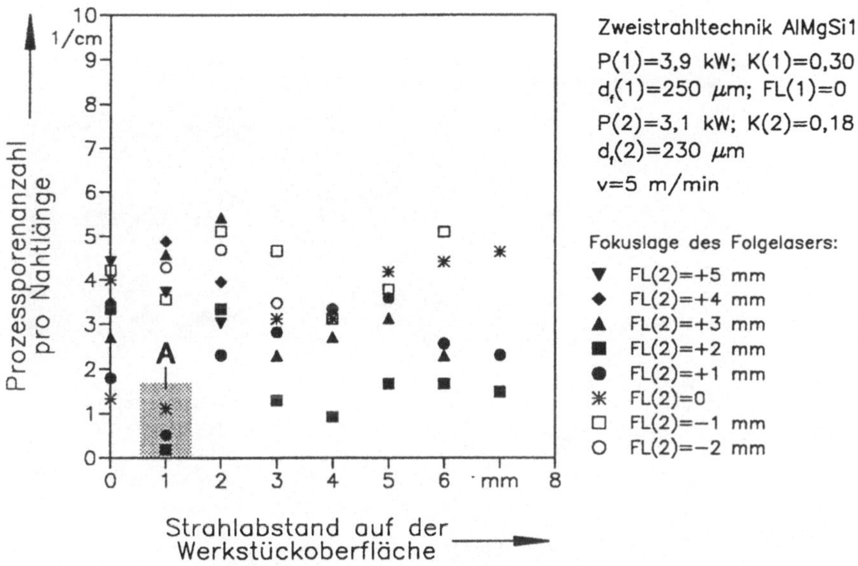

Bild 56: Anzahl der Prozeßporen bei AlMgSi1-Blechen (s=5 mm) als Funktion des Strahlabstandes und der Defokussierung des Folgelasers bei der Kombination mit einem Schweißlaser hoher Strahlqualität (A(6)).

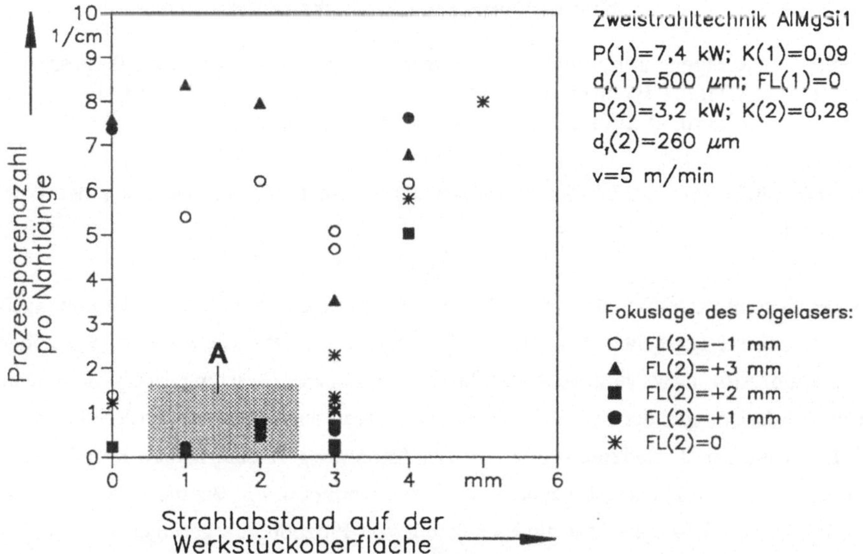

Bild 57: Anzahl der Prozeßporen bei AlMgSi1-Blechen (s=5 mm) als Funktion des Strahlabstandes und der Defokussierung des Folgelasers bei der Kombination mit einem Schweißlaser schlechter Strahlqualität (B).

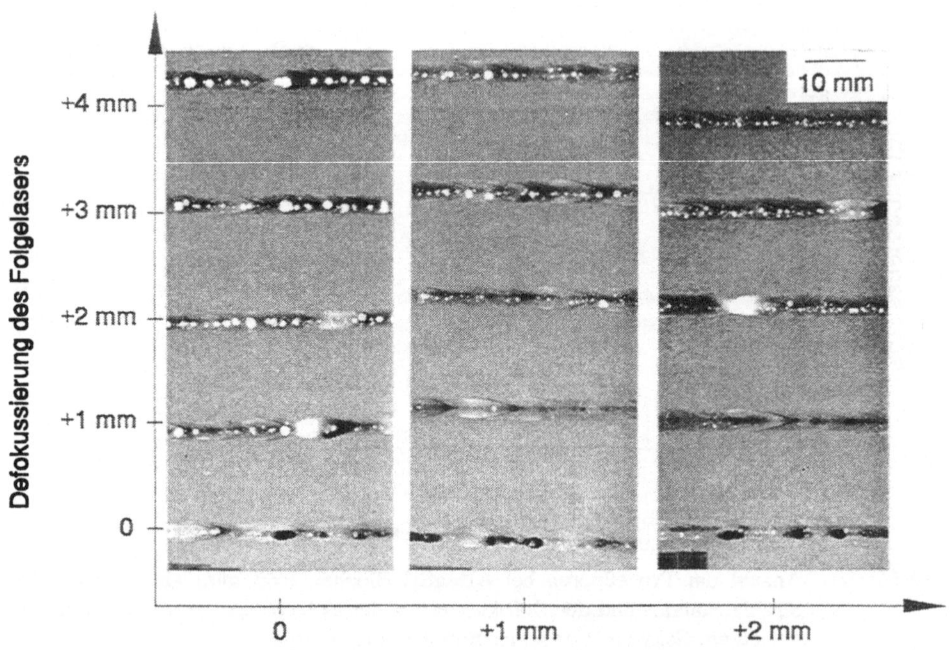

Bild 58: Röntgendurchstrahlungsaufnahmen von mit der TLS-Technik geschweißten AlMgSi1-Blechen ($d_f(1)$=250 µm; $d_f(2)$=230 µm; FL(1)=0; P(1)=3,9 kW; K(1)=0,30; P(2)=3,1 kW; K(2)=0,18; v=5 m/min).

Werkstück sowie bei Strahlabständen größer als 2 mm keine Verbesserung der Porosität erzielt werden.

Bei einer Gegenüberstellung der beiden Laserkombinationen zeigt sich bei Anordnung B mit dem Schweißlaser schlechter Fokussierbarkeit ein höheres Porositätsniveau gegenüber der Kombination A(6) trotz vergleichbarer Tiefe und höherer Leistung. Vergleicht man die spezifischen Leistungen der Schweißlaser in beiden Kombinationen, so ist diese bei A um ca. 10 % höher als bei B. Dadurch ergibt sich bei Anordnung A eine höhere Kapillarintensität und gleichzeitig eine kleinere Prozeßdynamik, vgl. Kapitel 6.3.1. Bei dieser Kombination ist damit die Wahrscheinlichkeit für die Entstehung von Prozeßporen geringer. Der Einsatz der Zweistrahltechnik wirkt sich also dann besonders vorteilhaft auf die Nahtqualität aus, wenn Schweißlaser mit schlechter Strahlqualität eingesetzt werden.

Schmelzauswürfe können unabhängig von der eingesetzten Laserkombination für Defokussierungen des Folgelasers bis 2 mm oberhalb der Werkstückoberfläche bei Strahlabständen zwischen 0,5 und 2 mm vollständig unterdrückt werden, und es entwickelt sich eine gleichmäßige, fehlerfreie Nahtoberraupe (Bild 59). Das Parameterfenster beim Tandem-Laserstrahlschweißen, in dem keine Schmelzauswürfe auftreten, deckt sich mit demjenigen, in dem keine Prozeßporen entstehen. Diese experimentellen Ergebnisse unterstreichen die These in Kapitel 6.2, daß Schmelzauswürfe und Prozeßporen auf ähnliche physikalische Ursachen zurückgeführt werden können.

Wie die Ergebnisse in Bild 60 belegen, lassen sich auch bei der Legierung AlMg4,5Mn bei Strahlabständen bis 2 mm für eine Defokussierung des Folgelasers von 1 oder 2 mm oberhalb der Werkstückoberfläche (Bereich A in Bild 60) Schweißnähte mit minimaler Porosität erzeugen. Das Prozeßfenster bei der Zweistrahltechnik, in dem eine Stabilisierung des Tiefschweißprozesses eintritt, kann also als werkstoffunabhängig betrachtet werden.

Betrachtet man die Abhängigkeit der Prozeßporenanzahl beim Zweistrahlschweißen von der Schweißgeschwindigkeit in Bild 61, so reduziert sich die Porosität analog wie beim Einstrahlschweißen mit zunehmendem Vorschub. Das Minimum tritt jedoch unabhängig davon immer bei einem Strahlabstand zwischen 1 und 2 mm auf (Bereich A in Bild 61).

Gegenüber Quasi-Einstrahlbedingungen (dx=0; FL(2)=0) ist eine Reduzierung der Einschweißtiefe bei optimaler Parametereinstellung (0,5 mm $\leq$ dx $\leq$ 2 mm; 0 < FL(2) $\leq$ 2 mm)

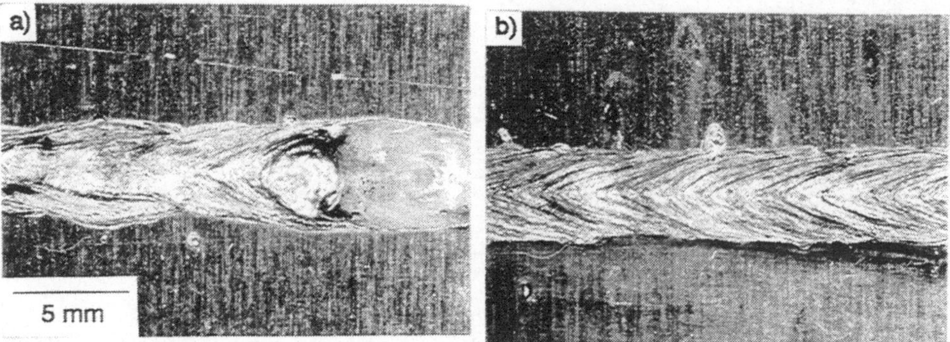

Bild 59: Vergleich der Prozeßstabilität beim TLS (P(1)=4,0 kW; K(1)=0,09; d_f=500 µm; FL(1)=0; P(2)=3,2 kW; K(2)=0,28; d_f=260 µm; FL(2)=0; v=5 m/min): a) dx=0; b) dx=1 mm.

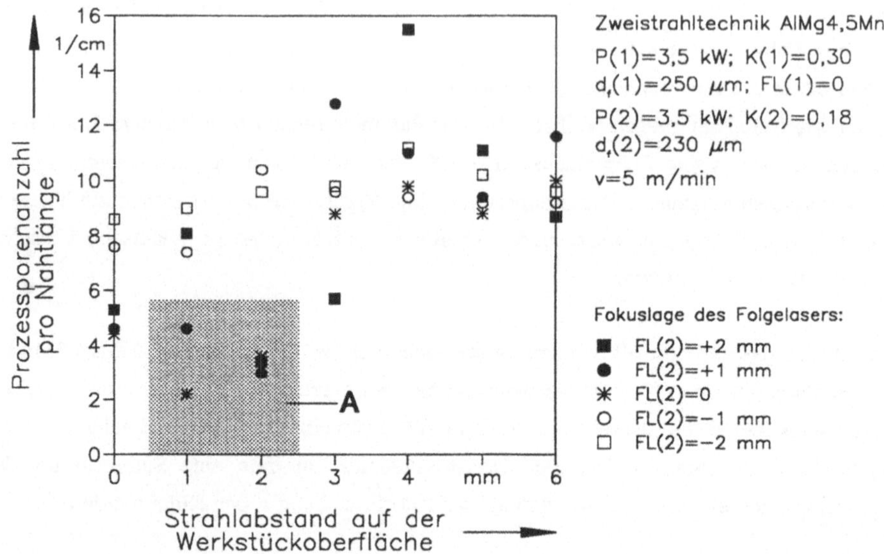

Bild 60: Anzahl der Prozeßporen bei AlMg4,5Mn-Blechen (s=5 mm) als Funktion des Strahlabstandes und der Defokussierung des Folgelasers bei der Kombination mit einem Schweißlaser hoher Strahlqualität (A(5)).

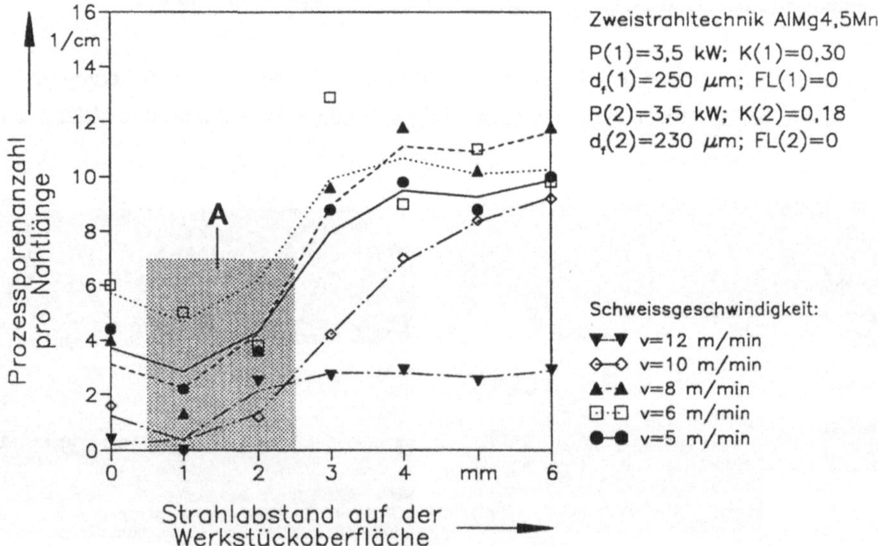

Bild 61: Anzahl der Prozeßporen bei AlMg4,5Mn-Blechen (s=5 mm) als Funktion der Schweißgeschwindigkeit und des Strahlabstandes bei der Kombination mit einem Schweißlaser hoher Strahlqualität (A(5)).

um ca. 20 % zu verzeichnen (Bild 62). Dies bedeutet, daß beim Einsatz der Zweistrahltechnik in dieser Konfiguration gleichzeitig mit einer Prozeßstabilisierung eine verringerte Prozeßeffizienz gegenüber der Einstrahltechnik akzeptiert werden muß.

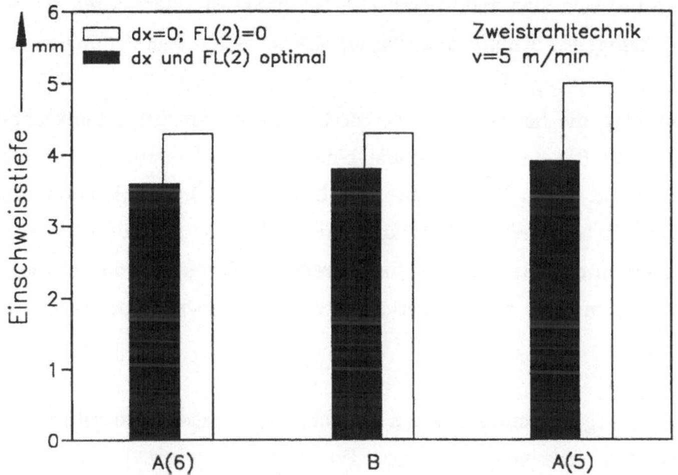

Zweistrahl–Kombination:

A(6)... P(1)=3,9 kW; K(1)=0,30; $d_f(1)$=250 μm; FL(1)=0
P(2)=3,1 kW; K(2)=0,18; $d_f(2)$=230 μm; AlMgSi1

B ... P(1)=7,4 kW; K(1)=0,09; $d_f(1)$=500 μm; FL(1)=0
P(2)=3,2 kW; K(2)=0,28; $d_f(2)$=260 μm; AlMgSi1

A(5)... P(1)=3,5 kW; K(1)=0,30; $d_f(1)$=250 μm; FL(1)=0
P(2)=3,5 kW; K(2)=0,18; $d_f(2)$=230 μm; AlMg4,5Mn

Bild 62: Vergleich der Einschweißtiefe bei Quasi-Einstrahlbedingungen (dx=0; FL(2)=0) und bei optimalen Zweistrahlparametern ((0,5 mm ≤ dx ≤ 2 mm; 0 < FL(2) ≤ 2 mm) für verschiedene Laserkombinationen und Werkstoffe.

6.4.2 Strahlformung und Geometrie der Dampfkapillare

Der in diesen Versuchen gefundene Bereich des optimalen Strahlabstandes von 1 bis 2 mm deckt sich mit der optimalen Größe der Pendelamplituden beim Elektronenstrahlschweißen, die nach Literaturangaben [118] bis zu 2 mm betragen darf. Vergleichbar zum Elektronenstrahlschweißen sollte sich also auch beim TLS im prozeßstabilen Bereich eine *einzige in Schweißrichtung verlängerte Kapillare* ausbilden (siehe Schemadarstellung in Bild 63).

Einbrände in Plexiglas, die für verschiedene Strahlabstände mit den Laserkombinationen B (Bild 64) und C (Bild 65) gemacht wurden, belegen diese Hypothese. Bei einem Strahlabstand zwischen 0 und 2 mm (Kombination B) bzw. 0 und 1 mm (Kombination C) ist an der Oberfläche jeweils eine einzige Öffnung zu sehen, die sich über eine Strecke von mehreren Millimeter in das Plexiglas hinein erstreckt. Dahingegen sind ab einem Abstand von 3 mm (B) bzw. 2 mm (A) an der Werkstückoberfläche zwei Eintrittsöffnungen zu beobachten.

Längsschliffe an AlMgSi1-Schweißnähten, welche mit Laserkombination A hergestellt wurden [151], lassen erkennen, daß eine Prozeßstabilisierung bei optimalem Strahl-

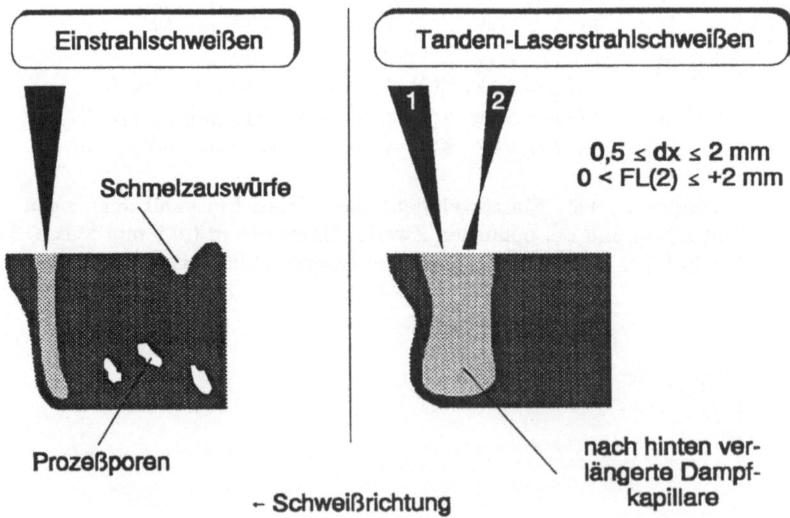

Bild 63: Schemadarstellung des Einstrahlschweißens und des TLS.

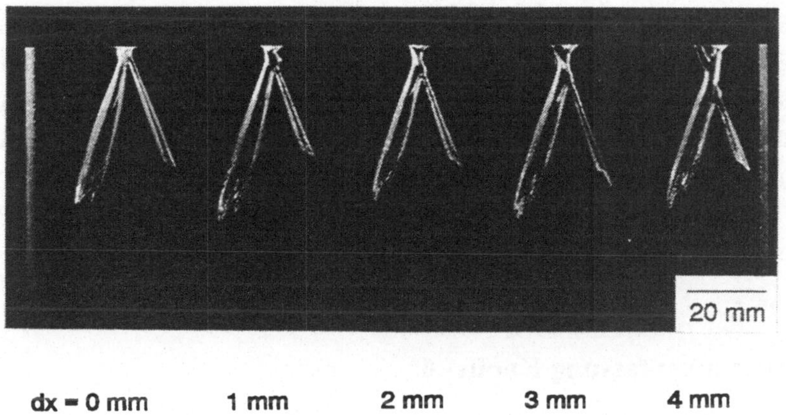

Bild 64: Plexiglaseinbrände bei verschiedenen Strahlabständen für Laserkombination B (K(1)=0,09; d_f(1)=540 µm; K(2)=0,28; d_f(2)=300 µm).

abstand nur dann stattfindet, wenn die Leistung und die Fokussierung des Folgelasers so angepaßt ist, daß dessen Dampfkapillare die gleiche Tiefe wie diejenige des Schweißlasers besitzt. Ist die zweite Dampfkapillare deutlich tiefer oder flacher als die erste, so kann keine Wechselwirkung zwischen beiden Kapillaren am Grund stattfinden, und es treten die gleichen Probleme wie bei der Einstrahltechnik auf.

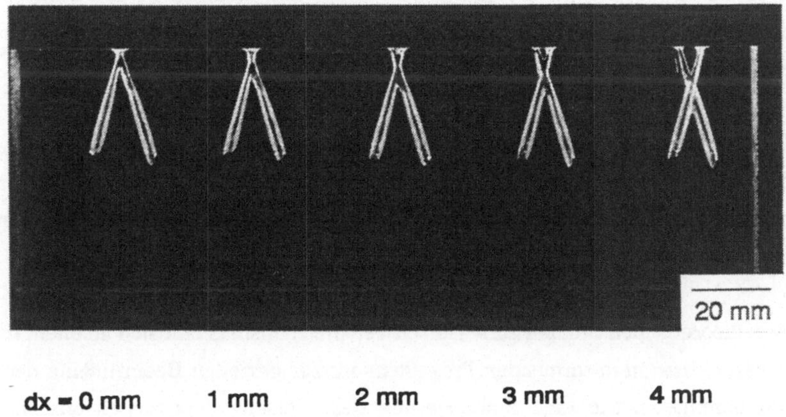

Bild 65: Plexiglaseinbrände bei verschiedenen Strahlabständen für Laserkombination B (K(1)=0,34; d_f(1)=275 µm; K(2)=0,28; d_f(2)=300 µm).

Dieser Effekt wird auch beim TEB beobachtet [119]. Damit läßt sich erklären, warum bei den untersuchten Laserkombinationen bei Defokussierungen größer als 3 mm oberhalb der Werkstückoberfläche keine Reduzierung der Nahtfehlerzahl bei optimalem Strahlabstand mehr erfolgt. Hier ist die spezifische Leistung des Folgelasers auf der Werkstückoberfläche so gering, daß keine ausreichend tiefe zweite Dampfkapillare mehr hervorgebracht werden kann.

6.5 Zusammenfassung Kapitel 6

In diesem Kapitel konnten die physikalischen Ursachen einiger *werkstoffunabhängiger*, für das Laserschweißen von Aluminium charakteristischer Nahtfehler aufgezeigt werden. Daraus wurden dann Maßnahmen zur Optimierung der Prozeßführung und der Nahtqualität abgeleitet.

- Beim Lasertiefschweißen können zwei Porenarten unterschieden werden: kugelförmige, nahezu gleichmäßig verteilte Wasserstoffporen und große, unregelmäßig geformte Prozeßporen, welche insbesondere bei hohen Nahttiefen und Einschweissungen auftreten.

- Wasserstoffporosität ist metallurgisch bedingt und kann durch die Wahl eines gasarmen Werkstoffes und durch eine sorgfältige Oberflächenvorbereitung im Bereich der Schweißfuge minimiert bzw. vermieden werden.

- Prozeßporen und Schmelzauswürfe sind charakterische Fehler bei Strahlschweißverfahren und entstehen durch Prozeßinstabilitäten. Diese wiederum werden durch instationäre Energieeinkopplungsmechanismen und physikalisch bedingte Kapillarinstabilitäten verursacht.

- Aus theoretischen Studien zum Tiefschweißmechanismus läßt sich ableiten, daß durch Einsatz einer strahlformenden Prozeßtechnik zur gezielten Beeinflußung der Dampfkapillarengeometrie eine Stabilisierung des Tiefschweißprozesses erreicht werden kann.

- Diese Erkenntnisse wurden mittels des Tandem-Laserstrahlschweißens mit zwei CO_2-Lasern in die Praxis umgesetzt. Umfangreiche experimentelle Untersuchungen beweisen, daß diese Verfahrenstechnik erfolgreich zur Vermeidung von Prozeßporen und Schmelzauswürfen eingesetzt werden kann. Der physikalische Mechanismus der Prozeßstabilisierung ist dabei die Erzeugung einer einzigen, nach hinten verlängerten Kapillare, welche gegen Störungen unempfindlicher ist und die Ausströmung des Metalldampfes begünstigt. Dies wird durch die Überlagerung zweier Einzellaserstrahlen in einem optimalen Parameterbereich (0,5 mm $\leq$ dx $\leq$ 2 mm; 0 < FL(2) $\leq$ 2 mm) ermöglicht.

Ein Vergleich mit der Elektronenstrahlschweißtechnik läßt den Schluß zu, daß die Methode der Prozeßstabilisierung beim Laserschweißen nicht auf die in dieser Arbeit vorgestellte Verfahrenstechnik beschränkt ist. Vielmehr lassen die Kombination von glasfasergeführten Strahlen von Festkörperlasern oder - in weiterer Zukunft - die von Diodenlasern eine einfachere systemtechnische Realisierung der Strahl- und damit Kapillarformung erwarten. Bei der Einstrahltechnik sollte die Möglichkeit der Strahlformung mit Sonderoptiken in Betracht gezogen werden, was z.B. beim Laserhärten Stand der Technik ist.

7 Metallurgische Eigenschaften und Laserschweißeignung

Der nachstehende Abschnitt befaßt sich mit denjenigen *metallurgischen* Eigenschaften von Aluminiumlegierungen, welche die Laserschweißeignung maßgeblich definieren. Nach Kapitel 2.3 und 2.4 handelt es sich dabei um das *Werkstoffverhalten* unter Wärmeeintrag und um die *Heißrißbildung*. Im Gegensatz zu den physikalischen Eigenschaften (Kapitel 5 und 6) wird das metallurgische Verhalten primär vom Werkstoff und nur sekundär durch die Prozeßführung beeinflußt. Unterschiede im Vergleich zu konventionellen Schweißverfahren ergeben sich durch den konzentrierten Energieeintrag bei hohen Prozeßgeschwindigkeiten (≡ kurzen Wechselwirkungszeiten).

7.1 Werkstoffverhalten

Die mechanischen Eigenschaften einer Schweißverbindung werden im wesentlichen durch das Werkstoffverhalten unter Wärmebeeinflussung festgelegt (Kapitel 2.3.2). Stellvertretend für die unterschiedlichen Werkstoffgruppen im Straßenfahrzeugbau wurden die naturharte Legierung AlMg5Mn (AA 5182) und die ausscheidungshärtende Legierung AlMgSi1 (AA 6082) ausgewählt.

Die im folgenden für diese Knetwerkstoffe gemachten Aussagen gelten auch für AlSi[Mg]-Gußmaterialien, da die Verfestigungsmechanismen bei diesen und den oben genannten Knetlegierungen gleich sind. Der einzige Unterschiede zwischen beiden Halbzeugklassen besteht darin, daß der Ausgangszustand weich bei Knetlegierungen mit dem Gußzustand bei Gußwerkstoffen konform ist.

In die laserschweißtechnischen Untersuchungen miteinbezogen wurde eine *dem Schweißen nachgelagerte Wärmebehandlung*, wie sie bei Leichtbauapplikationen häufig in die Fertigung integriert ist, z.B. beim Lackieren.

7.1.1 Wärmewirkung des Laserschweißens auf den Grundwerkstoff

Zur Feststellung des Ausmaßes des wärmebeeinflußten Bereichs in einer Schweißnaht wurde in dieser Arbeit die Methode der Mikrohärtemessung eingesetzt. Diese wurden an Schweißverbindungen durchgeführt, welche sich in Bezug auf die Prozeßparameter und den Werkstoffzustand unterschieden.

Wie Bild 66 (AlMg5Mn) und Bild 67 (AlMgSi1) demonstrieren, ist die Gestalt der normierten Härtekurve für einen bestimmten *Legierungstyp*, d.h. *Härtungsmechanismus* und *Werkstoffzustand*, charakteristisch. Die Ausdehnung des strukturell geschädigten Bereiches hingegen wird durch den eingekoppelten Energieanteil und die Wärmeableitung definiert.

Bei beiden Legierungen im Zustand weich ist in der WEZ keine Änderung der Härtewerte gegenüber dem unbeeinflußten Grundwerkstoff zu verzeichnen. Bei AlMgSi1-Blechen im kaltausgehärteten Zustand steigt die Härte vom Grundwerkstoff bis zur Schmelzlinie um ca. 10 HV 0,025 an. Ein "Härtesack", wie er beim WIG- und MIG-Schweißen zu Tage tritt (Kapitel 2.3.2), wird beim Laserschweißen nicht beobachtet. Dies läßt sich nach Shercliff und Ashby [152] damit erklären, daß vor der Überalterung eine durch Keimbildungsprozesse verzögerte Aushärtung der Ausscheidungsphasen stattfinden muß. Infolge der kurzen Prozeßzyklen kann dann für diesen Ausgangszustand der Entfestigungsmechanismus der Überalterung nur noch unvollständig oder nicht mehr wirksam werden.

Bei kaltverfestigtem oder warmausgehärtetetem Grundmaterial entsteht durch Erholungs- und Rekristallisationsvorgänge bzw. durch Überalterung des Ausscheidungsgefüges eine ausgeprägte WEZ. Das Härteminimum - mit ca. 30 bis 40 % geringeren Werten als bei den jeweiligen Grundwerkstoffen - liegt in beiden Fällen an der Schmelzlinie, da dort während des Schweißvorganges die höchsten Temperaturen unterhalb des Schmelzpunktes vorherrschen. Weil die Starttemperaturen für Erholungsvorgänge und Ausscheidungsreaktionen ungefähr gleich groß sind, vgl. Kapitel 2.3.2, liegt die Ausdehnung der WEZ bei der warmausgehärteten Legierung in der gleichen Größenordnung wie bei der kaltverfestigten:

$$x_{WEZ} \approx 3 \div 4 * b \quad . \tag{38}$$

Wie beim Schutzgasschweißen wird eine *partielle Schmelzzone* beobachtet, in der es zum Aufschmelzen eutektischer Phasen innerhalb der Körner und entlang den Korngrenzen kommt, vgl. Bild 68. Daraus kann gefolgert werden, daß insbesondere ausscheidungsgehärtete Legierungen auch beim Laserschweißen anfällig gegenüber *Aufschmelzungsrissen* sind, trotz der geringen Energieeinbringung.

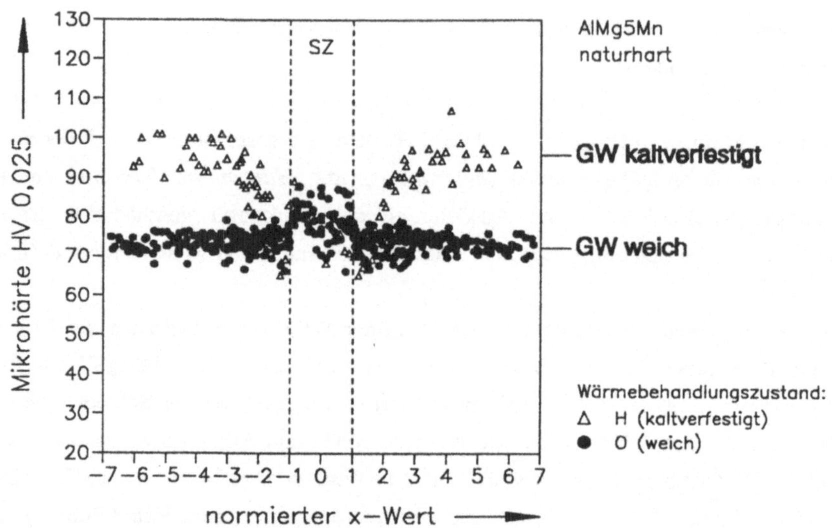

Bild 66: Normierte Härtemessungen an lasergeschweißten AlMg5Mn-Blechen bei verschiedenen Prozeßparametern.

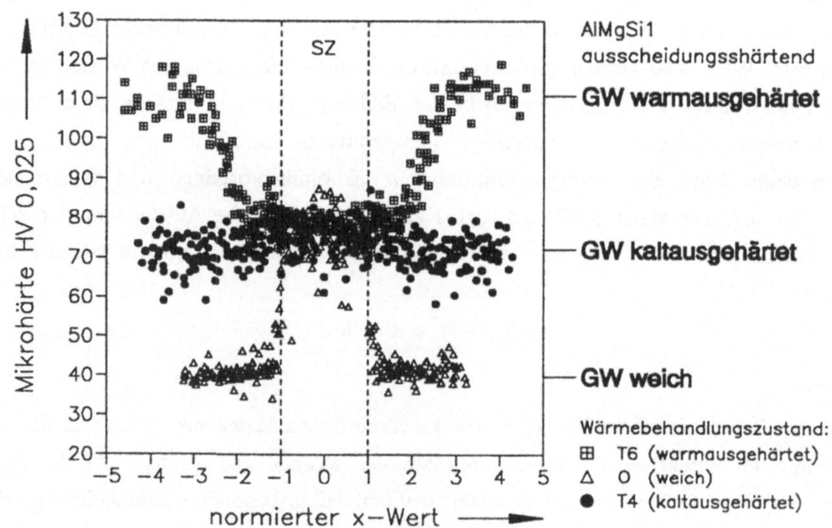

Bild 67: Normierte Härtemessungen an lasergeschweißten AlMgSi1-Blechen bei verschiedenen Prozeßparametern.

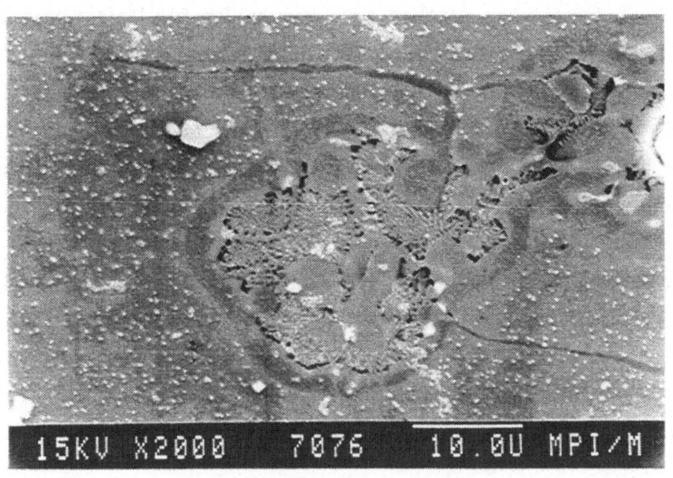

Bild 68: REM-Aufnahme aufgeschmolzener eutektischer Phasen und Korngrenzen in der partiellen Schmelzzone der WEZ (AlMgSi1).

Eine Kornvergröberung hingegen tritt nicht ein, was auf die kurzen Wechselwirkungszeiten zurückgeführt werden kann.

In der Schmelzzone entsteht beim Laserschweißen ein *Gußgefüge* mit einer zellulär-dendritischen Substruktur, welche bei der Legierung AlMg5Mn Mikrohärtewerte von 80 ± 10 HV 0,025, bei AlMgSi1 von 75 ± 10 HV 0,025 aufweist. In diesem Bereich wird beim Aufschmelzen sowohl eine Kaltverfestigung als auch eine Ausscheidungshärtung vollständig rückgängig gemacht, weshalb die Eigenschaften des Gußgefüges ausschließlich durch die *chemische Zusammensetzung* und die *Erstarrungsbedingungen* bestimmt werden. Die starke Streuung der einzelnen Härtepunkte in der Schmelzzone - im Vergleich zu denjenigen in der WEZ - wird dadurch verursacht, daß die Erstarrungsbedingungen eine Funktion der eingebrachten Leistung, der Schweißgeschwindigkeit und der Wärmeableitungsverhältnisse sind und lokal differieren.

Eine Beurteilung des Einflusses des Abbrandes an leichtflüchtigen Legierungselementen auf die mechanischen Eigenschaften des Schmelzzonengefüges wird am Beispiel der Legierung

AlMg5Mn vorgenommen. WDX-Messungen der chemischen Zusammensetzung der SZ bei verschiedenen Prozeßparametern ergeben einen maximalen Mg-Verlust von 10 bis 15 %. Diese Ergebnisse liegen in der gleichen Höhe wie Meßwerte von Cieslak [108] und Blake [107]. Nach [20] bewirkt eine Reduzierung des Mg-Gehaltes von 15 % bei der Gußlegierung AlMg5 eine Erniedrigung der Zugfestigkeit von 3,5 %. Dahingegen verringert sich die Zugfestigkeit beim Übergang einer AlMg5-Knetlegierung auf eine Gußlegierung (≡ Gefügeänderung in der SZ beim Schweißen) um 25 %.

Eine Verschlechterung der Nahteigenschaften durch Abbrand kann somit vernachlässigt werden. Als Konsequenz folgt daraus, daß der Einsatz von Zusatzmaterial zur Kompensation des Abbrandes bei Leichtbauapplikationen nicht notwendig ist.

7.1.2 Festigkeitssteigerung durch Wärmebehandlung nach dem Laserschweißen

Zur Wiederherstellung der ursprünglichen Festigkeitseigenschaften werden geschweißte Werkstücke aus hochfesten, aushärtbaren Legierungen für Luft- und Raumfahrtanwendungen nach dem Schmelzschweißen einer erneuten Aushärtebehandlung unterzogen (Kapitel 2.3.2). Diese Methode wird in anderen Bereichen, z.B. dem Straßen- und Schienenfahrzeugleichtbau nur sehr selten angewandt, da sie mit einem hohen Fertigungs- und Zeitaufwand verbunden und deshalb sehr kostenintensiv ist. Außerdem können bei dieser Behandlungsmethode unerwünschte Eigenspannungen bzw. Verzüge entstehen [41].

In Verbindung mit dem Laserschweißen als einem Verfahren mit minimalem Energieeintrag, erscheint eine im Fertigungsprozeß *dem Schweißen nachgelagerte Warmauslagerung* zur Festigkeitssteigerung als technisch und wirtschaftlich sinnvoll. Dabei wird der *"bake-hardening"-Effekt* bei aushärtbaren Werkstoffen ausgenutzt [3],[41]. Hier können in der SZ und in dem Bereich der WEZ, in der ein Lösungsglühen während des Schweißprozesses stattgefunden hat, ein Teil der während des Schweißvorgangs aufgelösten Ausscheidungen beim Abkühlen im Mischkristall übersättigt werden und dann bei der Warmauslagerung zur Aushärtung beitragen.

Die beiden im industriellen Einsatz am häufigsten angewandten Warmauslagerungen sind die *Warmaushärtung*, die einer Auslagerung bei 170° bis 180° C über einen Zeitraum von ca. 10

h entspricht, und der *Lackierprozeß*, bei dem das Werkstück ungefähr eine halbe bis eine Stunde lang einer Temperatur von ca. 200° bis 210° C unterliegt [25]. Diese beiden Auslagerungstemperatur- und Auslagerungszeitkombinationen stellen für die im Straßen- und Schienenfahrzeugleichtbau am häufigsten eingesetzten aushärtbaren Legierungstypen optimale Kompromisse dar. Nach Sherdiff und Ashby [152],[153] liegen beide Wärmebehandlungen in einem Bereich, in dem bei kaltausgehärteten AlMgSi[Cu]-Legierungen ein maximaler Aushärtungseffekt eintritt. Außerdem befinden sie sich an der unteren Grenze des Gebietes, in dem bei warmausgehärteten Legierungen ein Festigkeitsrückgang durch Überalterung stattfindet. Beide Auslagerungsprozesse haben daher identische Auswirkungen auf die Festigkeitseigenschaften einer Schmelzschweißnaht.

Weiterhin wird eine vor dieser Wärmebehandlung erfolgte Kaltverfestigung des Materials nicht oder nur geringfügig beeinträchtigt, da die Auslagerungstemperaturen noch unterhalb der Starttemperatur von Erholungs- und Rekristallisationsvorgängen liegen. Aus diesem Grund werden die mechanischen Eigenschaften von naturharten Legierungen durch eine Warmauslagerung im allgemeinen nicht beeinflußt.

Im folgenden wird nun anhand von normierten Härtekurven der Einfluß einer Warmauslagerung (170° C/10 h) nach dem Laserschweißen auf die mechanischen Eigenschaften untersucht.

Bei naturharten Legierungem wird erwartungsgemäß weder im weichen (Bild 69a) noch im kaltverfestigten Zustand (Bild 69b) eine Veränderung der Härtewerte im Schweißnahtbereich beobachtet.

Im Gegensatz dazu läßt sich bei aushärtbaren Legierungen sowohl im kalt- (Bild 70a) als auch im warmausgehärteten Ausgangszustand (Bild 70b) in der WEZ und in der SZ eine Härtesteigerung zwischen 10 und 30 % erzielen. Der "bake-hardening"-Effekt kann also beim Laserschweißen für beide Legierungszustände genutzt werden. Ein nichtwiederaushärtbarer "Härtesack" wie beim Schutzgasschweißen (Kapitel 2.3.2) ist nicht zu beobachten.

Wie Bild 70b erkennen läßt, muß bei Legierungen im warmausgehärteten Ausgangszustand bei Warmauslagerung mit einer Festigkeitseinbuße im Grundwerkstoff durch Überalterungsvorgänge gerechnet werden. Dahingegen steigern kaltausgehärtete Legierungen ihre Grundwerkstofffestigkeit bis auf Werte des warmausgehärteten Zustandes.

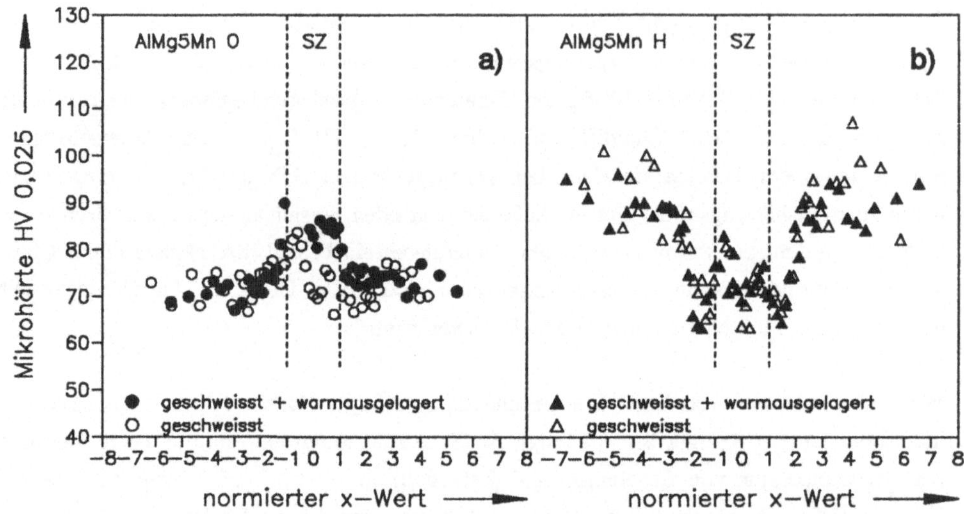

Bild 69: Normierte Härtemessungen an lasergeschweißten AlMg5Mn-Blechen im weichen (a) und im kaltverfestigten Zustand (b) vor und nach einer Warmauslagerung.

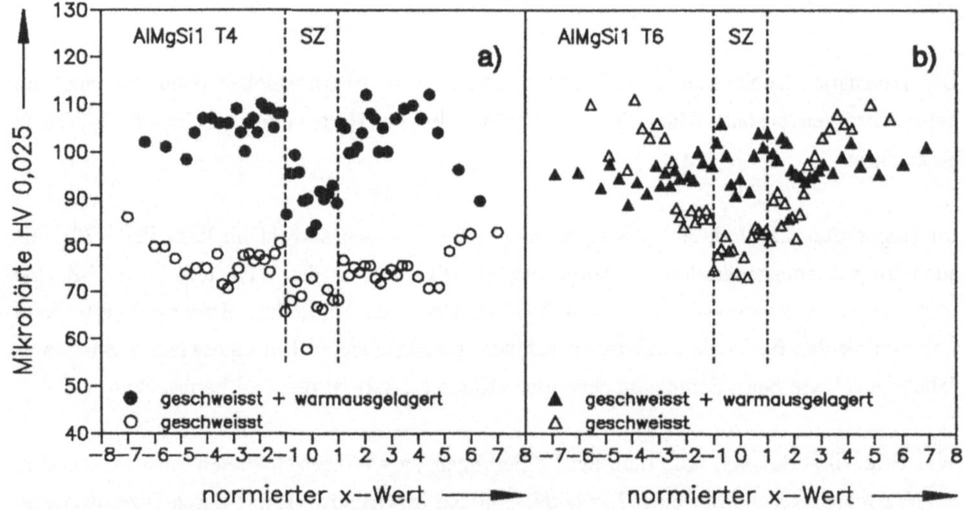

Bild 70: Normierte Härtemessungen an lasergeschweißten AlMgSi1-Blechen im kaltausgehärteten (a) und im warmausgehärteten Zustand (b) vor und nach einer Warmauslagerung.

7.2 Heißrißbildung

Eine dieser Arbeit vorausgehende werkstoffkundliche Studie [114] an AlMgSi1-Blechen zeigte, daß die beim Laserschweißen von Aluminiumlegierungen zu beobachtenden Risse nahezu ausnahmslos den Heißrissen zuzuordnen sind. Rasterelektronenmikroskopische Aufnahmen lassen die für diese Rißart nach [154] typische, frei erstarrte dendritische Oberfläche mit pyramidenförmigen Zipfeln im Rißspalt erkennen (Bild 71). Ebenso wie beim konventionellen Schmelzschweißen (Kapitel 2.3.3) lassen sich Erstarrungsrisse in der Schmelzzone und Aufschmelzungsrisse in der WEZ nahe der Schmelzlinie unterscheiden. Für eine ausführliche Darstellung wird auf [114] verwiesen.

Die folgenden Ausführungen konzentrieren sich ausschließlich auf die *werkstoff- und laserprozeßcharaktistischen* Eigenschaften von Heißrissen. Endkrater- und Schrumpfrisse, welche durch eine sorgfältige Schweißvorbereitung und -ausführung (Zusatzdraht, Wärmeführung, Stoßart, etc.) vermieden werden können, sind nicht Gegenstand der vorliegenden Studie.

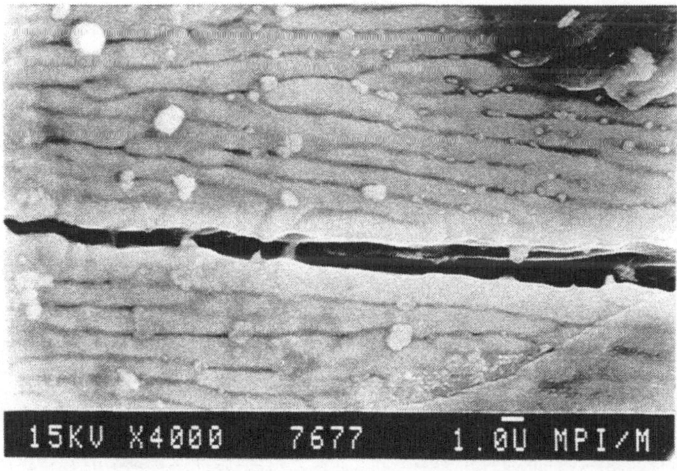

Bild 71: Rasterelektronenmikroskopische Aufnahme eines Rißspaltes mit frei erstarrter dendritischer Oberfläche und pyramidenförmigen Zipfeln.

7.2.1 Einfluß der Legierungszusammensetzung

Metallographische Analysen an Blechen verschiedener Legierungssysteme bestätigen, daß analog zu den konventionellen Schmelzschweißverfahren, vgl. Kapitel 2.3.3, auch beim Laserschweißen die *Heißrißanfälligkeit* stark von der *Werkstoffzusammensetzung* abhängig ist. Geschweißte Bleche der aushärtbaren Legierungen AlMgSi1, AlMg0,Si0,9 oder AlMg0,4 Si1,2 (6xxx-Klasse), AlCuMg2 (AA 2024), AlZnMgCu1,5 (AA 7075) und AlLiCu (AA 8090) zeigen eine starke Erstarrungsrißbildung (Bild 72a bis d).

Dahingegen weisen geschweißte Bleche der Knetlegierungen Al99,5 (AA 1050), AlMg3 (AA 5754), AlMg5Mn (AA 5182) bzw. AlMg4,5Mn (AA 5083) und Platten der Gußlegierungen GK-AlSi11 und GK-AlSi7Mg unter keinen Prozeßbedingungen Risse auf, vgl. Bild 73a bis d. Diese Ergebnisse werden durch Untersuchungen von Matsumura et al. [82] gestützt. Deren Arbeiten belegen rißfreie Blindschweißungen an Blechen der Legierungen AA 1050 und AA

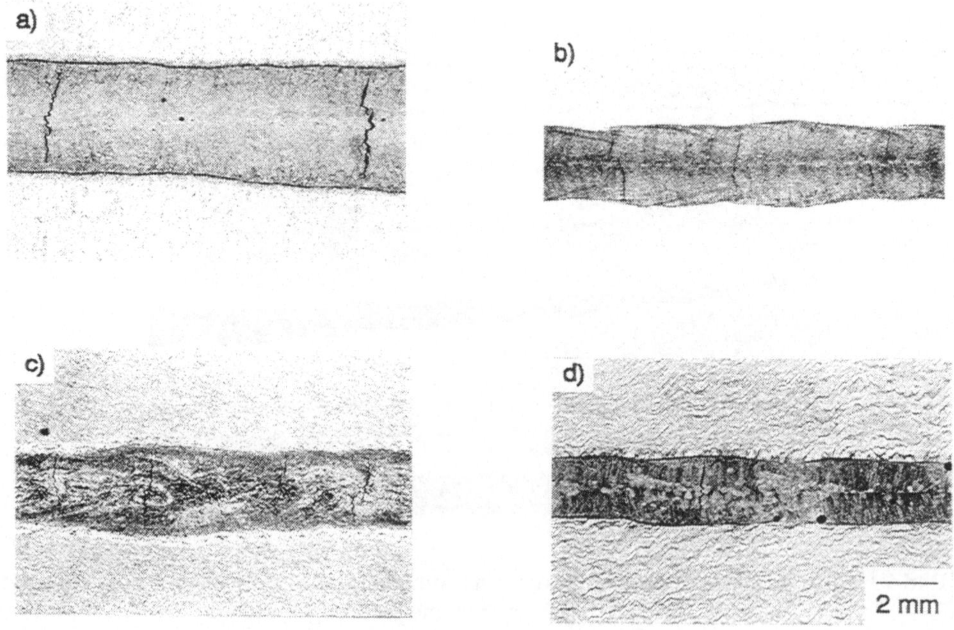

Bild 72: Heißrisse bei einer Geschwindigkeit von 8 m/min bei Aufschliffen der Legierungen AlMgSi1 (a), AlMg0,4Si1,2 (≡ AlMg0,6Si0,9) (b), AlCuMg2 (c) und AlLiCu (d).

5083 sowie Heißrisse bei den Werkstoffen AA 2024, AA 6061 und AA 7075.

Die für AlMg- und AlSi-Leichtbaulegierungen erfolgte halbquantitative Auswertung der metallographischen und mikroanalytischen Untersuchungen ist in Form einer Rißanfälligkeitskurve als Funktion der chemischen Zusammensetzung der Schmelzzone in Bild 74 dargestellt. Dieser ist eine Vergleichskurve von Dudas und Collins [58] für Schutzgasschweißverfahren qualitativ überlagert. Die relative Rißanfälligkeit wird dabei durch die Anzahl der Risse pro Schweißnahtlänge und die absolute Rißlänge charakterisiert. Wie die Grafik zeigt, ist die Heißrißanfälligkeit beim Laserschweißen insgesamt geringer als beim MIG- bzw. WIG-Schweißen. Außerdem ist der Bereich hoher Rißanfälligkeit kleiner als bei den Schutzgasschweißverfahren. Dies liegt am geringen Energieeintrag beim Laserschweißen, wodurch nach Johnson [155] und Goodwin [156] die Zonen plastischer Verformung und damit die Erstarrungsschrumpfung reduziert werden.

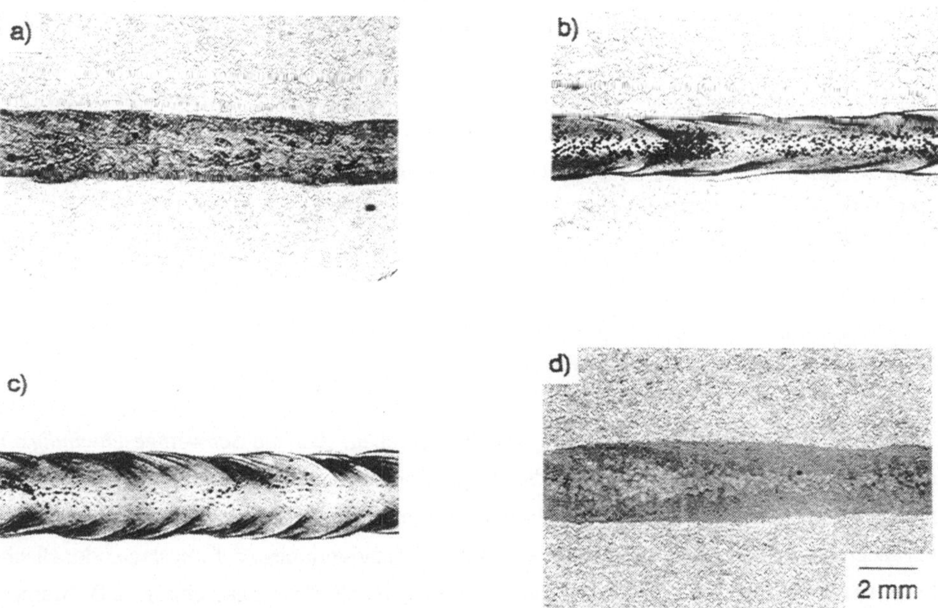

Bild 73: Rißfreie Schweißungen bei einer Geschwindigkeit von 8 m/min bei Aufschliffen der Legierungen Al99,5 (a), AlMg3 (b), AlMg5Mn (≡ AlMg4,5Mn) (c) und GK-AlSi7Mg (d).

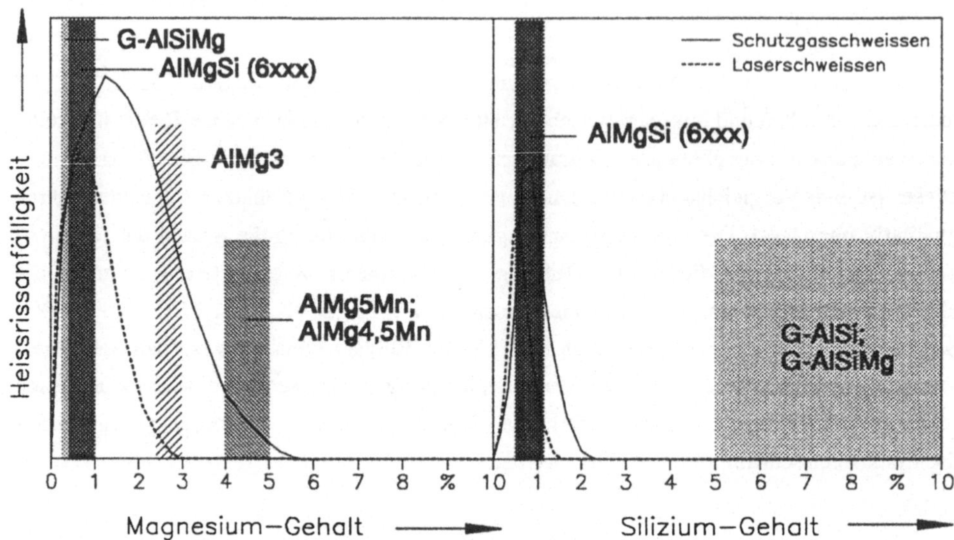

Bild 74: Relative Heißrißanfälligkeit von AlMg- und AlSi-Legierungen beim Laserschweißen und bei konventionellen Schmelzschweißverfahren im Vergleich.

Mit ihrer Legierungszusammensetzung liegen die aushärtbaren Legierungen AlMgSi1, AlMg0,4Si1,2 und AlMg0,6Si0,9 gerade im Bereich der maximalen Rißanfälligkeit. Dahingegen befinden sich die naturharten Legierungen Al99,5, AlMg3 und AlMg4,5Mn bzw. AlMg5Mn sowie die AlSi[Mg]-Gußlegierungen in einem rißunempfindlichem Gebiet.

7.2.2 Einfluß der Vorschubgeschwindigkeit

Die umfangreichen metallographischen Arbeiten ergaben, daß die *Schweißgeschwindigkeit* und die *Wärmeableitungsbedingungen* diejenigen Prozeßparameter sind, welche die Heißrißbildung beim Laserschweißen von aushärtbaren Legierungen dominieren. Nahezu unabhängig von anderen Einflußgrößen, wie z.B. Laserleistung, Strahldurchmesser, Fokuslage oder Blechdicke, treten bei Durchschweißungen mit zweidimensionaler Wärmeableitung, z.B. Stumpfstößen, oberhalb eines Schweißgeschwindigkeitsbereiches von 5 bis 7 m/min Querrisse auf, deren Anzahl mit steigendem Vorschub nahezu linear anwächst. Bei kleineren Schweißgeschwindigkeiten als 5 m/min bilden sich rißfreie Schweißnähte aus, siehe Bild 75.

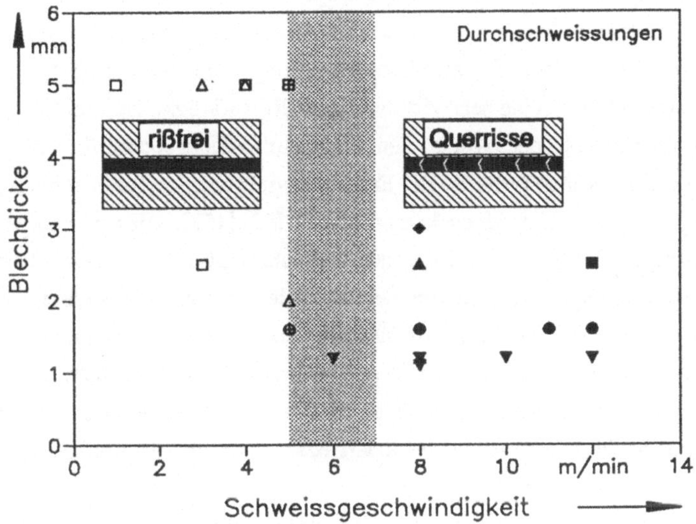

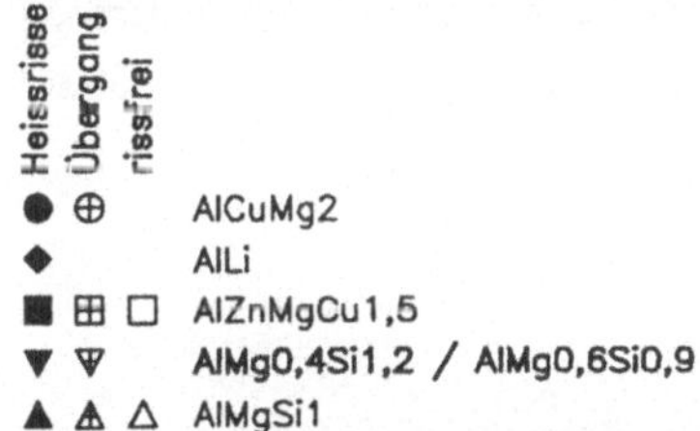

Bild 75: Heißrißbildung von aushärtbaren Aluminiumknetwerkstoffen als Funktion der Schweißgeschwindigkeit für Durchschweißungen.

Infolge dreidimensionaler Wärmeleitungseffekte wird bei Einschweißungen, z.B. Überlapp- oder Kehlnähten, eine Verschiebung der Rißbildungsgrenze zu kleineren Schweißgeschwindigkeiten - zwischen 3 und 4 m/min - hin beobachtet. In guter Übereinstimmung mit den vorliegenden Ergebnissen nennen Matsumura et al. [82] für Blindschweißungen an AlMgSiCu- (AA 6061) und AlMgZnCu1,5- (AA 7075) Blechen eine Rißgrenze von 2 m/min, Marsico et al. [81] bei den Legierungen AA 2090 und AA 7039 eine solche von 4 m/min.

Eine Erklärung für dieses Verhalten läßt sich erhalten, indem die Gesetzmäßigkeiten bei der Ausbildung des Schmelzzonengefüges betrachtet werden. Bei gegebenen konstruktiven Bedingungen des Schweißstoßes legen die eingekoppelte Laserleistung, die Vorschubgeschwindigkeit und die Wärmeableitung die *Erstarrungsbedingungen* fest. Diese wiederum kontrollieren Größe und Gestalt der Kornstruktur in der Schmelzzone sowie das Ausmaß und den zeitlichen Verlauf der Erstarrungsschrumpfung. Ein feinkörniges Gußgefüge mit globularen Körnern besitzt eine sehr viel niedrigere Rißanfälligkeit als ein Gefüge mit großen Körnern mit stark anisotroper Gestalt, den sogenannten *Stengelkristallen*. Im Gegensatz zu globularen Körnern können diese die Erstarrungsschrumpfung nur sehr schlecht durch kooperatives Neu- bzw. Umordnen kompensieren [62],[157]. Dies hat zur Folge, daß bei einem feinkörnigen Gefüge durch die Erstarrungsschrumpfung geringere lokale Dehnungen in den flüssigen Korngrenzenregionen hervorgerufen werden. Außerdem kann die Restschmelze bei globularen Körnern leichter nachfließen, um Werkstofftrennungen an der Korngrenze auszuheilen. Weiterhin kann an den Korngrenzen von Stengelkristallen eine geradlinige Rißausbreitung erfolgen, während es an den globularen Körnern zur Rißablenkung kommt, siehe Bild 76. Dieser Effekt behindert bzw. stoppt den Rißfortschritt.

Im folgenden wird nun am Beispiel von Blindschweißungen der Legierung AlMgSi1 der Einfluß der Schweißgeschwindigkeit auf die Ausbildung der Kornstruktur und damit die Heißrißbildung dargestellt. Bei Schweißgeschwindigkeiten unterhalb der Rißgrenze von 3 m/min liegt in der Schmelzzone ein rißunempfindliches feinkörniges Gefüge mit globularen

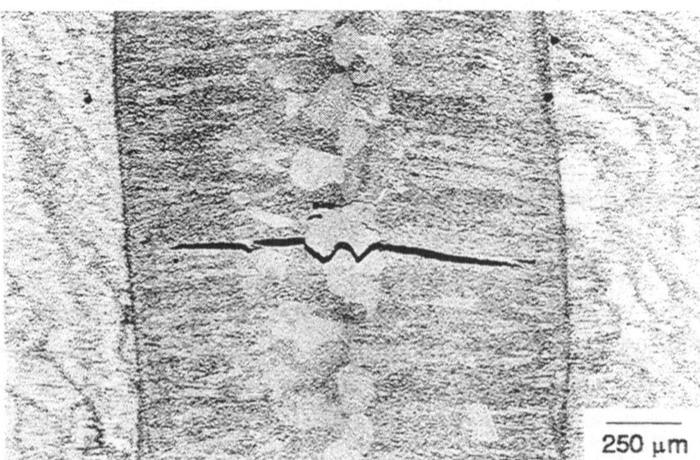

Bild 76: Ablenkung eines Erstarrungsrisses an der Korngrenze eines globularen Korns bei der Legierung AlLiCu (AA 8090).

Körner vor, siehe Bild 77a. Mit zunehmender Schweißgeschwindigkeit nimmt der Anteil der heißrißanfälligen Stengelkristalle von den Schmelzlinien her zu und gleichzeitig der Anteil des globularen Kornanteils ab (Bild 77b). Es entstehen Querrisse. Bei hohen Schweißgeschwindigkeiten schließlich ist der überwiegende Teil der Kornstruktur in der Schmelzzone stengelkristallin ausgebildet. Nur noch in der Mitte der Schweißnaht ist eine schmale Zone mit globularen Körnern sichtbar, siehe Bild 77c. Bei ungünstiger Schrumpfungsbehinderung können sich in diesem Fall Zentralrisse ausbilden.

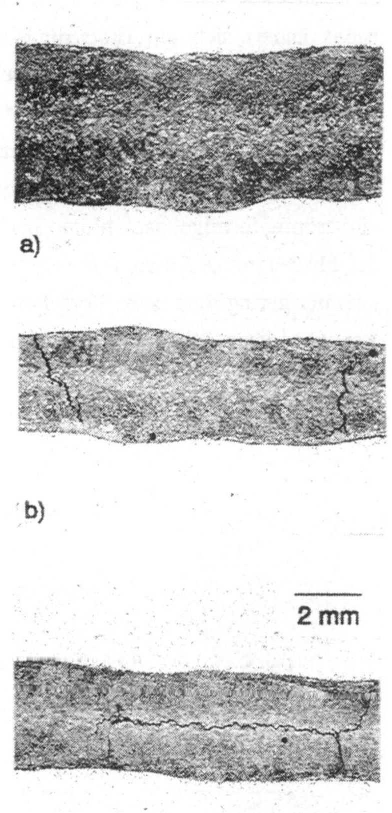

Bild 77: Kornstruktur und Rißbildung bei AlMgSi1-Blindschweissungen für 2 m/min rißfreie Feinkornstruktur (a); für 6 m/min Mischstruktur mit Querrissen (b); für 10 m/min Stengelkristalle mit Längsrissen (c).

Nach David und Vitek [157] wird die Struktur des Korngefüges in der Schmelzzone durch die Erstarrungsbedingungen, d.h. von den *Temperaturgradienten* an der Erstarrungsfront und der *Erstarrungsrichtung*, bestimmt. Der maximale Temperaturgradient und die Erstarrungsrichtung liegen dabei senkrecht zur Phasengrenze flüssig/fest. Die optimale Kornorientierung ist diejenige Richtung, bei der die leichte Wachstumsrichtung weitgehend parallel zur Erstarrungsrichtung liegt. Da die optimale Orientierung mit der Änderung der Richtung der Erstarrungsfront über das Schmelzbad hinweg variiert, besitzt die *Schmelzbadgeometrie* den entscheidenden Einfluß auf die endgültige Kornstruktur der Schmelzzone.

Die Ausbildung der Erstarrungslinien auf der Nahtoberraupe erlaubt nun eine Aussage über die Schmelzbadgeometrie beim Schweißen: Bei niedrigen Schweißgeschwindigkeiten liegt ein zirkulares bis leicht elliptisches Schmelzbad vor (Bild 78a). Beim Vorschub des Schmelzbades ändert sich die Erstarrungsrichtung für ein wachsendes Korn infolge der hohen Krümmung der Schmelzbadgrenze sehr stark. Günstige Wachstums- und Erstarrungsrichtung weichen immer mehr voneinander ab. Es entsteht ein weitgehend feinkörniges Gefüge, da die einzelnen Kristallite nicht lang genug wachsen können, um eine stengelige Form zu entwikkeln. Mit steigender Schweißgeschwindigkeit geht die elliptische Schmelzbadgeometrie in eine tropfenförmige, nach hinten stark verlängerte Form über, siehe Bild 78b; die Krümmung der Phasengrenze flüssig/fest geht zurück. Als Folge davon variiert die Erstarrungsrichtung jetzt nur geringfügig beim Vorschub des Schmelzbades. Ein günstig orientiertes Korn aus der Randzone kann daher nahezu ungehindert bis in die Nahtmitte anwachsen, d.h. die Stengel-

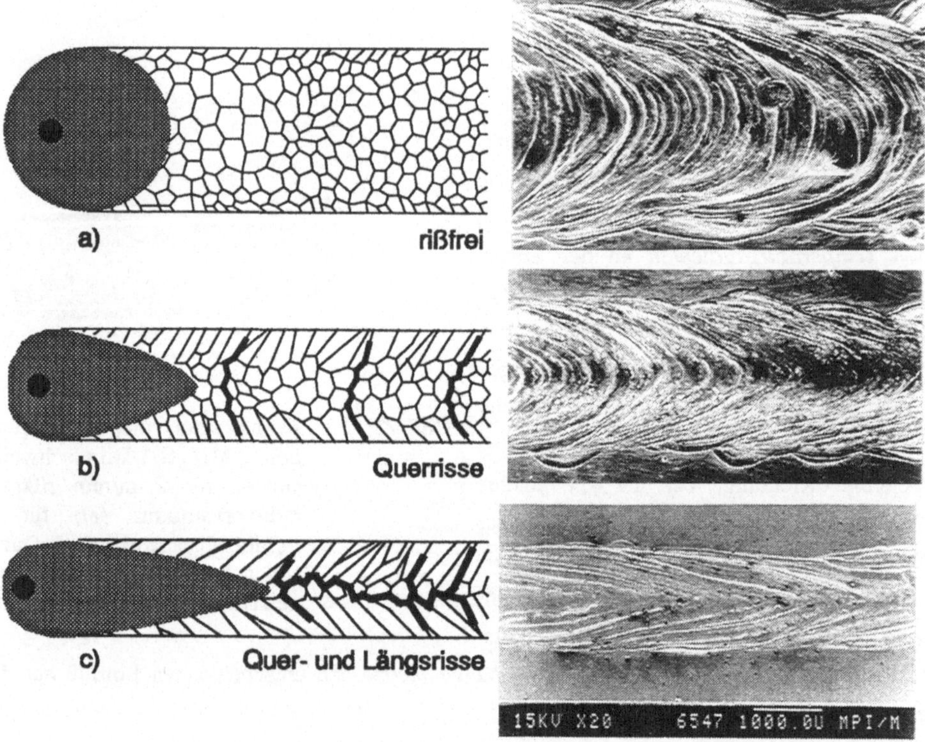

Bild 78: Zusammenhang zwischen Gefügestruktur (schematische Skizzen linke Spalte) und Schmelzbadgeometrie (REM-Aufnahmen rechte Spalte) bei AlMgSi1-Blindschweißungen bei 2 m/min (a), 6 m/min (b) und 10 m/min (c).

kristallbildung wird erleichtert (Bild 78c).

Zusätzlich nimmt nach Johnson [155] die Höhe der plastischen Deformation in der Umgebung des Schmelzbades mit steigender Schweißgeschwindigkeit zu, was die Erstarrungsschrumpfung und damit die Rißbildung begünstigt. Ein höherer Energieeintrag hingegen vergrößert die plastische Deformation nur minimal. Dies erklärt, warum andere Prozeßparameter, z.B. die Strahlleistung oder der Fokusdurchmesser, einen vernachlässigbaren Einfluß auf die Heißrißbildung ausüben.

Der beim Laserschweißen gefundene Zusammenhang zwischen Schweißgeschwindigkeit und Heißrißbildung steht im Widerspruch zum Sachverhalt bei den Lichtbogenschweißverfahren, wo ein Rückgang der Heißrißanfälligkeit mit steigender Vorschubgeschwindigkeit beobachtet wird. Konventionelle Verfahren haben eine hohe Energieeinbringung bei langsamen Vorschub, weshalb Erstarrungsrisse hauptsächlich als Schrumpfrisse auftreten. Eine Erhöhung der Schweißgeschwindigkeit wirkt sich positiv auf die Heißrißbildung aus, weil die eingebrachte Streckenenergie und damit das Ausmaß der Erstarrungsschrumpfung senkrecht zur Schweißnahtrichtung reduziert wird. In diesem Geschwindigkeitsbereich ist die Schweißnahtgeometrie nahezu ausschließlich zirkular bzw. leicht elliptisch ausgebildet. Eine starke Veränderung der Erstarrungsfront mit sich änderndem Vorschub vergleichbar zum Laserschweißen tritt nicht auf.

Im Gegensatz dazu ist beim Laserschweißen der Energieeintrag bei hohen Schweißgeschwindigkeiten viel geringer, weshalb Schrumpfrisse nur vereinzelt entstehen. Deshalb wird hier die Heißrißbildung hauptsächlich durch die Geometrie der Erstarrungsfront dominiert. Damit stellt sich nun die Frage, ob mit Hilfe strahlformender Methoden, z.B. dem Tandem-Laserschweißen, die Schmelzbadgeometrie dahingehend beeinflußt werden kann, daß die Heißrißbildung vermindert bzw. unterdrückt wird.

7.2.3 Zweistrahltechnik und Heißrißbildung

Wird zur Prozeßstabilisierung mit der Tandem-Laserstrahlschweißtechnik im optimalen Parameterbereich gearbeitet, dann ist eine Absenkung der Rißgrenze um ca. 1 m/min auf 5 m/min (Durchschweißungen) bzw. auf 2 m/min (Einschweißungen) gegenüber der Einstrahltechnik zu beobachten. Außerdem ist bei vergleichbarer Schweißgeschwindigkeit die Rißanzahl geringfügig erhöht.

Mit einem Strahlabstand größer null wird das Schmelzbad in Schweißrichtung verlängert. Gleichzeitig bleibt jedoch die Abkühlrate in der SZ unverändert, wie pyrometrisch gemessene Temperaturkurven in Bild 79 (grau unterlegter Bereich) demonstrieren. Aufgrund der hohen Wärmeleitfähigkeit des Werkstoffes Aluminium wird auch bei hohen Strahlabständen kein Nachwärmeffekt beobachtet. Nach den Ausführungen in Kapitel 7.2.2 erleichtern diese Bedingungen das Wachstum von Stengelkristallen und erhöhen damit die Wahrscheinlichkeit der Heißrißbildung.

Das Nachwärmen mit einem dem Schweißlaser folgenden, stark defokussierten Laserstrahl zur Verringerung der Abkühlrate kann beim Tiefschweißen nicht angewendet werden. Dies beruht darauf, daß der defokussierte Strahl nur eine Oberflächenwärmequelle darstellt und keine Tiefenwirkung besitzt. Das gleiche gilt für das Vorwärmen mit einem defokussierten Laserstrahl.

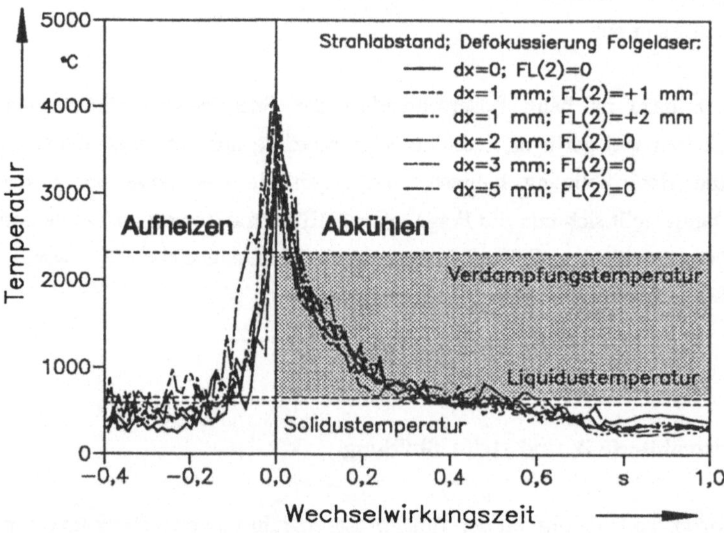

Bild 79: Pyrometrisch gemessene Temperaturkurven beim TLS-Schweißen von AlMgSi1-Blechen ($d_f(1)$=250 µm; $d_f(2)$=230 µm; K(1)=0,30; K(2)=0,18; P(1)=4,0 kW; P(2)=4,4 kW; v=5 m/min; s=5 mm).

7.3 Zusammenfassung Kapitel 7

In diesem Abschnitt wurden die metallurgischen Eigenschaften Werkstoffverhalten und Heißrißbildung untersucht und die Ergebnisse verallgemeinernd dargestellt.

- Das Werkstoffverhalten beim Laserschweißen wird vergleichbar zum konventionellen Schmelzschweißen durch den Legierungstyp festgelegt. Die Ausdehnung des wärmegeschädigten Bereichs liegt beim drei- bis vierfachen der Schmelzzonenbreite.

- Bei den aushärtbaren Legierungen der 6xxx-Klasse läßt sich mittels einer Warmauslagerung nach dem Laserschweißen eine Festigkeitssteigerung erzielen. Deren Ursache liegt im "bake-hardening"-Effekt.

- Die Heißrißanfälligkeit beim Laserschweißen ist geringer als beim Schutzgasschweißen, jedoch ebenfalls von der Legierungszusammensetzung abhängig. AlMgSi-Werkstoffe sind rißanfällig. Reinaluminium, AlMg5Mn und die AlSi[Mg]-Gußlegierungen sind dagegen rißunempfindlich.

- Die Schweißgeschwindigkeit beeinflußt über die Schmelzbadgeometrie die Heißrißbildung. Langgezogene, schmale Schmelzbäder bei hohen Vorschüben begünstigen die Entstehung eines rißanfälligen Korngefüges in der SZ.

- Heißrisse können nur werkstofftechnisch, z.B. durch Zusatzmaterial, und nicht prozeßtechnisch, z.B durch das Tandem-Laserstrahlschweißen, beseitigt bzw. vermieden werden.

- Erst oberhalb der Rißgrenze von 3 m/min (Einschweißung) bzw. 5 m/min (Durchschweißung) muß aus metallurgischen Gründen Zusatzwerkstoff eingesetzt werden.

8 Mechanische Eigenschaften leichtbautypischer Stoßarten

Einer der wichtigsten Gesichtspunkte für den fertigungstechnischen Einsatz ist die Tragfähigkeit einer lasergeschweißten Verbindung. Für Aluminiumlegierungen sind jedoch nur wenige Kenntnisse zu den Fragestellungen

- Belastbarkeitsgrenzen, sowie
- werkstoffliche und verfahrenstechnische Einflußgrößen

unter Berücksichtigung der Laserschweißeignung verfügbar.

Am Beispiel der I-Naht am Stumpfstoß und der Liniennaht am Überlappstoß werden im folgenden nun Ergebnisse aus Festigkeitsuntersuchungen vorgestellt, welche sich auf die oben genannten Fragestellungen beziehen. Die mechanisch getesteten Schweißverbindungen wurden mit Prozeßparametern hergestellt, welche nach den Erkenntnissen aus den Kapiteln 5 bis 7 optimiert sind.

8.1 Tragfähigkeit einer I-Naht am Stumpfstoß

In Bild 80 ist beispielhaft eine I-Naht am Stumpfstoß zweier AlMg5Mn O-Bleche der Dicke 1,25 mm dargestellt. Zugversuche belegen, daß die Tragfähigkeit von stumpfgeschweißten Verbindungen unter statischer Belastung im wesentlichen durch den Werkstoff bestimmt wird. Der Bruch tritt nahezu ausnahmslos in der SZ oder WEZ auf.

Die maßgebliche Eigenschaft ist dabei das Werkstoffverhalten während des Laserschweißzyklusses, d.h. die Höhe und das Ausmaß der Schädigung der Mikrostruktur im Schweißnahtbereich (Kapitel 2.3.2). Bei der Prozeßführung muß daher beachtet werden, daß eine *minimale Wärmeeinbringung* erfolgt, um den entfestigten Bereich möglichst klein zu halten. Dies bedeutet, daß die Auswahl der Strahl- und Prozeßparameter auf die Erzielung eines hohen thermischen Wirkungsgrades hin auszurichten ist.

Bei den naturharten Werkstoffen im Zustand weich (Bild 81a) und bei den aushärtbaren Legierungen in den Zuständen weich und kaltausgehärtet (Bild 82a) werden bei der Dehngrenze annähernd (> 95 %) Grundwerkstoffwerte erreicht. Dasselbe gilt für die Zugfestigkeit,

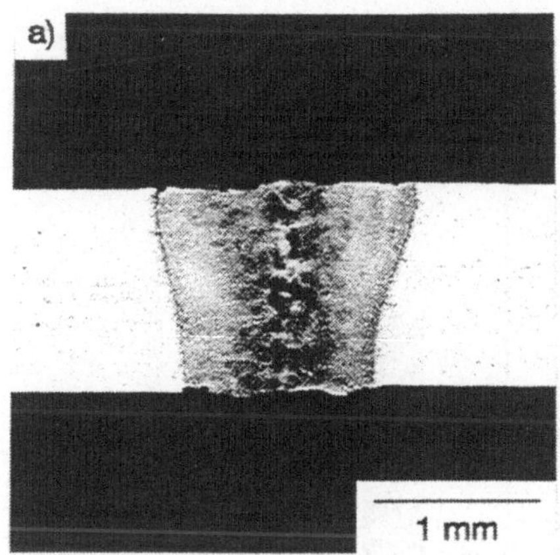

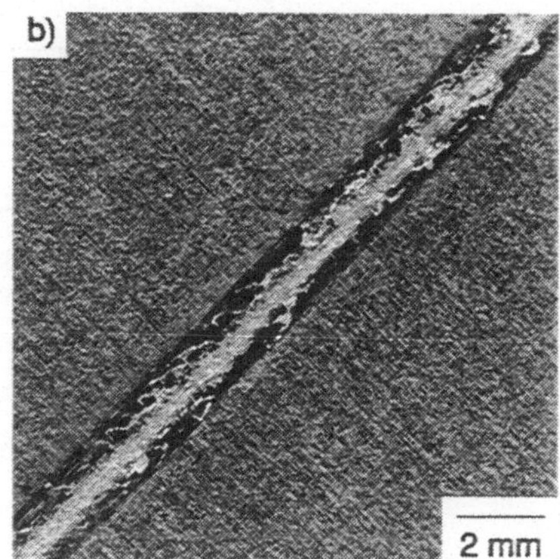

Bild 80: Querschliff (a) und Nahtoberraupe (b) einer I-Naht am Stumpfstoß zweier AlMg5Mn O-Bleche (P=4,2 kW; K=0,30; F=7,2; v= 7 m/min; FL=+4; s=1,25 mm).

mit Ausnahme der kaltausgehärteten Legierungen. Bei diesen Werkstoffzuständen zeigen die Härtekurven keine bzw. nur eine geringe Entfestigung in der WEZ bzw. in der SZ (Bild 66 und Bild 67). Im Werkstoffzustand weich, bei dem für die Legierung AlMgSi1 und AlMg5Mn in der SZ sogar Härteanstiege zu beobachten sind, tritt ein Versagen bei einzelnen Proben im Grundwerkstoff auf.

Im Falle der kaltausgehärteten Legierung wird nur 65 bis 85 % der Grundwerkstofffestigkeit erzielt. Die geringere relative Zugfestigkeit bei kaltausgehärteten Werkstoffen kann auf eine Versprödung des Schmelzzonengefüges durch das Ausscheiden intermetallischer Phasen beim Erstarren zurückgeführt werden. Im Stumpfstoß besitzen lasergeschweißte AlMgSi-Legierungen aus diesem Grund nur sehr geringe Duktilitätswerte in der Größenordnung zwischen 5 bis 10 %. Mit zunehmendem Anteil an aushärtenden Legierungselementen steigt der Anteil der intermetallischen Phasen an, weshalb insbesondere die hochfesten Luftfahrtwerkstoffe AlCuMg2 und AlZnMgCu1,5 sehr spröde Schmelzzonen aufweisen.

Bei kaltverfestigten (Bild 81b) und warmausgehärteten Werkstoffen (Bild 82b) entfestigt sich die Mikrostruktur in der WEZ und SZ beim Laserschweißen sehr stark (Bild 66 und Bild 67). Einem Härteabfall zwischen 20 und 30 % entsprechen Dehngrenzen bzw. Zugfestigkeiten, die nur bei 65 bis 85 % der Grundwerkstoffwerte liegen. Diese Werte können als allgemeingültig aufgefaßt werden, wie Zugversuche [158] an aushärtbaren AlSiMg-Druckgußlegierungen

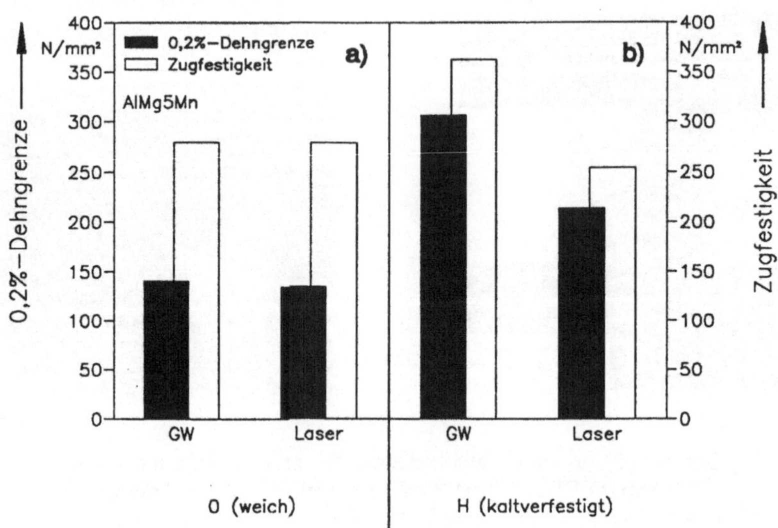

Bild 81: Maximal erreichbare statische Festigkeitwerte bei I-Nähten am Stumpfstoß aus AlMg5Mn-Blechen im weichen (a) und im kaltverfestigten Zustand (b).

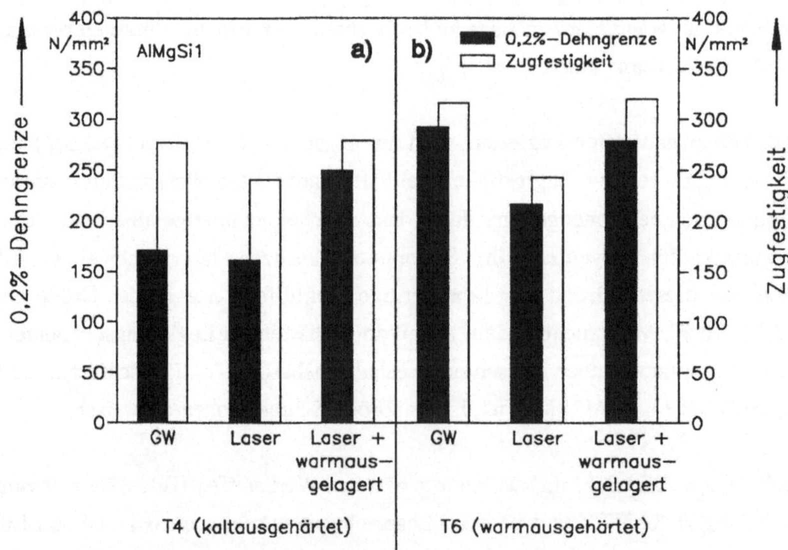

Bild 82: Maximal erreichbare statische Festigkeitwerte bei I-Nähten am Stumpfstoß aus AlMgSi1-Blechen im kaltausgehärteten (a) und im warmausgehärteten Zustand (b) vor und nach Warmauslagerung (170° C/10 h).

Werkstoff: T6; s=4 mm	Zugfestigkeit [N/mm²]		relative Zugfestigkeit [%]
	GW	Stumpfstoß	
GD-AlSi10Mg	310	220	71
GD-AlSi7Mg	275	213	77
GD-AlSi5Mg	266	196	74

Tabelle 16: Zugfestigkeit von I-Nähten am Stumpfstoß aus warmausgehärteten AlSiMg-Vakuumdruckgußplatten im Vergleich zum Grundwerkstoff.

in Tabelle 16 bestätigen.

Die Mikrohärtemessungen in Bild 69 und Bild 70 zeigen, daß sich bei aushärtbaren AlMgSi-Legierungen die Festigkeit in SZ und WEZ durch eine dem Laserschweißen nachfolgende Warmauslagerung erhöhen läßt. Bei kaltausgehärteten Legierungen (Bild 82a) läßt sich eine Steigerung der Dehngrenze zwischen 60 und 70 % und der Zugfestigkeit um 15 bis 30 % erreichen. Die Werte der ausgelagerten Schweißnaht entsprechen ungefähr 80 bis 90 % der Festigkeit des warmausgehärteten Grundmaterials. Sogar bei warmausgehärtetem Werkstoffzustand (Bild 82b) wird beim Warmauslagern - trotz einer Entfestigung im Grundwerkstoff (Bild 70) - ein Anstieg der Festigkeitswerte um ca. 30 % erzielt. Dies wird durch den "bake-hardening"-Effekt in WEZ und SZ verursacht. Nachteilig bei einer Wärmebehandlung von aushärtbaren Werkstoffen wirkt sich jedoch der Duktilitätsverlust aus. Bei AlMgSi-Legierungen werden dann nur noch Bruchdehnungswerte zwischen 3 und 5 % erzielt.

In Tabelle 17 sind noch einmal die maximalen Festigkeitswerte von I-Nähten, bezogen auf den Grundwerkstoff, bei verschiedenen wichtigen Werkstoffzuständen zusammengefaßt. Der Vergleich mit Tabelle 7 demonstriert, daß die für Schmelzschweißverbindungen angegebenen Mindestfestigkeitswerte bei den naturharten Legierungen erreicht und bei den aushärtbaren Legierungen sogar deutlich überschritten werden. Im letzteren Fall macht sich die gegenüber den Schutzgasschweißverfahren stark reduzierte Wärmeeinbringung positiv bemerkbar.

	lasergeschweißt		lasergeschweißt + warmausgelagert	
	relative Festigkeit bezogen auf Grundwerkstoff [%]:		Festigkeitssteigerung durch Warmauslagerung [%]	
Ausgangszustand	0,2%-Dehngrenze	Zugfestigkeit	0,2%-Dehngrenze	Zugfestigkeit
naturharte Legierungen (5xxx-Klasse)				
weich	>90 (95)	>90 (95)	-	-
kaltverfestigt	65 ÷ 85	65 ÷ 85	-	-
aushärtende Legierungen (6xxx-Klasse)				
kaltausgehärtet	>90 (95)	65 ÷ 85	50 ÷ 60	15 ÷ 30
warmausgehärtet	65 ÷ 85	65 ÷ 85	15 ÷ 30	15 ÷ 30

Tabelle 17: Maximal erreichbare Festigkeitswerte von lasergeschweißten I-Nähten am Stumpfstoß unter statischer Belastung bei optimierter Nahtqualität.

8.2 Tragfähigkeit einer Liniennaht am Überlappstoß

Bild 83 zeigt eine Liniennaht am Überlappstoß zweier AlMg5Mn O-Bleche der Dicke 1,25 mm. Aufgrund des unterschiedlichen Kraftverlaufs und der unterschiedlichen Fügegeometrie zeigen Überlappschweißungen ein anderes Verhalten bei Belastung als Stumpfstoßschweißungen.

8.2.1 Übertragbare Kraft und Bruchverhalten

Bei der Kraftübertragung in einer im Überlapp gefügten Verbindung enthält die Belastung immer Normal- und Scheranteile. Zusammen mit der hohen Kerbempfindlichkeit von hochfesten Aluminiumlegierungen führt dies dazu, daß der Bruchausgang am Nahtrand in der Fügeebene liegt, siehe Bild 84. Die bei dieser Stoßart übertragbare Kraft ist in erster Näherung der Nahtbreite in der Fügeebene proportional. Dieser Zusammenhang gilt nur für kleine

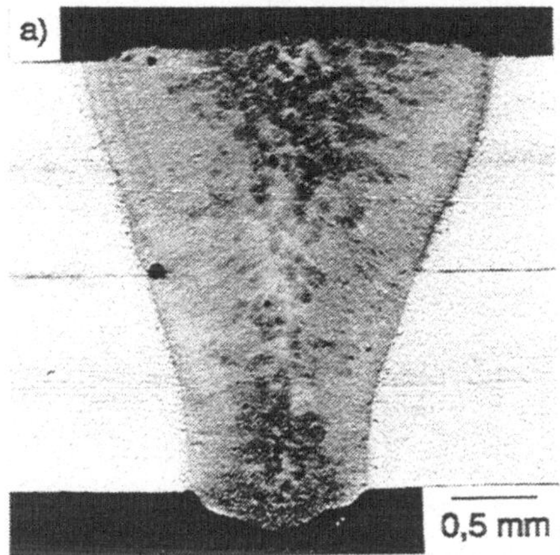

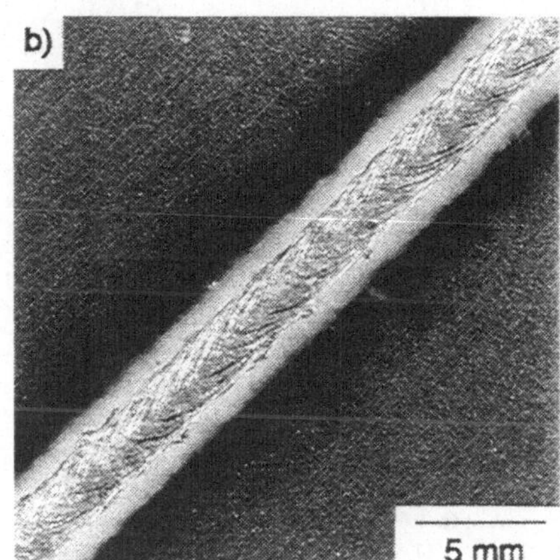

Bild 83: Querschliff (a) und Nahtoberraupe (b) einer Liniennaht am Überlappstoß zweier AlMg5Mn O-Bleche (P=3,7 kW; K=0,28; F=5,0; v= 6 m/min; FL=+2; s=1,25 mm).

Nahtbreiten, wie in Bild 85 für Dünnbleche der Legierung AlMg5Mn zu sehen ist. Oberhalb einer Nahtbreite in der Fügeebene, die ungefähr der Einzelblechdicke entspricht, wird ein *Plateauwert* erreicht. Der charakteristische Verlauf der Scherbruchkraft-Nahtbreite-Kurve ist dabei unabhängig von der Einzelblechdicke und Legierungsart, wie in Bild 85 und in Bild 86 für die Legierung AlMgSi1 gezeigt ist. Nur der Plateauwert ist unterschiedlich. Literaturangaben für verschiedene Karosseriebleche [159] stützen diese Ergebnisse.

Das charakteristische Festigkeitsverhalten von im Überlappstoß geschweißten Verbindungen kann erklärt werden, wenn der Bruchverlauf in den zwei unterschiedlichen Bereichen näher beleuchtet wird. Schematisch ist dieser Zusammenhang in Bild 87 dargestellt. Ist die Nahtbreite in der Fügeebene kleiner als die Einzelblechdicke, so ist die schwächste Stelle in der Schweiß-

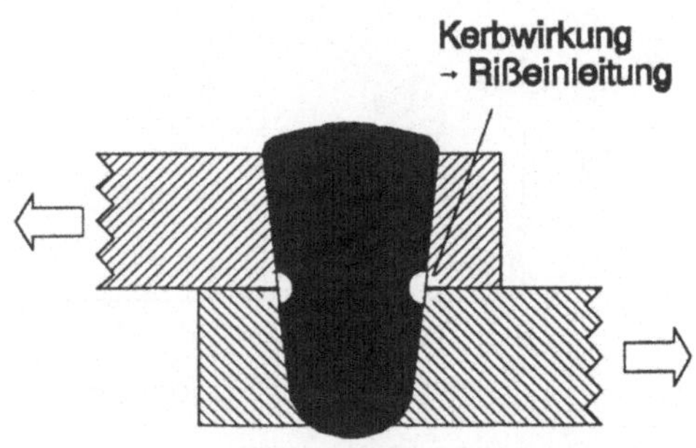

Bild 84: Schematische Darstellung des Bruchausgangs bei im Überlapp geschweißten Verbindungen.

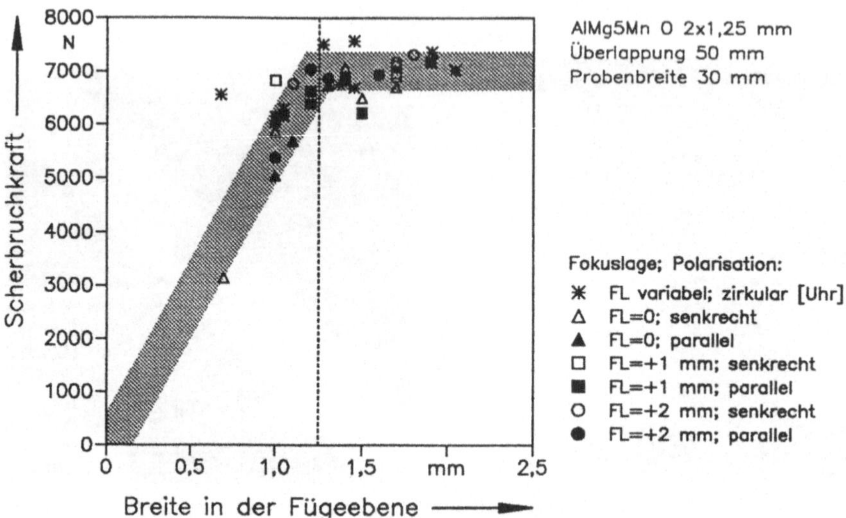

Bild 85: Scherbruchkraft als Funktion der Nahtbreite in der Fügeebene bei Überlappschweißungen von AlMg5Mn-Blechen für verschiedene Prozeßparameter (P=3,7 KW; K=0,28; F=5,0; v=3 bis 12 m/min; s=1,25 mm).

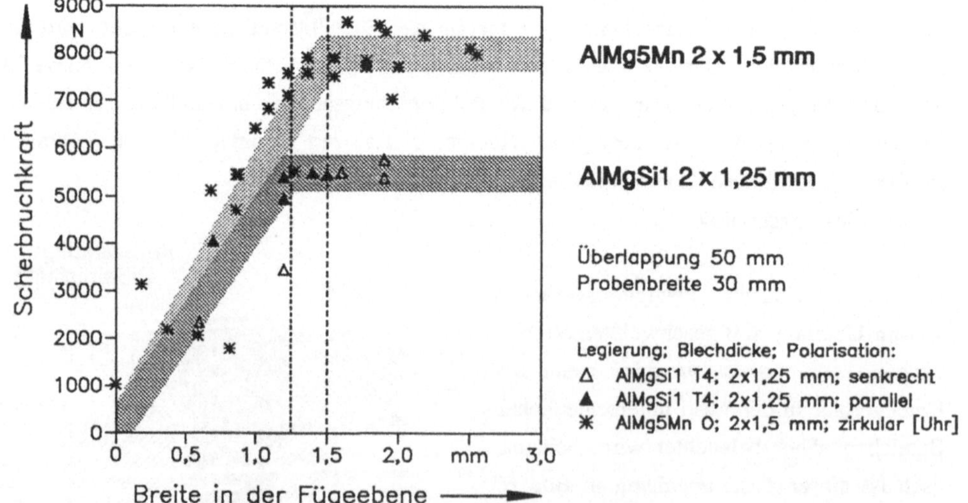

Bild 86: Scherbruchkraft als Funktion der Nahtbreite in der Fügeebene bei Überlappschweißungen von AlMg5Mn- und AlMgSi1-Blechen für verschiedene Prozeßparameter (P=3,7; K=0,28; F=5,0; v=3 bis 12 m/min; FL=0 bis +2 mm).

verbindung die Fügeebene und es kommt zu einem ***Scherbruch*** parallel zur Blechebene. Die Bruchkraft ist daher weitgehend proportional zur Nahtbreite in der Fügeebene.

Übersteigt die Nahtbreite die Einzelblechdicke, so weicht der Bruch in der Schmelzzone in eine Fläche senkrecht zur Fügeebene aus und es tritt ein ***Trennbruch*** auf. Hier ist die übertragbare Kraft maximal, da der Querschnitt senkrecht zur Fügeebene nicht mehr durch eine Steigerung der Nahtbreite vergrößert werden kann. Bei gegebener Überlappungslänge und Probenbreite ist der Plateauwert daher nur eine Funktion der Einzelblechdicke sowie der Festigkeit der Mikrostruktur in der Schmelzzone. Die mechanischen Eigenschaften des Schmelzzonengefüges werden nach Kapitel 7.1.1 nur von der Legierungszusammensetzung und den Erstarrungsbedingungen festgelegt und sind unabhängig vom Ausgangszustand. Dieser Sachverhalt erklärt die Ergebnisse von Wahl [160], dessen Scherzugproben der gleichen Legierung jedoch unterschiedlichen Ausgangszustandes gleiche Bruchfestigkeiten besitzen.

Bei großen Nahtbreiten, die mit einem hohen Energieeintrag verbunden sind, kann es infolge einer "Wärmeschädigung" des Gefüges zu einem Abfall der Scherbruchkraft kommen.

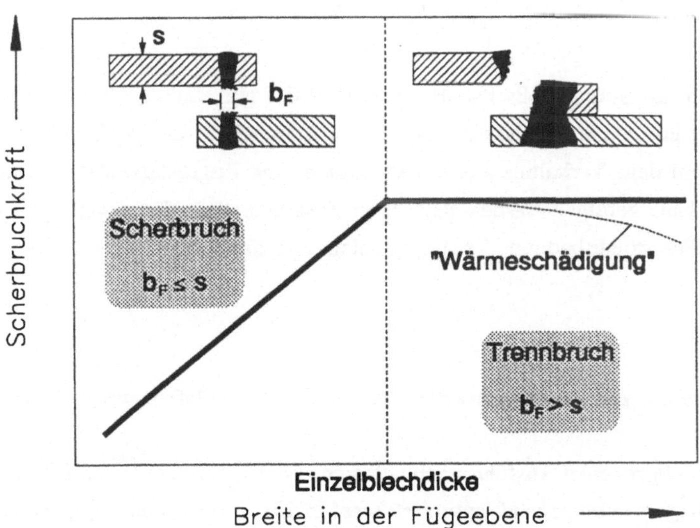

Bild 87: Schematischer Zusammenhang zwischen dem Kurvenverlauf der Scherbruchkraft-Nahtbreite-Kurve und dem Bruchverhalten von Überlappverbindungen aus Dünnblechen.

Wegen der Sprödigkeit des Schmelzzonengefüges bei Aluminiumlegierungen handelt es sich bei beiden Brucharten jeweils um einen verformungsarmen Gewaltbruch. Im Gegensatz zum Stumpfstoß kann der Grundwerkstoff und die WEZ bei dieser Fügegeometrie keine Stützwirkung bei Belastung ausüben.

Bei gleichen Abmessungen der Scherzugproben weist die aushärtbare Legierung AlMgSi1 im Plateaubereich eine ca. 20 % geringere maximale Scherbruchkraft auf als die naturharte Legierung AlMg5Mn, was sich auf den höheren Anteil von spröden intermetallischen Phasen in der SZ zurückführen läßt. Analog zu der I-Naht am Stumpfstoß läßt sich jedoch in diesem Fall die maximale Scherbruchkraft durch eine Warmaushärtung des Schmelzzonengefüges steigern.

8.2.2 Tragfähigkeit von Stumpf- und Überlappverbindungen im Vergleich

Unter Berücksichtigung des Vorliegens eines Plateaubereichs bei der Scherbruchkraft, kann für den Überlappstoß mit nachfolgender Gleichung eine Scherfestigkeit berechnet werden:

$$\tau_{aB} = F_{SZ}^{max} * b_P * s \quad . \tag{39}$$

Ein Vergleich mit Stumpfstoßschweißungen (Bild 88) legt dar, daß die Scherfestigkeit bei beiden Legierungen und Blechdicken bei etwa 60 bis 65 % der Zugfestigkeit liegt. Dieser Wert entspricht dem Verhältnis aus Scherfestigkeit und Zugfestigkeit der Grundwerkstoffe [20]. Daraus kann gefolgert werden, daß dieser Zusammenhang für geschweißte Aluminiumlegierungen eine stoßartbedingte Tragfähigkeitsgrenze darstellt.

8.2.3 Auswirkungen des Bruchverhaltens auf die Prozeßeffizienz

Aus den vorangegangenen Ausführungen läßt sich ableiten, daß die Prozeßeffizienz bei Überlappschweißungen dahingehend optimiert werden kann, daß nicht eine maximale Breite sondern nur eine Breite in der Größenordnung der Einzelblechdicke eingestellt wird. Wahl [124] zeigt in seiner Arbeit, daß bei Stahlblechen die Nahtbreite und damit die Verfahrenseffektivität bei Überlappschweißungen über die Auswahl der Polarisationsrichtung der Laser-

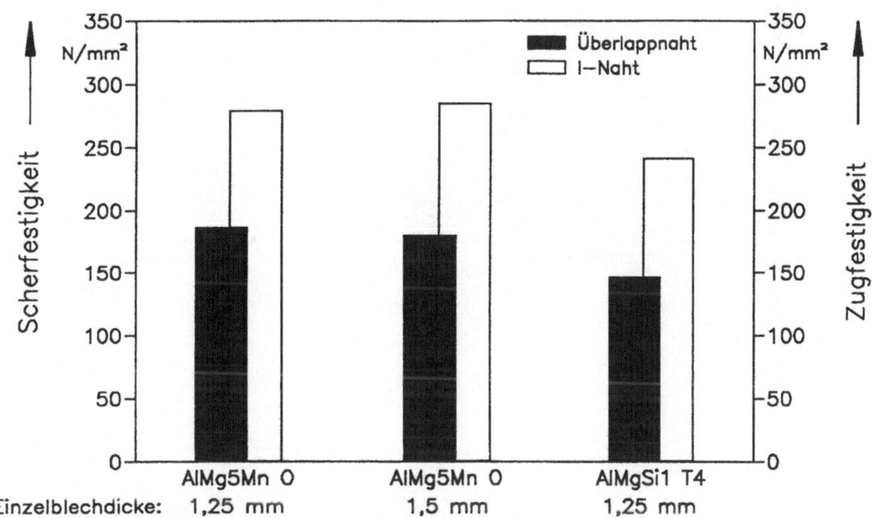

Bild 88: Vergleich zwischen der Scherfestigkeit einer Liniennaht am Überlappstoß und der Zugfestigkeit einer I-Naht am Stumpfstoß für AlMg5Mn- und AlMgSi1-Bleche.

strahlung gesteuert werden kann. Dasselbe gilt auch für Aluminiumwerkstoffe, siehe Bild 89 oben. Mit senkrecht polarisierter Strahlung werden im Vergleich zu parallel polarisierter breitere, weniger tiefe Nähte erzeugt.

Andererseits jedoch kann in Bild 89 deutlich gemacht werden, daß der bei senkrecht polarisierter Laserstrahlung erzielbare Breitenzuwachs nicht in einen Festigkeitsgewinn umgesetzt werden kann, weil ein Bruchkraftplateau auftritt. Bei gleicher Strahlleistung kann bei der Legierung AlMg5Mn mit parallel polarisierter Strahlung ca. 20 bis 30 % schneller geschweißt werden, bei nahezu gleicher Nahtfestigkeit.

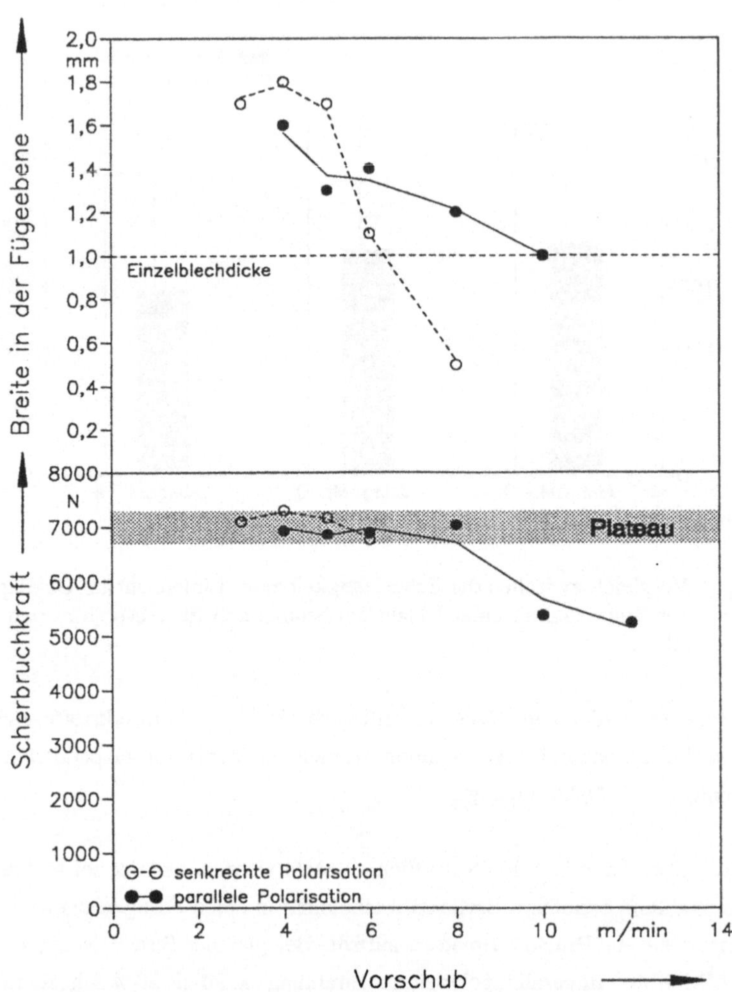

Bild 89: Zusammenhang zwischen Nahtbreite und Scherbruchkraft als Funktion der Schweißgeschwindigkeit und der Polarisation bei AlMg5Mn-Karosserieblechen (P=3,7 kW; K=0,28; F=5,0; FL=+2 mm; s=1,25 mm).

8.3 Zusammenfassung Kapitel 8

Für die bei Leichtbauanwendungen wichtigen Schweißverbindungen I-Naht am Stumpfstoß und Liniennaht am Überlappstoß wurden in diesem Kapitel Untersuchungsergebnisse zu den Festigkeitseigenschaften vorgestellt.

- Die Tragfähigkeit einer I-Naht am Stumpfstoß ist mit dem Werkstoffverhalten während des Schweißzyklusses verknüpft. Das wichtigste Ziel der Prozeßführung richtet sich daher nach einer Minimierung der Wärmebelastung des Bauteils, was gleichbedeutend mit der Erzielung eines möglichst hohen thermischen Wirkungsgrades ist. Daraus ergibt sich nach Kapitel 5.1 die Anforderung, insbesondere bei hohen Schweißtiefen und aushärtbaren Legierungen einen Laser mit hoher Ausgangsleistung *und* hoher Strahlqualität einzusetzen.

- Bei den meisten Aluminiumlegierungen lassen sich durch die Optimierung der Verfahrenstechnik allein keine den Grundwerkstoffeigenschaften vergleichbaren Werte erreichen. Vielmehr muß schon in der Konstruktionsphase eine gezielte Werkstoffauswahl getroffen werden, wenn bestimmte Anforderungen an die Laserschweißnaht gerichtet werden.

- Bei einer Liniennaht am Überlappstoß ist die Tragfähigkeitsgrenze erreicht, wenn die Nahtbreite in der Fügeebene in der Größenordnung der Einzelblechdicke liegt. Darüberhinaus kann die Erzeugung einer breiteren Naht nicht in einen Festigkeitsgewinn umgesetzt werden. Um eine hohe Verfahrenseffektivität zu realisieren muß die Wahl der Prozeßparameter auf diesen Sachverhalt ausgerichtet sein.

- Die maximale Festigkeit einer Liniennaht am Überlappstoß liegt bei ca. 60 bis 65 % des Wertes einer Stumpfstoßverbindung. Sie ist nur von der Legierungszusammensetzung und den Erstarrungsbedingungen abhängig.

9 Applikationsbeispiele für den Einsatz des Laserschweißens im Aluminium-Leichtbau

Die in den Kapiteln 5 bis 8 vorgestellten grundlagenorientierten Erkenntnisse werden in folgendem Abschnitt auf zwei Anwendungsbeispiele aus dem Karosserieleichtbau angewendet (Kapitel 2.1.2). Im ersten Beispiel handelt es sich um das Herstellen von maßgeschneiderten Platinen. An dieser Schweißaufgabe und beim Fügen von Tragrahmenstrukturen - dem zweiten Beispiel - soll demonstriert werden, daß bei Kenntnis der Laserschweißeignung das Fügen mit Hochleistungslasern eine innovative Verbindungstechnik für neue Konstruktions- und Bauweisen darstellt. Zusätzlich wird ein Vergleich zwischen dem Laserstrahlschweißen und den jeweiligen Konkurrenzverfahren bezüglich der Schweißnahttragfähigkeit durchgeführt. Dies ermöglicht neben der Darstellung der technischen Machbarkeit auch eine Beurteilung der Leistungsfähigkeit des Laserschweißens bei oben genannten Applikationen.

9.1 Laserschweißbarkeit von Tailored Blanks aus Aluminium-Karosserieblechen

Entsprechend den Ausführungen in Kapitel 2.1.2 handelt es sich bei der Herstellung von maßgeschneiderten Platinen um die Verbindung von Karosserieblechen mit unterschiedlicher Laserschweißeignung im Stumpfstoß. Zur Darstellung der allgemeinen Gesetzmäßigkeiten hinsichtlich der Laserschweißbarkeit wurden im Rahmen dieser Arbeit heißrißanfällige AlMgSi-Werkstoffe und die Legierung AlMg5Mn, welche einen hohen Mg-Gehalt aufweist, ausgewählt. Bei dieser Anwendung existieren für Aluminiumlegierungen bisher noch keine Konkurrenzverfahren zum Laserschweißen (Kapitel 2.1.2).

Werden die Prozeßparameter an die zu verschweißenden Werkstoffkominationen angepaßt sowie ein Wurzelschutz (Kapitel 4.2) eingesetzt, so lassen sich praktisch porenfreie Schweißnähte bei hoher Qualität der Nahtoberfläche und Wurzel herstellen, siehe Bild 90 [161]. Inbesondere bei den Fokussierbedingungen hat eine Adaptierung an den Werkstoff mit einem höheren Gehalt an leichtflüchtigen Elementen zu erfolgen (Kapitel 5.3). Da es sich bei dieser Anwendung um Verbindungen im Dünnblechbereich handelt, spielt die Strahlqualität bezüglich Prozeßeffizienz und -qualität beim Einsatz eines Lasers der 5 kW-Klasse und höher nur eine untergeordnete Rolle (Kapitel 5.1 und 6.1.2.1).

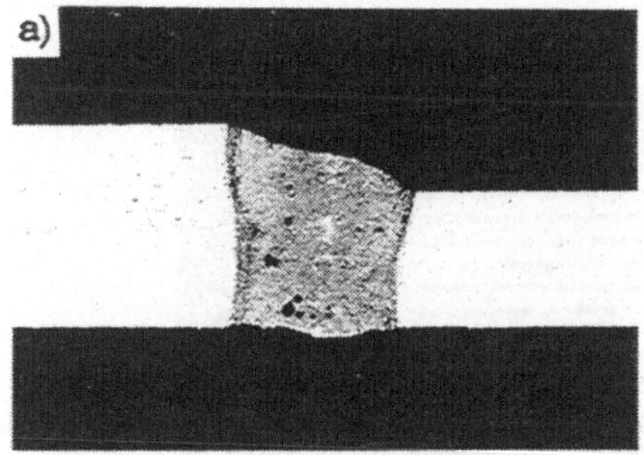

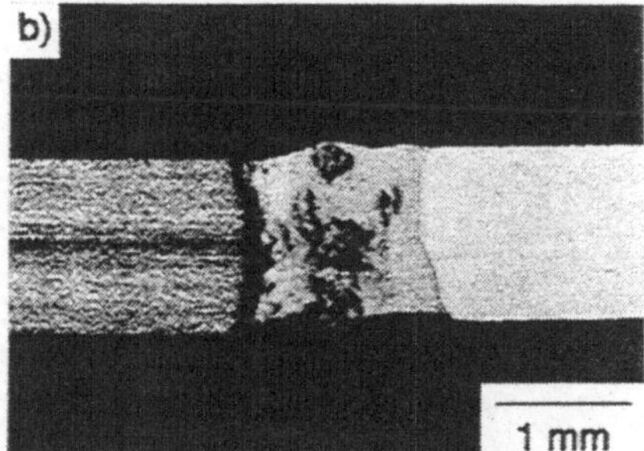

Bild 90: Laserstrahlgeschweißte Tailored Blanks aus Aluminium-Karosserieblechen:
a) AlMg5Mn O s=1,5 mm / AlMg5Mn O s=1,0 mm;
b) AlMg5Mn O s=1,25 mm / AlMg0,4Si1,2 T4 s=1,25 mm.

9.1.1 Heißrißbildung bei der Kombination unterschiedlicher Legierungen

Bei der Kombination der rißunempfindlichen Legierung AlMg5Mn mit heißrißanfälligen AlMgSi-Legierungen wurde im Gegensatz zu stumpfgeschweißten AlMgSi-Blechen auch bei Schweißgeschwindigkeiten über 7 m/min keine Heißrißbildung beobachtet. Dies läßt sich anschaulich in den Bruchbildern von Zugproben (Bild 91 [161]) und in Aufschliffen (Bild 92 [161]) erkennen. Unter Berücksichtigung der Ergebnisse aus Kapitel 7.2 kann dieser Effekt mit metallographischen und mikroanalytischen Untersuchungen erklärt werden.

Beim Fügen der Legierung AlMg5Mn mit Werkstoffen der 6xxx-Klasse - AlMg0,4Si1,2, AlMg0,6Si0,9 und AlMgSi1 - findet im Blechdickenbereich zwischen 1,0 bis 2,0 mm eine Vermischung der Legierungselemente in der Schmelzzone statt. Es ergibt sich eine feinkörnigen Struktur mit Konzentrationsschlieren, siehe Bild 92 [161]. Nahezu unabhängig von der Blechdicke stellt sich bei den untersuchten Werkstoffkombinationen ein Konzentrationsgradient ein, wie er beispielsweise in den Mikrosonden-Messungen in Bild 93 wiedergegeben ist.

Wird in Bild 93 zusätzlich die relative Heißrißanfälligkeit als Funktion des Legierungsgehaltes nach Bild 74 aufgetragen, so kann daraus die Rißempfindlichkeit der Schmelzzone abgeschätzt werden. Mit einem Magnesiumgehalt zwischen 1,5 und 3,5 Gew.-% liegt die chemische Zusammensetzung der Schmelzzone in einem heißriß*un*empfindlichen Gebiet der Rißanfälligkeitskurve. Dies bedeutet, daß der Magnesiumanteil ausreicht, einen genügend hohen Anteil an eutektischer Restschmelze und an globularen Körnern zu erzeugen, um Heißrißbildung zu vermeiden. Die Legierung AlMg5Mn wirkt hierbei also als "*integrierter*"

Bild 91: Bruchbilder von Zugproben (v=8 m/min):
oben: AlMg0,4Si1,2 T4 s=1,25 mm / AlMg0,4Si1,2 T4 s=1,25 mm;
unten: AlMg5Mn O s=1,25 mm / AlMg0,4Si1,2 T4 s=1,25 mm.

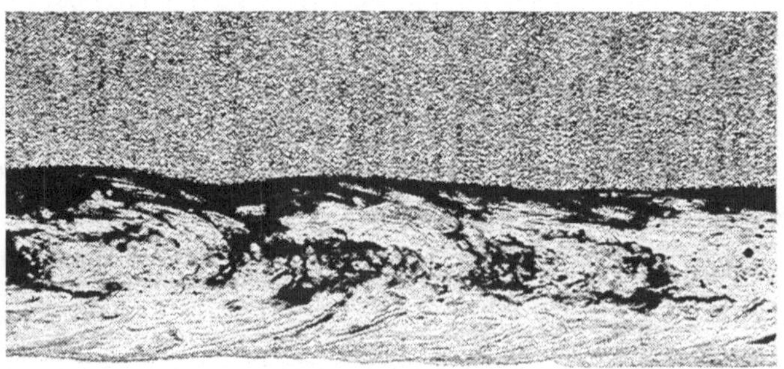

Bild 92: Aufschliff einer Verbindung aus der Blechkombination AlMg5Mn O s=1,2 mm / AlMg0,6Si0,9 T4 s=1,2 mm, die bei einer Schweißgeschwindigkeit von 8 m/min hergestellt wurde.

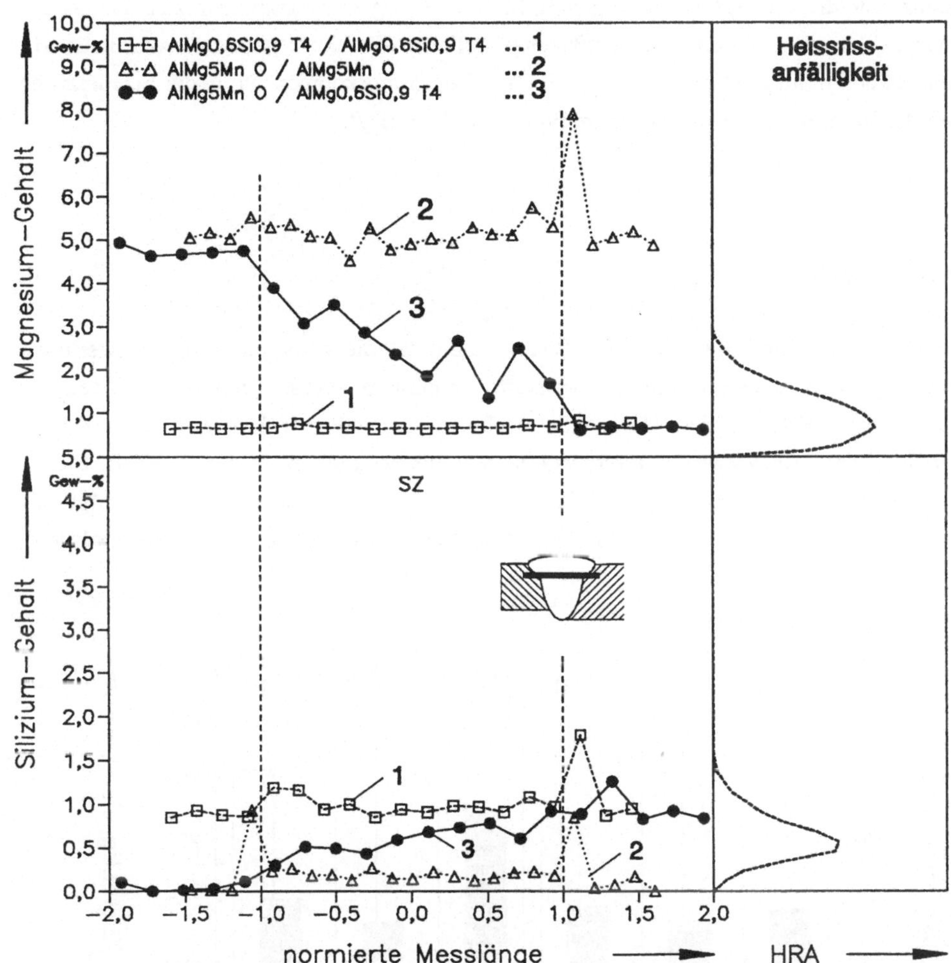

Bild 93: Normierter Mikrosonden-Linescan des Mg- und Si-Gehaltes von lasergeschweißten Blechen gleicher und unterschiedlicher Werkstoffkombinationen (s=1,2 mm) zur Beurteilung der Rißanfälligkeit.

Zusatzwerkstoff. Aus diesem Grund hat der Siliziumanteil, der mit einem Gehalt von 0,5 bis 0,8 Gew.-% im Maximum der Rißkurve liegt, keinen Einfluß auf die Rißanfälligkeit der Tailored Blanks. Die Wirkung des Siliziums wird also vom Magnesium kompensiert.

Daraus kann die wichtige Schlußfolgerung für andere Legierungskombinationen aus jeweils einem heißrißanfälligen und einem rißunempfindlichen Werkstoff gezogen werden: Es tritt *keine* Heißrißbildung auf, wenn der Anteil *einer* Legierungskomponente in der Schmelzzone nach der Vermischung in der rißunempfindlichen Zone liegt.

9.1.2 Tragfähigkeit

Die Auswertung von Zugversuchen in Bild 94 zeigt, daß die statischen Festigkeitswerte bei der Kombination unterschiedlicher Werkstoffe mindestens ebenso gut wie diejenigen des *"schwächeren" Partners* sind. Unmittelbar nach dem Schweißen (Bild 94a) ist der AlMgSi-Werkstoff das "schwächere" Glied, woran sich die Tragfähigkeit der Tailored Blanks orientiert. Bei einer Warmauslagerung härtet diese Legierung im Gegensatz zum AlMg5Mn-Blech aus, wobei dann die naturharte Legierung den "schwächeren" Partner im Werkstoff-

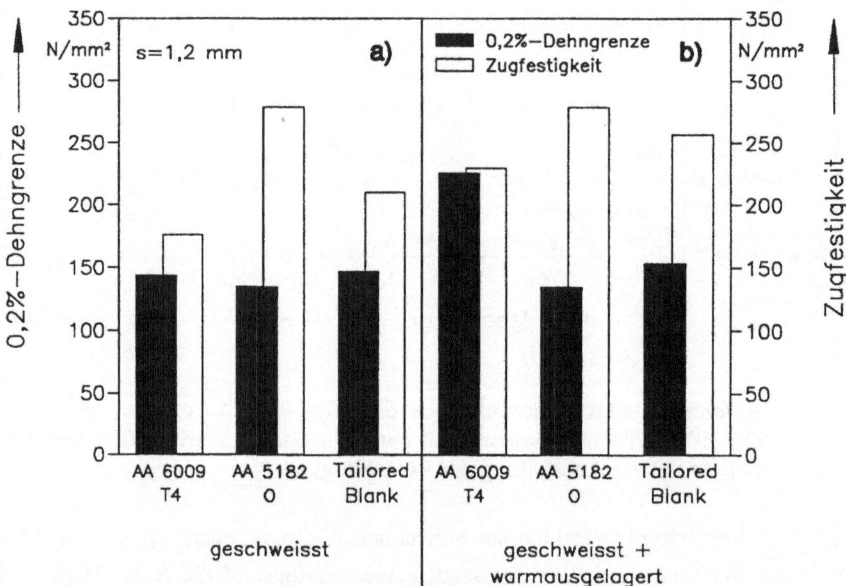

Bild 94: Statische Festigkeitswerte von lasergeschweißten Tailored Blanks im Vergleich mit Platinen aus jeweils gleichen Blechen vor (a) und nach einer Warmauslagerung (170° C/10 h) (b) (s=1,2 mm).

verbund darstellt (Bild 94b). Dieses Verhalten kann anschaulich an Härtemessungen vor und nach einer Warmauslagerung nachvollzogen werden, siehe Bild 95. Der geringfügige Festigkeitsanstieg der Tailored Blanks läßt sich darauf zurückführen, daß das Schmelzzonengefüge aushärtet.

Vergleichbares gilt auch für Blechkombinationen aus unterschiedlichen Dicken und Werkstoffzuständen, vgl. Bild 96. Dickensprünge bis zu einem Verhältnis von 2,5 der Einzelblechstärken wurden in der Praxis [161] erfolgreich erprobt. Durch verfahrenstechnische Maßnahmen, wie z.B. Strahlversatz senkrecht zum Fügespalt oder eine Strahlverkippung senkrecht zur Schweißrichtung, kann die Kante des dickeren Bleches abgeschmolzen und somit ein gleichmäßiger Nahtübergang erzeugt werden.

Bei Anwendung des Laserschweißverfahrens läßt sich also durch eine gezielte Auswahl des Werkstofftyps und der Blechdicke eine Steuerung der statischen Eigenschaften von Tailored Blanks in einem weiten Bereich realisieren.

Die hohe Kerbempfindlichkeit von Aluminiumlegierungen bei dynamischer Belastung macht sich bei Tailored Blanks in besonderem Maße bemerkbar. Darauf deuten Ergebnisse von Zug-

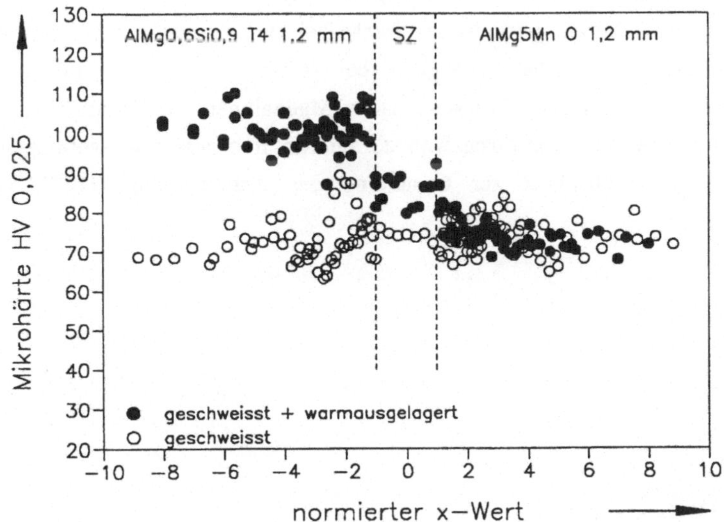

Bild 95: Normierte Härtemessungen an lasergeschweißten Tailored Blanks aus der Werkstoffkombination AlMg0,6Si0,9 T4 und AlMg5Mn O (s=1,2 mm).

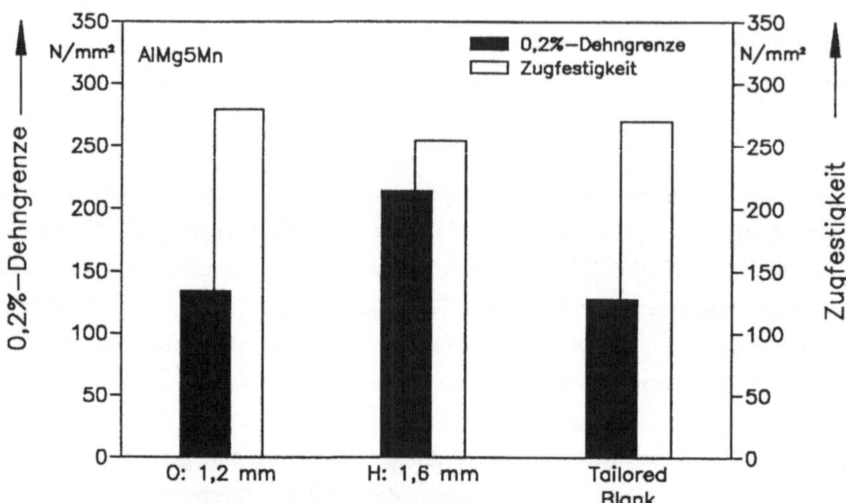

Bild 96: Statische Festigkeitswerte von lasergeschweißten Tailored Blanks aus Blechen der Legierung AlMg5Mn unterschiedlicher Dicke (s=1,2 mm/s=1,6 mm) und unterschiedlichen Ausgangszustandes (O/H).

schwellversuchen [161] an Tailored Blanks und Platinen aus gleichen Blechen eindeutig hin, siehe Bild 97. Die Schweißnaht als *metallurgische Kerbe* beim Verschweißen unterschiedlicher Legierungen oder als *geometrische Kerbe* bei Dickensprünge verursacht eine starke Erniedrigung der dynamischen Festigkeit bei hohen Schwingspielzahlen. In diesem Anwendungsfall sind also verfahrenstechnische Maßnahmen zur Entschärfung der Kerbwirkung, z.B. Verwendung von Zusatzwerkstoffen, Strahlversatz- bzw. -verkippung oder der Einsatz der Zweistrahltechnik zur Gestaltung des Nahtübergangs [122], von großer Bedeutung.

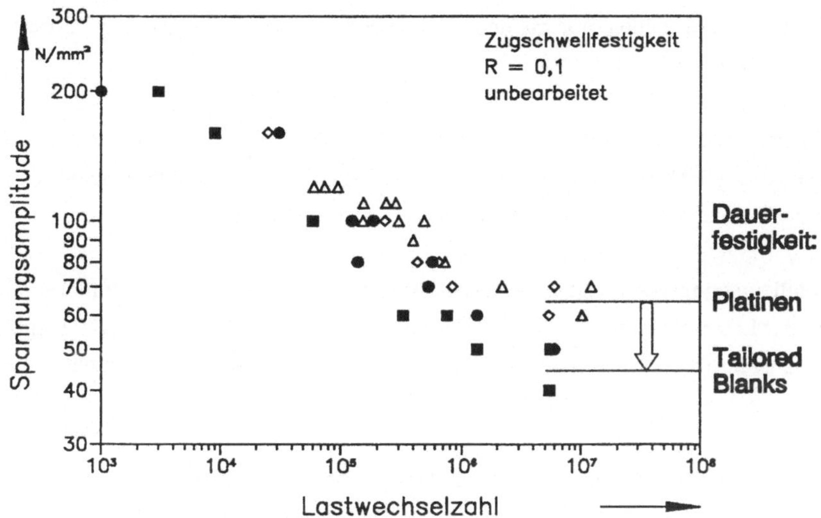

Bild 97: Wöhlerdiagramm für Zugschwellbelastung von Tailored Blanks aus unterschiedlichen Werkstoff- bzw. Blechdickenkombinationen im Vergleich mit Platinen gleicher Blechdicke.

9.2 Laserschweißen von "Space-Frame"-Strukturen

Das Schweißen von Tragrahmenstrukturen stellt hohe Anforderungen an die Fügetechnik. Wie aus Kapitel 2.1.2 hervorgeht, müssen bei diesem Anwendungsfall verschiedene Werkstoffklassen, z.B. Strangpreßprofile, Karosseriebleche oder Kokillen- und Druckguß, mit unterschiedlicher bzw. eingeschränkter Schweißeignung miteinander verbunden werden. Außerdem bedingt diese Schweißaufgabe in der Regel Nahttiefen oberhalb 2 mm. Zur Gewährleistung der Prozeßsicherheit und optimaler Schweißnahteigenschaften müssen diese Aspekte bei der Auswahl der Prozeßparameter und der Verfahrenstechnik, z.B. der Einsatz von Lasern hoher Strahlqualität oder des Tandem-Laserstrahlschweißens, beachtet werden.

Der Schwerpunkt der Untersuchungen bezüglich der Laserschweißbarkeit lag auf der Liniennaht am Überlappstoß von AlMgSi-Knetlegierungen und AlSi[Mg]-Gußwerkstoffen (Bild 98a). Diese zählen mit zu den wichtigsten Fügeverbindungen bei "Space-Frame"-Strukturen (Kapitel 2.1.2).

Die Eigenschaften von I-Nähten bei stumpfgeschweißten Knet/Guß-Verbindungen (Bild 98b) obliegen den gleichen Gesetzmäßigkeiten wie diejenigen bei maßgeschneiderten Platinen (Kapitel 9.1) und werden deshalb im folgenden nicht betrachtet.

Hinsichtlich stumpfgeschweißter AlMgSi-Strangpreßprofile sind die wesentlichen Gesichtspunkte zur Laserschweißbarkeit in den Kapiteln 7.2 (Heißrißbildung) und 8.1 (Tragfähigkeit) bereits ausführlich behandelt worden und werden deshalb im weiteren nicht mehr aufgegriffen.

Im letzten Abschnitt dieses Kapitels wird die Leistungsfähigkeit des Laserschweißens für Tragrahmenstrukturen anhand eines Vergleichs wichtiger Gebrauchseigenschaften von Verbindungen, die mit unterschiedlichen Fügeverfahren hergestellt wurden, beurteilt.

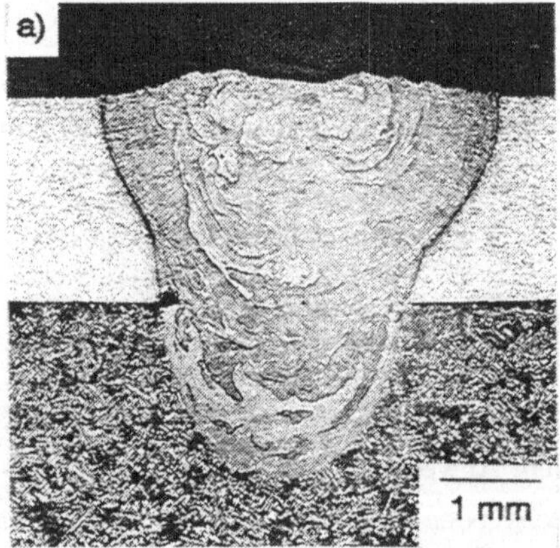

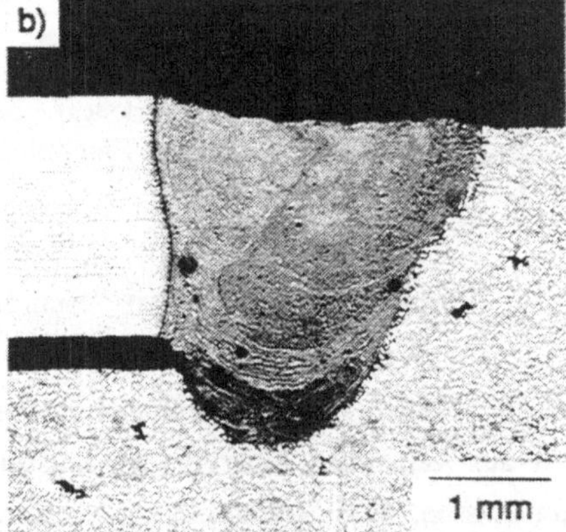

Bild 98: Laserstrahlgeschweißte Verbindungen der Strangpreßlegierung AlMgSi1 T6 s=2 mm mit Kokillenguß GK-AlSi11 g s=8 mm im Überlappstoß (a) und mit GK-AlSi7Mg T6 s=8 mm im Stumpfstoß (b).

9.2.1 Anforderungen an die Prozeßtechnik bei Knet/Guß-Überlappverbindungen

Zur Herstellung der Liniennähte am Überlappstoß wurde das Tandem-Laserstrahlschweißen benutzt. Die Anwendung dieser Technik erwies sich als notwendig, um die in diesem Fall vorliegenden Einschweißungen mit Nahttiefen zwischen 2 und 5 mm bei stabilem Tiefschweißverhalten, d.h. prozeßporen- und schmelzauswurffrei, verbinden zu können.

Als Verfahren wurden sowohl die in den Kapiteln 4.1.2 und 6.4 beschriebene *CO_2-Zweistrahltechnik* (CO_2-TLS) im optimalen Parameterbereich (0,5 mm $\leq$ dx $\leq$ 2 mm; 0 < FL(2) $\leq$ 2 mm) als auch die *Strahlkombination zweier Nd:YAG-Laser* (Nd:YAG-TLS) eingesetzt. Nahtquerschnitte für das CO_2-TLS sind in Bild 98a und für das Nd:YAG-TLS in Bild 99 gezeigt.

Die letztgenannte Technik wurde über eine *Doppelfaseroptik* (Bild 100) realisiert und ist in [162] detailliert vorgestellt. Erste Versuche [163] beweisen, daß die für CO_2-Laser gewonnenen Erkenntnisse bezüglich der Prozeßstabilisierung erfolgreich auf Festkörperlaser übertragen werden können. Mittels dieser neuen Systemtechnik werden die Anwendungsfelder des Tandemlaserstrahlschweißens und damit einer prozeßsicheren Laserschweißtechnik für Aluminiumlegierungen stark erweitert. Mit der CO_2-Zweistrahltechnik können hohe Gesamtleistungen und damit hohe Prozeßgeschwindigkeiten erreicht werden. Die Nd:YAG-Doppelfasertechnik hingegen bietet in Verbindung mit Schweißrobotern eine bessere Zugänglichkeit

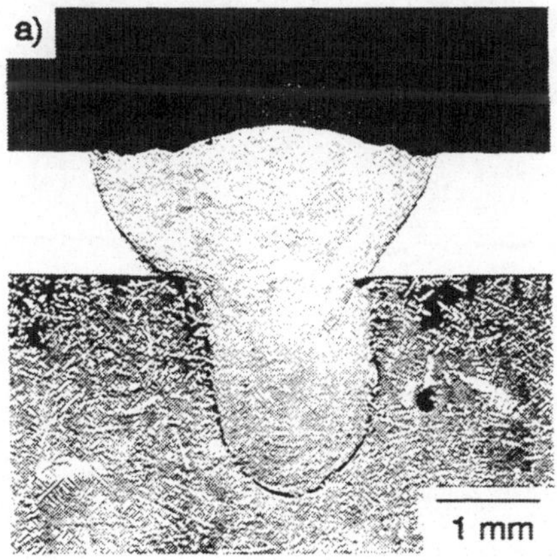

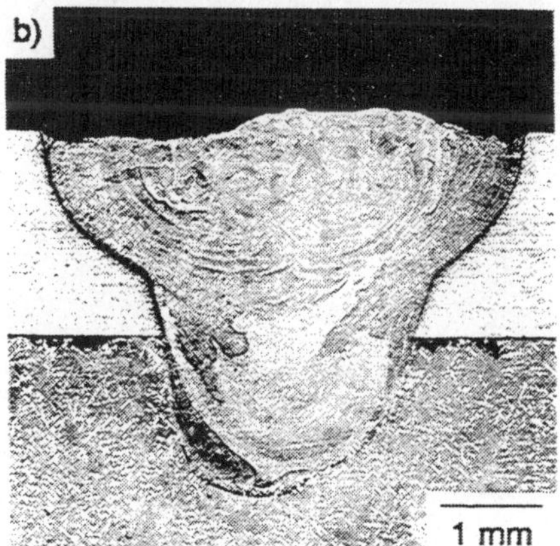

Bild 99: Nd:YAG-TLS Knet/Guß-Überlappverbindungen (P=1,7/2,0 kW): AlMg0,6Si0,9 T4 s=1,2 mm / GK-AlSi11 g s=8 mm, v=5 m/min (a) und AlMgSi1 T6 s=2 mm / GK-AlSi11 g s=8 mm, v=2 m/min (b).

und Handhabbarkeit bei dreidimensionalen Fügekonturen. Die Auswahl der geeigneten Systemtechnik hat sich also an den fertigungstechnischen Gegebenheiten und Erfordernissen auszurichten.

Voruntersuchungen [164] zeigten, daß die im Rahmen dieser Arbeit verwendeten Kokillen- und Vakuumdruckgußwerkstoffe einen Wasserstoffgehalt deutlich unter dem Grenzwert von 10 ml/100g (Kapitel 2.3.1) besitzen, was eine notwendige Voraussetzung für wasserstoffporenarme Schmelzschweißverbindungen ist. Dadurch konnte kein Einfluß der Vergießungsart auf die Schweißbarkeit festgestellt werden (Bild 101).

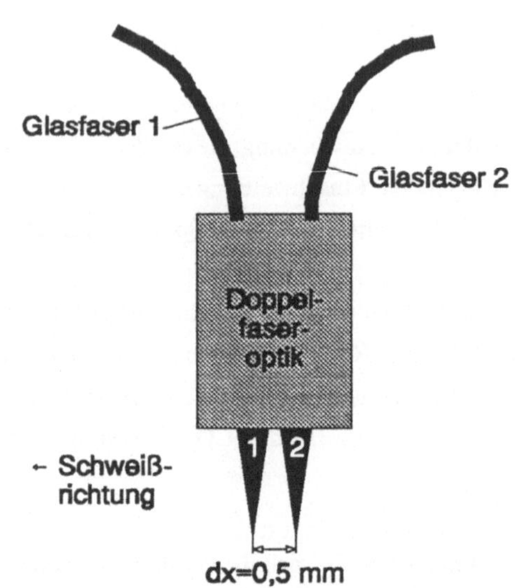

Bild 100: Schemadarstellung der Nd: YAG-Doppelfasertechnik.

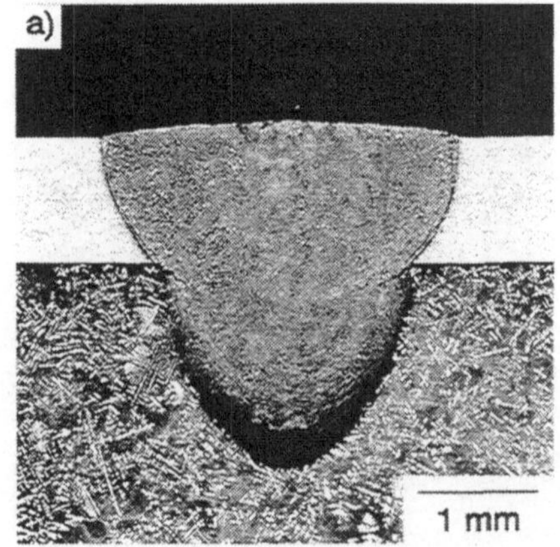

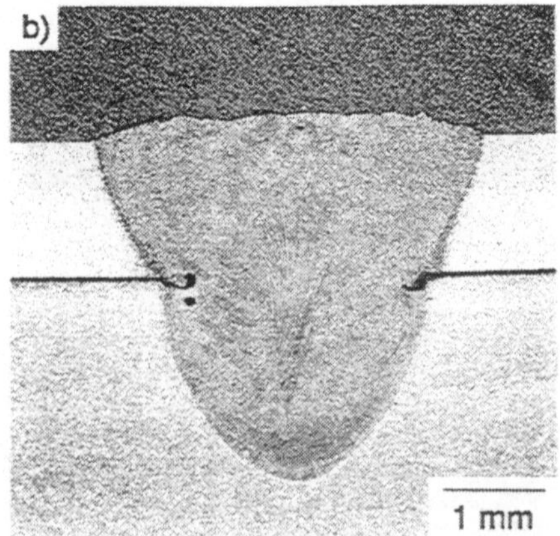

Bild 101: CO_2-TLS Knet/Guß-Überlappverbindungen (P=6,0/4,5 kW, v=9 m/min): AlMg0,6Si0,9 T4 s=1,2 mm / GK-AlSi11 g s=8 mm (a) und AlMg0,6Si0,9 T4 s=1,2 mm / GD-AlSi5Mg T6 s=4 mm (b).

9.2.2 Heißrißbildung bei Knet/Gußverbindungen

Bei der Verbindung von rißanfälligen AlMgSi-Karosserieblechen oder -Strangpreßprofilen mit Gußwerkstoffen im Überlappstoß stellt sich die Frage der Heißrißbildung bei hohen Schweißgeschwindigkeiten. Im gesamten untersuchten Geschwindigkeitsbereich wurden keine Heißrisse bei dünnen AlMgSi-Karosserieblechen entdeckt. Ein anderer Fall liegt jedoch vor, wenn AlMgSi-Werkstoffe mit einer Wandstärke > 2 mm, z.B. Profile, mit Gußteilen gefügt werden. Hier werden häufig Risse beobachtet. Außer dem Zusammenhang zwischen Heißrißbildung und Vorschubgeschwindigkeit (Kapitel 7.2.2) macht sich in diesem Fall auch eine Abhängigkeit von der Einschweißtiefe bemerkbar. Darauf wird im folgenden näher eingegangen.

Mikrosondenmessungen veranschaulichen, daß sich durch die hohe Konvektion im Schmelzbad eine nahezu homogene Konzentrationsverteilung sowohl parallel zur Fügeebene als auch senkrecht dazu ausbildet, wie in Bild 102 und Bild 103 beispielhaft gezeigt ist. Dies gilt für alle untersuchten Legierungskombinationen und Prozeßparameter [163]. Im vorliegenden Fall des dünnen AlMgSi-Karosserieblechs wird für beide Gußwerkstoffe ein ausreichender Si-Anteil aufgemischt, so daß dessen Gehalt in der gesamten Schmelzzone im rißunempfindlichen Gebiet (AlSi5Mg: 2 bis 3 Gew-%; AlSi7Mg: 4 bis 5 Gew-%) liegt. Die metallographischen Befunde werden hiermit bestätigt.

Aus diesen Untersuchungen läßt sich ableiten, daß sich die chemische Zusammensetzung der Schmelzzone in erster Näherung aus den anteiligen, aufgeschmolzenen Flächen der einzelnen Fügepartner ergibt:

$$g_i^{SF} = \frac{SF_{Knet}}{(SF_{Guß}+SF_{Knet})} * g_i^{Knet} + \frac{SF_{Guß}}{(SF_{Guß}+SF_{Knet})} * g_i^{Guß} \tag{40}$$

Eine Randbedingung ist dabei eine möglichst spaltfreie Verbindung an der Fügestelle.
Mit der Subsitution

$$V_{SF} = \frac{SF_{Guß}}{SF_{Knet}} \tag{41}$$

kann Gl. (40) umgeformt werden:

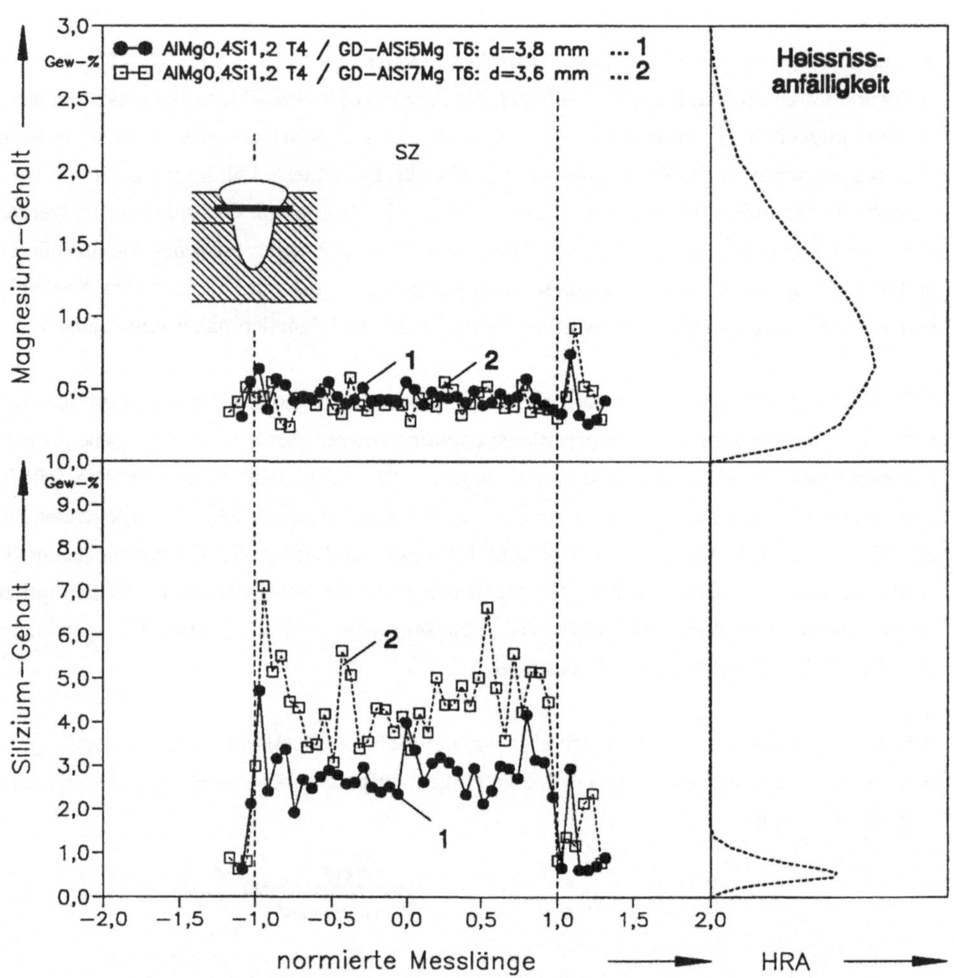

Bild 102: Normierter Mikrosonden-Linescan des Mg- und Si-Gehaltes in AlMg0,4Si1,2 T4 s=1,31 mm / Vakuumdruckguß s=4 mm -Verbindungen zur Beurteilung der Heißrißanfälligkeit: Liniennaht am Überlappstoß.

$$g_i^{SF} = \frac{1}{(V_{SF}+1)} * g_i^{Knet} + \frac{V_{SF}}{(V_{SF}+1)} * g_i^{Guß} \tag{42}$$

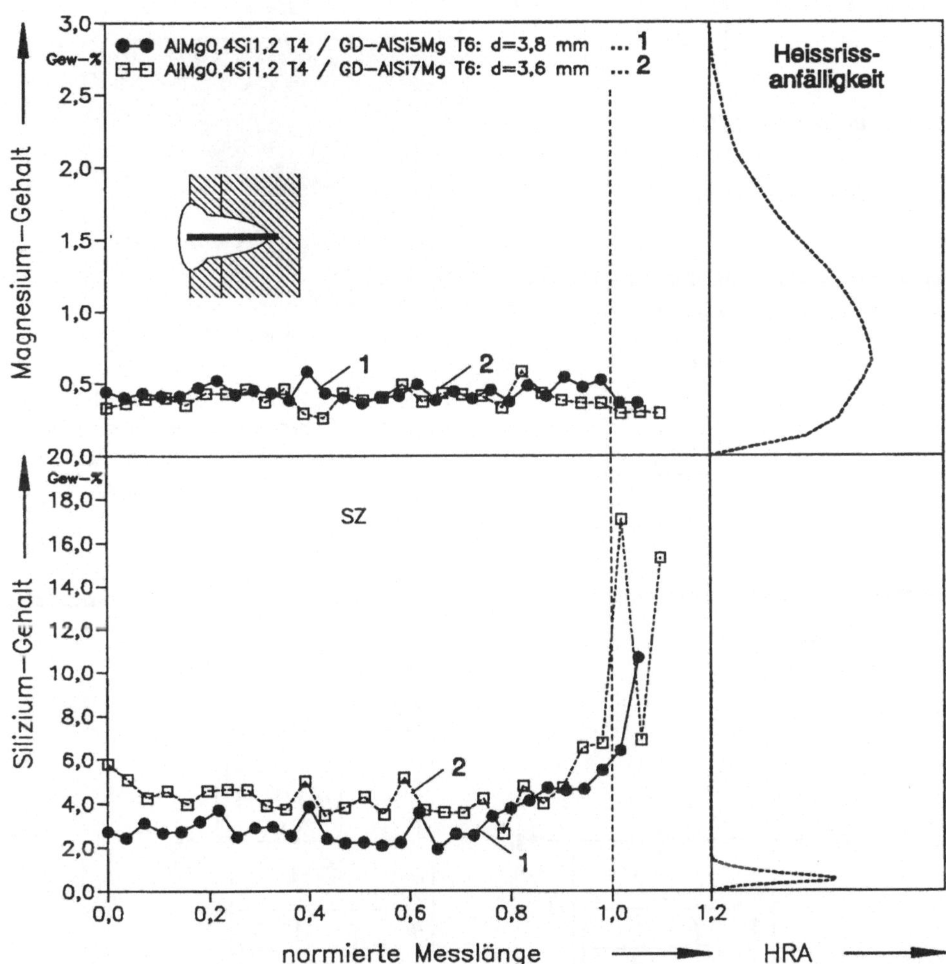

Bild 103: Normierter Mikrosonden-Linescan des Mg- und Si-Gehaltes in AlMg0,4Si1,2 T4 s=1,31 mm / Vakuumdruckguß s=4 mm -Verbindungen zur Beurteilung der Heißrißanfälligkeit: Liniennaht am Überlappstoß.

Ein quantitativer Zusammenhang zwischen der Einschweißtiefe und dem Legierungsgehalt nach der Vermischung kann nun durch eine vereinfachte Betrachtung der Schmelzzonengeometrie in Bild 104 aufgestellt werden. Wird die Schmelzfläche im Knetwerkstoff als Trapez

$$SF_{Knet} \doteq s * b_F * \left(1 + \frac{1}{2*(\frac{d}{s}-1)}\right) \quad (43)$$

und die im Guß als Halbellipse

$$SF_{Guß} \doteq \frac{\pi}{4} * b_F * (d-s) \quad (44)$$

angenähert, erhält man für das Flächenverhältnis die nachstehende Beziehung:

$$V_{SF} = \frac{\pi}{4} * \frac{\frac{d}{s}-1}{1+\left(\frac{1}{2*\left(\frac{d}{s}-1\right)}\right)} . \quad (45)$$

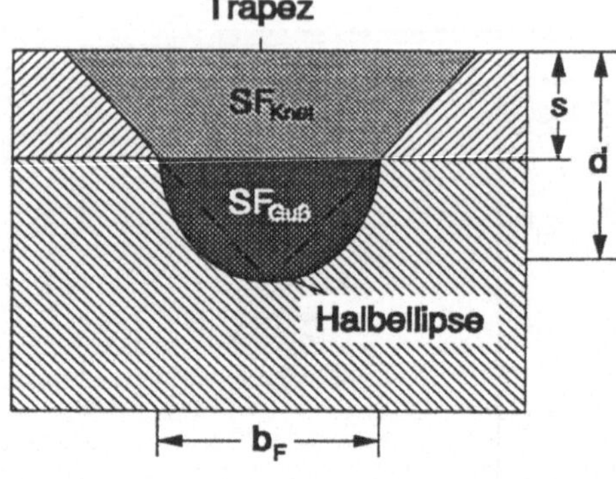

Bild 104: Modellmäßige Darstellung der Schmelzzone bei einer Liniennaht am Überlappstoß aus Knet/Gußverbindungen.

Die chemische Zusammensetzung der Schmelzzone ergibt sich dann aus der Verknüpfung von Gl. (42) und Gl. (45):

$$g_i^{SF} = \frac{1}{\left[\frac{\pi}{4} * \frac{\frac{d}{s}-1}{1+\left(\frac{1}{2*\left(\frac{d}{s}-1\right)}\right)}\right]+1} * g_i^{Knet} + \frac{\left[\frac{\pi}{4} * \frac{\frac{d}{s}-1}{1+\left(\frac{1}{2*\left(\frac{d}{s}-1\right)}\right)}\right]}{\left[\frac{\pi}{4} * \frac{\frac{d}{s}-1}{1+\left(\frac{1}{2*\left(\frac{d}{s}-1\right)}\right)}\right]+1} * g_i^{Guß} . \quad (46)$$

Nach dieser vereinfachten Betrachtung ist der Legierungsgehalt in der Schmelzzone nur von dem Verhältnis der Gesamteinschweißtiefe zur Wandstärke der Knetlegierung und zum Elementgehalt der Grundwerkstoffe abhängig. Zur Verifizierung dieses theoretischen Ansatzes werden Gl. (46) zusammen mit mikroanalytischen Messungen bei Schweißungen an der Werkstoffkombination AlMg0,4Si1,2 T4 s=1,31 mm / GD-AlSi[5,7]Mg T6 s=4 mm in einem Schaubild (Bild 105) aufgetragen. Bei beiden Legierungskombinationen liegt eine sehr gute

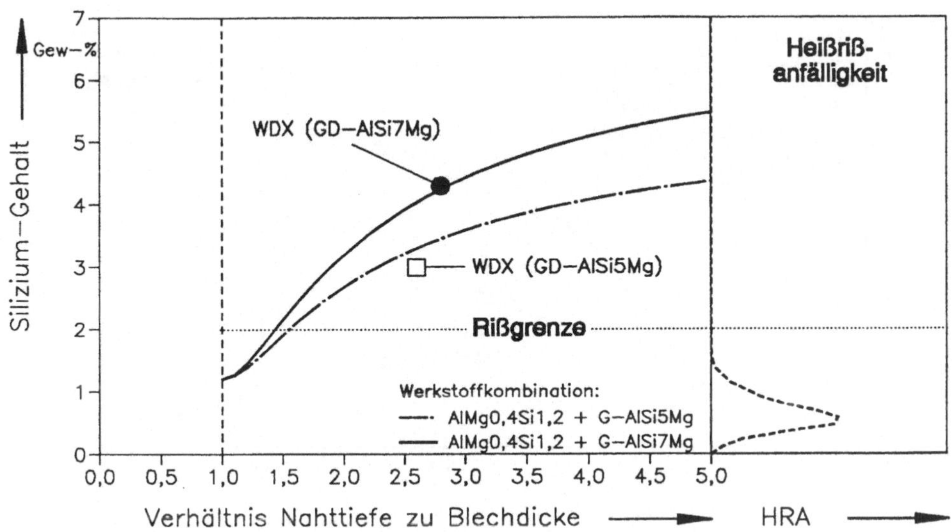

Bild 105: Berechneter und gemessener Si-Gehalt in der Schmelzzone als Funktion des Verhältnisses Einschweißtiefe/Blechdicke für die Legierungskombinationen AlMg0,4Si1,2/G-AlSi[5,7]Mg und Rißanfälligkeitskurve.

Übereinstimmung zwischen berechneten und gemessenen Elementkonzentrationen vor. Ergänzende Untersuchungen [163] bei der Kombination AlMg5Mn O 1,25 mm / GD-AlSi[5,7]Mg T6 s=4 mm führten zu einem analogen Ergebnis. Die auftretenden Differenzen zwischen Theorie und Experiment, welche einen maximalen Wert von 10 % aufweisen, sind auf Abweichungen der Schmelzbadgeometrie von der idealen Form zurückzuführen.

Bei einem Vergleich mit der Rißanfälligkeitskurve in Bild 105 kann der Grenzwert für einen rißunempfindlichen Si-Gehalt in der Schmelzzone bei 2 Gew-% festgelegt werden. Um AlMgSi-Karosseriebleche dann ohne Zusatzmaterial rißfrei schweißen zu können, muß nach Gl. (46) das Verhältnis aus Nahttiefe und Blechdicke größer als 1,4 (für G-AlSi7Mg) bzw. 1,6 (für G-AlSi5Mg) sein. Diese Bedingung erfordert bei einer Blechdicke von 1,3 mm eine Mindestnahttiefe von 1,8 bzw. 2,1 mm, was im untersuchten Parameterbereich immer erfüllt war.

Werden diese Überlegungen auf AlMgSi1-Strangpreßprofile mit einer Wandstärke von 2,5 mm angewandt, dann sollten nach Bild 106 Nahttiefen von 4,2 mm (für G-AlSi5Mg), 3,8 mm (für G-AlSi7Mg) bzw. 3,3 mm (für G-AlSi10Mg) überschritten werden. In guter Über-

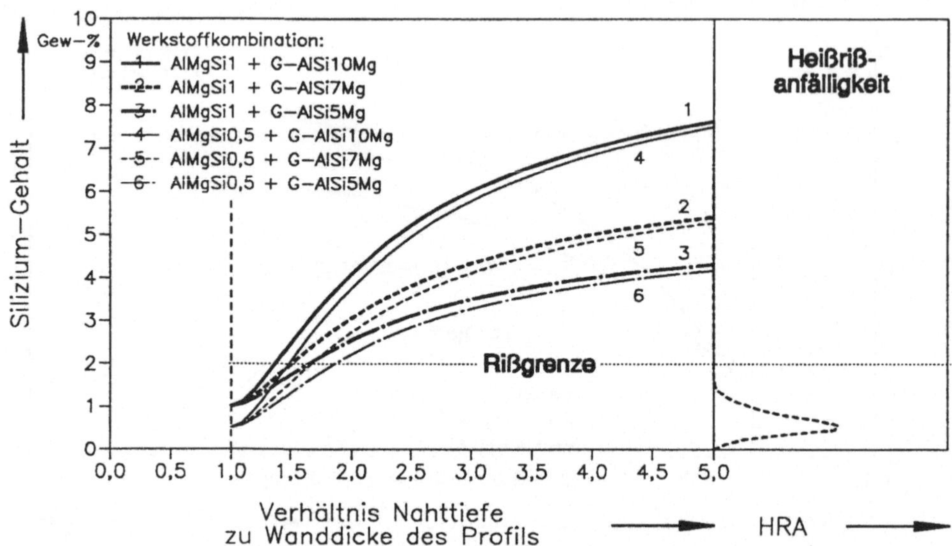

Bild 106: Berechneter Si-Gehalt in der Schmelzzone als Funktion des Verhältnisses Einschweißtiefe/Profilwandstärke für die verschiedene AlMgSi/G-AlSiMg-Legierungskombinationen und Rißanfälligkeitskurve.

einstimmung mit diesen Werten wurden in der metallographischen Prüfung eine tatsächliche Rißbildungsgrenze bei einer Schweißtiefe von 3,6 mm (für GD-AlSi5Mg) und 3,8 mm (für GD-AlSi7Mg) festgestellt.

Alternativ zu AlMgSi1 kann auch die Legierung AlMgSi0,5 zur Herstellung von Profilen verwendet werden. Die Rißgrenze wird durch den nur halb so großen Si-Gehalt dieses Werkstoffs um weniger als 10 % zu höheren Einschweißtiefen verschoben. Die Höhe der Änderung nimmt dabei mit steigendem Si-Anteil im Guß ab.

Der Vergleich zwischen theoretisch berechneten und experimentell beobachteten Werten bestätigt, daß der oben beschriebene Ansatz eine recht genaue Abschätzung der notwendigen Nahttiefe darstellt. Es muß jedoch beachtet werden, daß der Fehler mit zunehmender Wandstärke des Knetwerkstoffes ansteigt. Dies wird vorallem dadurch hervorgerufen, daß die Durchmischung mit zunehmender Tiefe schlechter wird. In der Praxis bedeutet dies, daß eine höhere Nahttiefe als berechnet erforderlich ist, um einen ausreichenden Si-Anteil aufzumischen.

9.2.3 Tragfähigkeit von Knet/Gußverbindungen

Die Festigkeit einer Liniennaht am Überlappstoß wird durch den Verbindungsquerschnitt festgelegt. Nach Kapitel 8.2.1 wird der Maximalwert der übertragbaren Kraft dann erreicht, wenn die Nahtbreite in der Fügeebene in der Größenordnung der Wandstärke des dünneren Fügepartners - im allgemeinen der Knetwerkstoff - ist. Diese Bedingung, welche ein maßgebliches Kriterium für die Auswahl der Prozeßparameter darstellt, ist auch für Knet/Guß-Verbindungen erfüllt, siehe Bild 107.

Hinsichtlich einer Prozeßoptimierung ist in Bild 108 für AlMgSi/G-AlSi[Mg]-Verbindungen die Nahtbreite in der Fügeebene als Funktion der Schweißgeschwindigkeit beim Tandem-Laserstrahlschweißen mit CO_2- und mit Nd:YAG-Lasern dargestellt. Bei der gegebenen Strahlleistung läßt sich bei einer Blechdicke von 1,2 mm ein maximaler Vorschub von 11,5 m/min (CO_2) bzw. 6 m/min (Nd:YAG) erzielen. Der maximale Vorschub reduziert sich bei einer Wandstärke von 2 mm auf Werte von 7 m/min (CO_2) bzw. 2 m/min (Nd:YAG).

Um den Zusammenhang zwischen den Nahtparametern und der Heißrißbildung (Kapitel

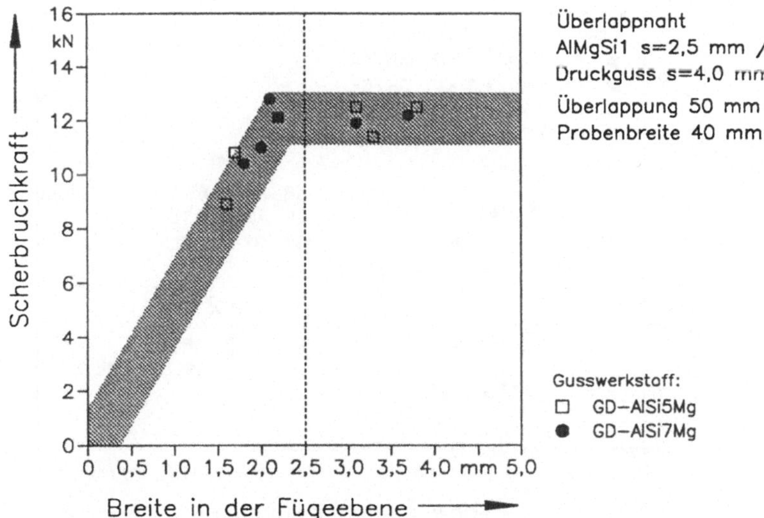

Bild 107: Scherbruchkraft als Funktion der Nahtbreite in der Fügebene bei Knet/Guß-Überlappverbindungen beim CO_2-Tandem-Laserstrahlschweißen (P=5,3/4,3 kW; K=0,30/0,27; v=4 bis 9 m/min).

9.2.2) und die Gesetzmäßigkeiten, welche für die Tragfähigkeit gelten, miteinander verknüpfen zu können, wird die Nahtbreite in der Fügeebene über der jeweiligen Einschweißtiefe aufgetragen (Bild 109). Bei der Werkstoffkombination AlMgSi/G-AlSiMg ergibt sich eine Ursprungsgerade entsprechend:

$$b_F = 0{,}63 * d \tag{47}$$

Diese Beziehung ist unabhängig von der eingesetzten Verfahrenstechnik und variiert nur geringfügig mit sich ändernden Fokussierverhältnissen bzw. unterschiedlicher Polarisationsrichtung des Laserstrahls. Wie gezeigt werden konnte, existiert auch für andere Werkstoffkombinationen ein linearer Zusammenhang [163, 163].

Setzt man die für eine maximale Festigkeit notwendige Bedingung $b_F \geq s$ in Gl. (47) ein, so erhält man für das Verhältnis aus Einschweißtiefe und Wandstärke des Knetwerkstoffes folgende Beziehung:

$$\left(\frac{d}{s}\right)_{\tau_{max}} \geq 1{,}6 \tag{48}$$

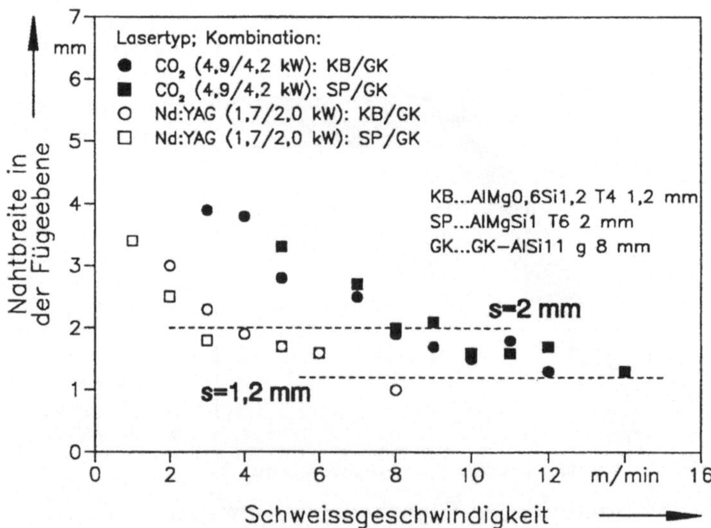

Bild 108: Nahtbreite in der Fügeebene beim Tandemlaserstrahlschweißen ($d_f(1)=d_f(2)=$ 300 µm; dx=0,5 mm) von Liniennähten am Überlappstoß aus Knet/Kokillengußkombination als Funktion des Vorschubs.

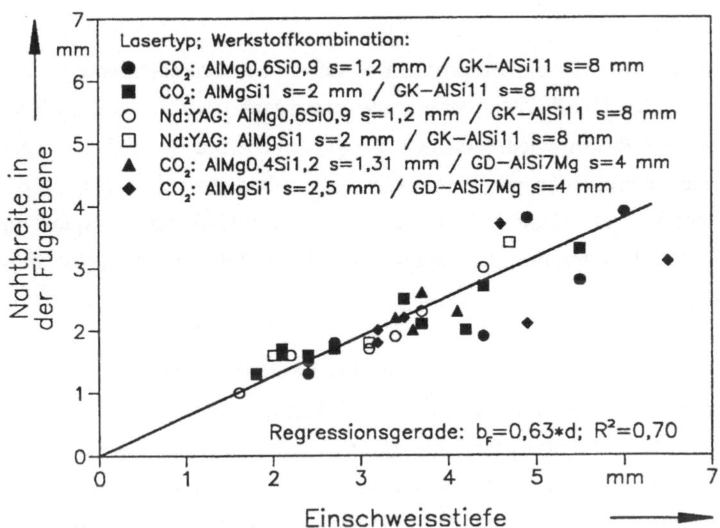

Bild 109: Nahtbreite in der Fügeebene beim Tandemlaserstrahlschweißen ($d_f(1)=d_f(2)=$ 300 µm; dx=0,5/1 mm) von Liniennähten am Überlappstoß aus verschiedenen AlMgSi- und G-AlSiMg-Werkstoffen.

Wenn dieser Grenzwert überschritten ist, dann ist die maximale Scherfestigkeit der Überlapp verbindung erreicht.

Wird die Bedingung für rißfreie Knet/Guß-Überlappverbindungen in Kapitel 9.2.2 mit Gl. (48) verglichen, so weisen Liniennähte maximaler Tragfähigkeit bei der Werkstoffkombination AlMgSi/G-AlSiMg *in keinem Fall* Heißrisse auf.

9.2.4 Vergleich zwischen Laserschweißen und konkurrierenden Fügeverfahren

Beim Fügen von Tragrahmenstrukturen steht daß Laserschweißen in Konkurrenz zum Widerstandspunktschweißen, zum Schutzgasschweißen und zu nichtthermischen Hochleistungsfügeverfahren, z.B. Kleben und Nieten (Kapitel 2.1.2). In einem Vergleich der mechanischen Eigenschaften an im Überlappstoß gefügten Doppelhutprofilträgern und an stumpfgeschweißten Strangpreßprofilen wird nun die Leistungsfähigkeit des Laserstrahlschweißens aufgezeigt.

9.2.4.1 Fügen von Doppelhutprofilträgern

Die Wahl der Werkstoffe für die Hutprofile fiel auf die Strangpreßlegierung AlMgSi1 und den Vakuumdruckguß GD-AlSi7Mg, beide im warmausgehärteten Zustand. In Bild 110 sind die Abmessungen der Profile wiedergegeben. Es wurden sowohl Hutprofile aus gleichen als auch solche aus verschiedenen Werkstoffen im Überlappstoß gefügt [165]. Diese Probenform bildet ein geschlossenes Trägerprofil, was bezüglich der Steifigkeit optimal ist (Kapitel 2.1.2). Eine Übertragung der Ergebnisse auf Realbauteile im Karosserierohbau ist damit möglich.

Für einen Verfahrensvergleich mit dem Laserstrahlschweißen wurde das Zugdornblindnieten und die Kombination der Verfahren Kleben und Zugdornblindnieten als nichtthermische Fügeverfahren für hochbeanspruchte Komponenten herangezogen. Da die Verbindungen durchgeschweißt wurden, setzte man eine edelgasdurchspülte Cu-Schiene als Wurzelschutz ein. Trotz der hohen Nahttiefe von 5 mm wurde das Tandem-Laserstrahlschweissen aus anlagentechnischen Gründen nicht eingesetzt. Die lasergeschweißten Hutprofile wiesen deshalb vereinzelt Prozeßporen und Schmelzauswürfe auf. Beim Nieten wurde ein Blindniet der Dimension M5 eingesetzt. Als Kleber kam ein warmaushärtender Einkomponentenklebstoff auf Epoxidharzbasis zur Anwendung, wie er üblicherweise im Kfz-Rohbau im Gebrauch ist. Beim Widerstandspunktschweißen als Referenzverfahren wurde in Anlehnung an Literaturrichtwerte [166] ein Punktdurchmesser von ca. 8,1 mm gewählt. Zur Vergleichbarkeit wurden die Schweißpunkte ebenso wie die Blindnieten in einem Abstand von 50 mm auf den Flanschen der Hutprofilträger gesetzt. Eine ausführliche Beschreibung der Parametereinstellungen bei den einzelnen Fügeverfahren ist in [165] enthalten.

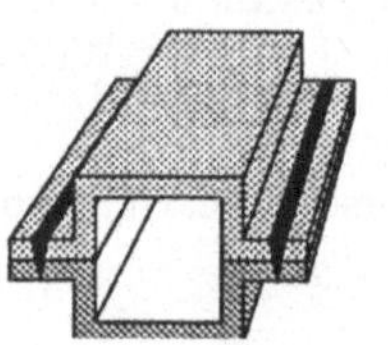

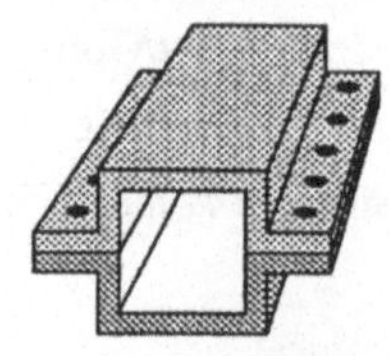

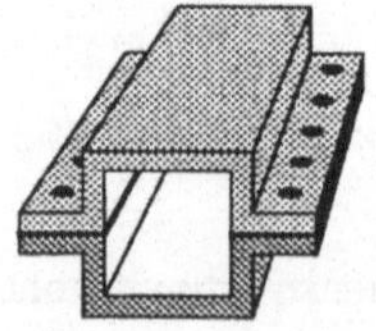

Bild 110: Skizze der mit verschiedenen Fügetechniken hergestellten Doppelhutprofilträger (Länge=500 mm, Breite=55 mm, Höhe=55 mm, Flanschbreite=22 mm, s=2,5 mm).

Das Stanznieten, das bei Aluminiumblechverbindungen in Serienanwendungen bereits erfolgreich zum Einsatz kommt [9],[25], wurde nicht berücksichtigt, da sich aufgrund der mangelnden Verformungsfähigkeit des Druckgußwerkstoffes in Vorversuchen [165] sowie auch beim Audi-Space-Frame [26] Probleme bei der Verbindungsqualität Knet/Guß ergaben.

Unter Berücksichtigung der Anforderungen an die tragenden Strukturen der Rohkarosserie bezüglich Steifigkeit, Festigkeit sowie Sicherheit (Kapitel 2.1.2) wurden die unterschiedlich gefügten Träger Torsions-, Schwingfestigkeits- und Crashprüfungen unterzogen [165].

Bei den *Torsionssteifigkeitsuntersuchungen* ergaben sich deutliche Unterschiede zwischen den einzelnen Fügeverfahren, während sich die unterschiedlichen Werkstoffkombinationen nahezu gleich verhielten. Die höchsten statischen Torsionssteifigkeiten (1 Hz, Bild 111) erreichen lasergeschweißte und kombiniert geklebte und genietete Doppelhutprofilträger. Mit diesen Verfahren werden ca. 80 % des Wertes eines idealen Strangpreßprofilträgers ohne Fügestellen erreicht.

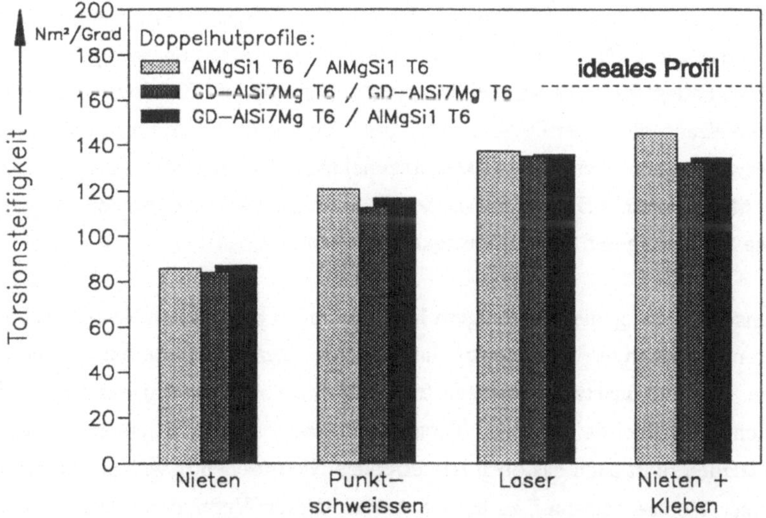

Bild 111: Statische Torsionssteifigkeit (1 Hz) von Doppelhutprofilträgern aus unterschiedlichen Werkstoffkombinationen, die mit verschiedenen Verfahren gefügt wurden.

Deutlich niedrigere Steifigkeitswerte lassen die punktförmigen Fügeverfahren Widerstandspunktschweißen und Zugdornblindnieten erkennen. Hier ist ein Beulen der Flansche zwischen den einzelnen Punkten möglich. Der zusätzliche Steifigkeitsabfall beim Nieten kann durch die Beobachtung erklärt werden, daß unter Belastung ein Nietrutschen innerhalb der Bohrung bzw. eine Verschiebung der Fügepartner auftritt. Dadurch liegt bei diesem Verfahren keine starre Verbindung vor. Bei dynamischer Belastung (16 Hz) zeigen sich keine wesentlichen Unterschiede zum statischen Fall.

Wie in Kapitel 2.1.2 ausgeführt wurde, bestimmt das Fügeverfahren über die Torsionssteifigkeit den maximalen Leichtbaugrad. Wird nun das Punktschweißen von Aluminium-Profilträgern durch das Laserschweißen oder das kombinierte Verfahren Kleben und Nieten ersetzt, dann läßt sich eine weitere Masseeinsparung bei gleicher Steifigkeit realisieren.

In *Schwingfestigkeitsuntersuchungen* zeigt sich die Überlegenheit linienförmiger- (lasergeschweißter) bzw. flächenförmiger (kombiniert geklebt und genieteter) Verbindungen gegenüber punktförmigen noch deutlicher als bei Steifigkeitstests, siehe Bild 112. Höchste Festigkeiten weisen die Laserschweißnähte und die kombiniert geklebten und genieteten Doppelhutprofilträger auf, wobei das kombinierte Verfahren geringfügig höhere Werte erkennen läßt. Hier tritt grundsätzlich ein Versagen im Grundwerkstoff auf, während dieser Fall bei lasergeschweißten Trägern nur bei hohen Torsionsmomenten zu beobachten ist. In allen übrigen Fällen bricht die Schweißnaht. Als Ausgangspunkt für die Bruchbildung können häufig Schmelzauswürfe oder Prozeßporen in der Fügeebene identifiziert werden, welche eine hohe Kerbwirkung besitzen. Es ist daher anzunehmen, daß sich beim Einsatz prozeßstabilisierender Maßnahmen, z.B. der Einsatz des Tandem-Laserstrahlschweißen (Kapitel 6.4 und 9.2.1) eine Steigerung der Schwingfestigkeit erzielen läßt.

Die Lebensdauer von genieteten Trägern liegt bei einem bestimmten Belastungshorizont um den Faktor 10 niedriger als die von lasergeschweißten oder kombiniert geklebten und genieteten. Dieses frühzeitige Versagen tritt aufgrund von Spannungsspitzen im Bohrungsrandbereich auf, wobei es bei hohen Torsionsmomenten auch zu Nietkopfabrissen kommen kann. Zusätzlich führt auch das oben beschriebene Nietrutschen bzw. Verschieben der Fügepartner unter Wechselbelastung zu einer Schwächung der Verbindung. Das Punktschweißen erweist sich als die am geringsten belastbare Verbindungstechnik. Das maximal ertragbare Torsionsmoment ist um den Faktor 2 und die Lebensdauer bei einem bestimmten Belastungshorizont um den Faktor 1000 niedriger als beim Laserschweißen bzw. beim Kombinations-

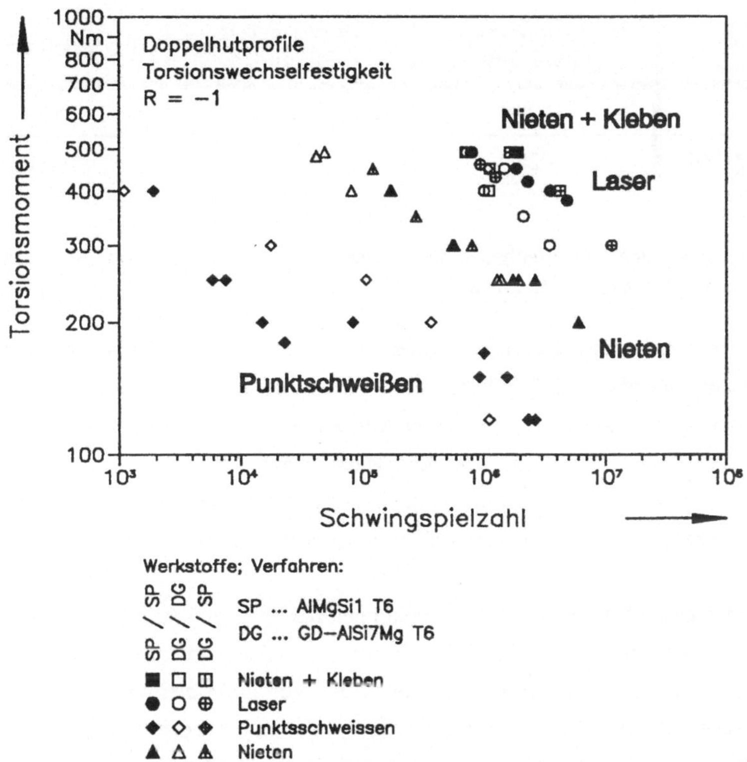

Bild 112: Wöhlerdiagramm für Torsionswechselbelastung von Doppelhutprofilträgern aus unterschiedlichen Werkstoffkombinationen, die mit verschiedenen Verfahren gefügt wurden.

verfahren Kleben und Nieten. Die schlechte Punktschweißeignung von Aluminiumlegierungen läßt sich auch an der starken Streuung der Meßpunkte erkennen, die durch den beim Schweißen schlecht reproduzierbaren Punktdurchmesser hervorgerufen werden.

Unterschiedliche Werkstoffkombinationen offenbaren nur unwesentliche Unterschiede. Eine Ausnahme bildet der Abfall der Festigkeitswerte bei hohen Schwingspielzahlen von Vakuumdruckgußträgern beim Laserschweißen und bei der Kombination Kleben und Nieten. Diese wird durch die bei geringe Duktilität des Gußwerkstoffes verursacht. Im Vergleich zum Strangpreßprofil zeigt dieser in Tabelle 18 trotz gleich hoher Festigkeitswerte eine um die Hälfte niedrigere Bruchdehnung. Dadurch können auftretende Spannungsspitzen durch lokale Plastifizierung nur schlecht abgebaut werden.

Werkstoff	0,2%-Dehngrenze [N/mm²]	Zugfestigkeit [N/mm²]	Bruchdehnung [%]
AlMgSi1 T6	234	300	15,6
GD-AlSi7Mg T6	225	289	6,2

Tabelle 18: Vergleich der mechanischen Eigenschaften bei den Doppelhutprofilträgern eingesetzten Werkstoffe.

Für das *Crashverhalten* maßgebliche Größen sind das Energieaufnahmevermögen beim Aufprall auf ein Hindernis und das Versagen der Fügeverbindung nach dem Crash. Bei den Crashversuchen kam es teilweise zur spröden Absplitterung von Bruchstücken des Hutprofils aus dem Druckgußwerkstoff [165]. Das Energieaufnahmevermögen dieses Vakuumdruckgusses erwies sich dadurch als unzureichend. Deshalb werden bei dem Verfahrensvergleich bezüglich des Crashverhaltens nur Hutprofile aus dem Werkstoff AlMgSi1 herangezogen.

Wie bei den beiden vorhergehenden Untersuchungen zeichnen sich auch beim Crashverhalten das Laserschweißen und das kombinierte Kleben und Nieten mit dem höchsten Energieaufnahmevermögen aus, siehe Tabelle 19. Bei beiden Verfahren bleibt die Verbindung auch nach dem Crash erhalten, und der Hutprofilträger weist eine nahezu regelmäßige mäanderförmige Faltung auf, wie am Beispiel lasergeschweißter Profilträger in Bild 113 (links) deutlich zu erkennen ist. Bei den kombiniert geklebten und genieteten Profilen versagt die Klebung infolge der beim Aufprall auftretenden Schälbeanspruchung vollständig. Obwohl

Doppelhutprofilträger AlMgSi1 T6 / AlMgSi1 T6	massenspezifisches Energieaufnahmevermögen [kJ/kg]
Zugdornblindnieten	45,1
Widerstandspunktschweißen	42,6
Laserschweißen	49,1
Kleben + Zugdornblindnieten	48,8

Tabelle 19: Vergleich des Energieaufnahmevermögens beim Crash von mit unterschiedlichen Verfahren gefügten Doppelhutprofilträgern aus AlMgSi1 T6.

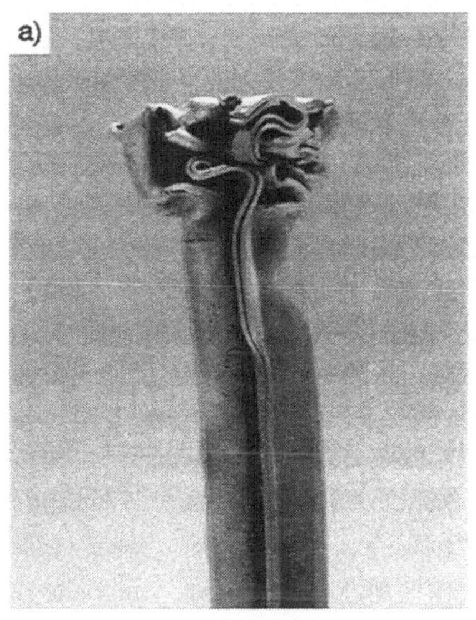

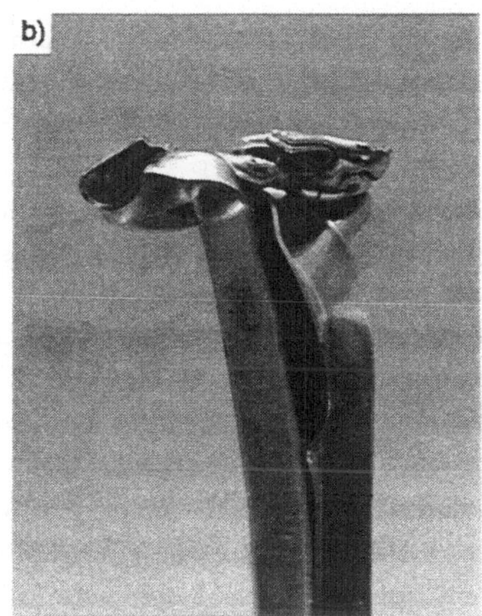

Bild 113: Doppelhutprofilträger aus AlMgSi1 T6 nach dem Crash: lasergeschweißt (a) und widerstandspunktgeschweißt (b).

einzelne Nietausrisse und -ausknöpfungen auftreten, wirken die Nieten als Rißstopper und verhindern ein Versagen der gesamten Verbindung.

Das Energieaufnahmevermögen der punktförmigen Fügeverfahren liegt um ca. 10 bis 15 % niedriger als das der linien- bzw. flächenförmigen Verbindungstechniken. Während beim Zugdornblindnieten die Verbindung nach dem Crash trotz einelnen Nietausrissen und -ausknöpfungen noch erhalten bleibt, zeigt das Widerstandspunktschweißen hingegen ein negatives Versagensbild. Hier können die Schweißpunkte eines Flansches oft bis weit hinter die Crashfront ausknöpfen oder einreißen, siehe Bild 113 (rechts), und der Träger damit unzulässig und unkontrolliert verformt werden.

Die Untersuchungsergebnisse belegen eine deutliche Überlegenheit des Laserschweißens und des Kombinationsverfahrens Kleben und Nieten gegenüber den punktförmigen Verbindungstechniken Blindnieten und Widerstandspunktschweißen. Beide Verfahren sind beim Fügen von Aluminium-Profilträgern für Tragrahmenstrukturen als gleichwertig einzustufen. Beim kombinierten Kleben und Nieten ist eine Alterung des Klebstoffs unter realen Umweltbedingungen zu erwarten, wodurch die sehr guten Ergebnisse der in dieser Weise gefügten

Doppelhutprofilträgern relativiert werden müssen. Scherzugversuche [165] sowie Bauteilversuche [27] zeigen, daß die Tragfähigkeit geklebter Proben nach einer Alterungsbehandlung bei statischer und dynamischer Belastung um bis zu 50 % abnimmt.

Demgegenüber sind beim Laserschweißen durch eine Anpassung der Verfahrenstechnik an die Stoßart und die Werkstoffdicke verbesserte Eigenschaften zu erwarten. In erste Linie sind hier unter Berücksichtigung der hohen Schweißtiefe der Einsatz von Lasern höherer Ausgangsleistung und Strahlqualität bzw. die Anwendung des Tandem-Laserstrahlschweißens zu nennen (Kapitel 9.2.1). Weiterhin ist im Gegensatz zu den drei anderen betrachteten Verfahren der Überlappstoß für das Laserschweißen nicht notwendig bzw. nicht optimal bezüglich der Kraftübertragung (Kapitel 8.2.2). Mit einer laserschweißgerechten Nahtgestaltung oder Bauteilkonstruktion sollten sich daher weitere Verbesserungen der Tragfähigkeit lasergeschweißter Trägerprofile erreichen lassen.

9.2.4.2 Stumpfgeschweißte Strangpreßprofile

Für das Verbinden von Strangpreßprofilen wird das Laserschweißen mit den Schutzgasschweißverfahren WIG und MIG verglichen. Anstatt der AlMgSi1-Profile wurden Bleche der gleicher Dicke (s=2,5 mm) mit vergleichbaren mechanischen Eigenschaften ausgewählt, was eine einfachere Herstellung der Proben für die Festigkeitstests erlaubte. Sowohl die lasergeschweißten (Bild 114) als auch die schutzgasgeschweißten I-Nähte am Stumpfstoß wurden mit Wurzelschutz geschweißt, alternativ ist aber gerade bei Profilen eine integrierte Badsicherung denkbar.

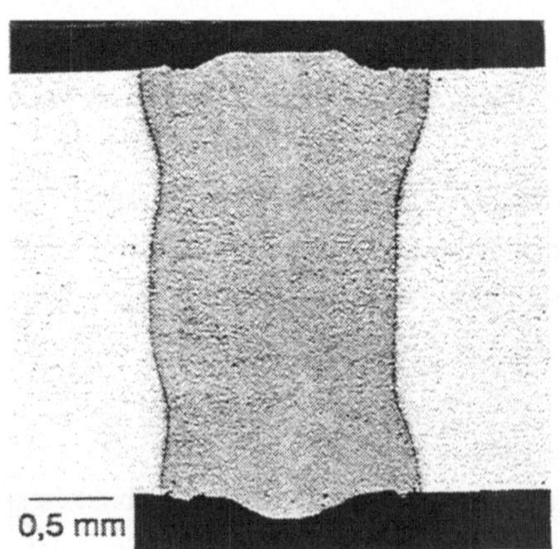

Bild 114: Lasergeschweißte I-Naht am Stumpfstoß aus AlMgSi1 T6-Blechen (P=4,4 kW; K=0,30; F=7,2; v=8 m/min; s=2,5 mm).

Insbesondere bei aushärtbaren Legierungen wirkt sich die minimierte Wärmebelastung beim Laserschweißen vorteilhaft auf die mechanischen Eigenschaften aus. Im direkten Verfahrensvergleich in Bild 115a wird im warmausgehärteten Zustand eine Festigkeitssteigerung zwischen 15 und 30 % gegenüber WIG-Schweißungen mit Zusatzwerkstoff erzielt. Die besseren mechanischen Eigenschaften beim Laserschweißen bleiben auch nach einer Warmauslagerung erhalten (Bild 115b). Dieser deutliche Effekt kann auf die empfindliche Reaktion des Ausscheidungsgefüges auf die Energieeinbringung beim Schweißzyklus zurückgeführt werden (Kapitel 7.1 und 8.1).

Auch bei dynamischer Beanspruchung erreichen lasergeschweißte I-Nähte am Stumpfstoß mindestens gleichgute dynamische Festigkeitseigenschaften wie konventionell mit Zusatzwerkstoff geschweißte. Dies ist in Bild 116 für Biegewechselbelastung dargestellt.

Vergleichsproben, die zur Beseitigung der Kerbwirkung an der Nahtober- und unterseite abgearbeitet wurden, belegen, daß das Nahtgefüge von Laserschweißungen weitaus bessere dynamische Eigenschaften als das von konventionellen Schutzgasschweissungen besitzt. Dies ist umso bemerkenswerter, als es sich um eine heißrißanfällige Legierung handelt, weshalb bei den MIG-Schweißungen Zusatzwerkstoff eingesetzt werden muß. Die lasergeschweißten

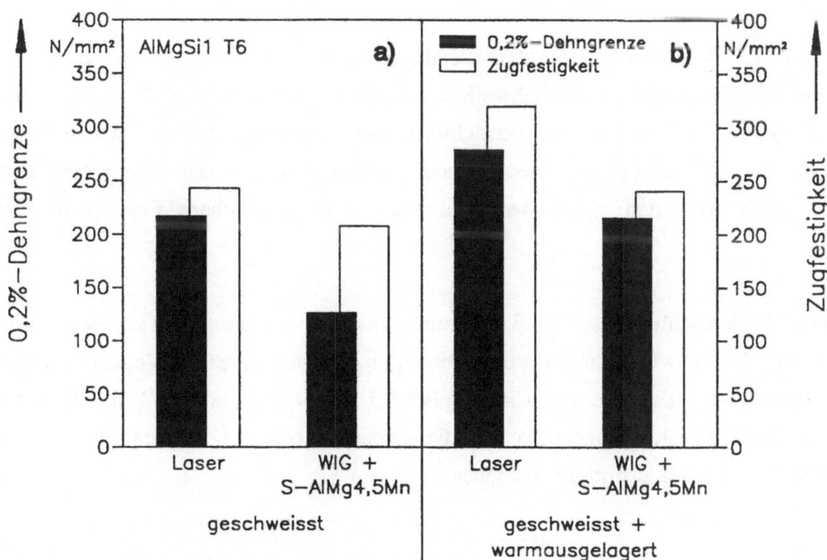

Bild 115: Statische Festigkeitswerte von laser- und WIG-geschweißten I-Nähten am Stumpfstoß aus AlMgSi1 T6-Blechen s=2,5 mm im geschweißten (a) und im warmausgelagerten Zustand (170° C/10h) (b) im Vergleich.

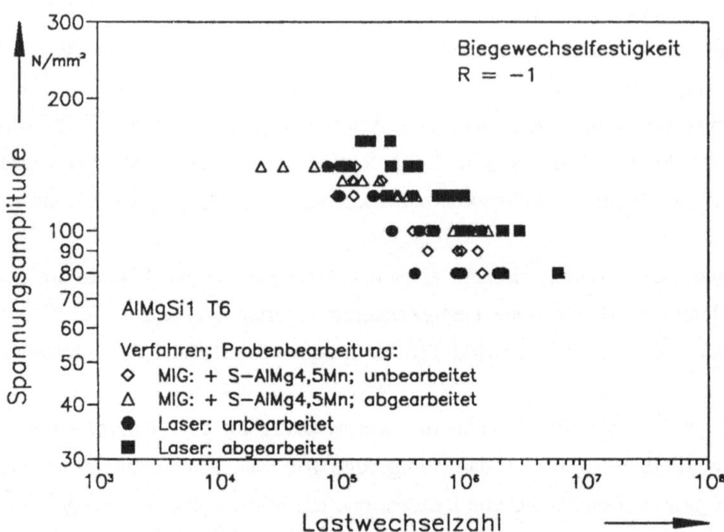

Bild 116: Wöhlerdiagramm für Biegewechselbelastung von laser- und MIG-geschweißten Stumpfstößen aus AlMgSi1 T6-Blechen s=2,5 mm, die nach dem Schweißen warmausgelagert (170° C/10 h) wurden.

Proben hingegen wurden ohne Zusatzmaterial gefügt. Beim Laserschweißen kann daher im Gegensatz zum WIG- oder MIG-Schweißen auf die Verwendung von Zusatzwerkstoff aus Gründen der Festigkeit weitgehend verzichtet werden. Im fertigungstechnischen Einsatz ist jedoch in den meisten Fällen Zusatzmaterial unabdingbar, da bei stranggepreßtem und eventuell noch zusätzlich gebogenem Halbzeug nicht tolerierbare Fügespalte auftreten können.

Weiterhin läßt sich schlußfolgern, daß sich beim Einsatz von Maßnahmen zur Beseitigung der Kerbwirkung der Schweißnaht den konventionellen Schweißungen überlegene mechanische Eigenschaften einstellen. Wie schon im Kapitel 9.1.2 angeführt, sind in Zukunft Verfahren, welche die Nahtoberflächen gestalten, z.B. die Zweistrahltechnik [122], stärker in fertigungstechnische Anwendungen miteinzubeziehen.

9.3 Zusammenfassung Kapitel 9

In diesem Abschnitt wurden Grundlagenerkenntnisse zur Laserschweißeignung aus Kapitel 5 bis 8 auf zwei konkrete Fügeaufgaben im Straßenfahrzeug-Leichtbau übertragen. Für die Herstellung von Tailored Blanks und für das Schweißen von Tragrahmenstrukturen wurden Verfahrens- und Werkstoffempfehlungen erarbeitet, welche notwendige Voraussetzungen für die Sicherstellung der Laserschweißbarkeit sind. Zusätzlich wurde zur Beurteilung der Leistungsfähigkeit des Laserschweißens am Beispiel von Tragrahmenverbindungen ein Vergleich mit Konkurrenzverfahren durchgeführt.

Tailored Blanks

- Maßgeschneiderte Platinen aus der Blechkombination AlMgSi (6xxx) und AlMg5Mn können auch bei Vorschubgeschwindigkeiten oberhalb 5 m/min ohne Zusatzmaterial heißrißfrei angefertigt werden.

- Der werkstofftechnisch "schwächere" Fügepartner legt die statische Festigkeit der Verbindung fest.

- Die dynamischen Eigenschaften werden von der Kerbwirkung der Schweißnaht bestimmt. Für eine Steigerung der Dauerfestigkeit müssen nahtformende Maßnahmen, z.B. Umschmelzen der Nahtoberraupe, angewendet werden.

Knet/Guß-Überlappverbindungen bei Tragrahmenstrukturen

- Hinsichtlich eines stabilen Tiefschweißprozesses erfordern Überlappverbindungen an Tragrahmenstrukturen die Technik des Tandem-Laserstrahlschweißens. Dieses Verfahren wurde mittels der CO_2- und der Nd:YAG-Zweistrahltechnik an Liniennähten erfolgreich appliziert.

- Eine einfache theoretische Betrachtung zeigt auf, daß Liniennähte am Überlappstoß aus AlMgSi/G-AlSi[Mg]-Kombinationen rißfrei geschweißt werden können, wenn das Verhältnis aus Nahttiefe und Wandstärke des Knetwerkstoffes einen legierungsabhängigen Wert von 1,3 bis 1,8 überschreitet.

- Die Tragfähigkeit einer Überlappverbindung aus der Kombination AlMgSi/G-AlSi[Mg] erreicht ihre Obergrenze, wenn die Nahtbreite in der Fügeebene in der Größenordnung der Wandstärke des dünneren Fügepartners ist.

- Bei Überlappverbindungen wird ein proportionaler Zusammenhang zwischen der Einschweißtiefe und der Nahtbreite in der Fügeebene beobachtet. Diese Beziehung ist sowohl vom eingesetzten Verfahren (Ein- oder Zweistrahl) als auch von den Strahl- und Prozeßparametern unabhängig und nur eine Funktion der Werkstoffkombination. Die maximale Scherfestigkeit bei AlMgSi/G-AlSiMg-Kombinationen liegt dann vor, wenn das Verhältnis aus Nahttiefe und Wandstärke der Knetlegierung ungefähr 1,6 ist.

- Wird der jeweils größere von den beiden Grenzwerten als einzustellender Nahtparameter ausgewählt, dann kann bei AlMgSi/G-AlSiMg-Überlappverbindungen in jedem Fall Rißfreiheit und maximale Scherfestigkeit gleichzeitig erreicht werden. Als Konsequenz dieser Überlegungen ergibt sich, daß bei dieser Art der Fügeverbindung eine sensorische Einschweißtiefenkontrolle auch zur Qualitätssicherung hinsichtlich metallurgischer und mechanischer Eigenschaften dienen kann. Somit wäre es auch möglich, optimale Nahteigenschaften während des Schweißprozesses konstant zu halten, wenn die Einschweißtiefe on-line geregelt werden kann.

Laserschweißen im Verfahrensvergleich

- Durch die geringere Energieeinbringung erhält man bei lasergeschweißten Stumpfstößen eine höhere Tragfähigkeit und mindestens gleich gute dynamische Eigenschaften wie beim Schutzgasschweißen.

- Bei im Überlappstoß gefügten Doppelhutprofilen erweist sich das Laserschweißen dem Widerstandspunktschweißen und dem Nieten hinsichtlich der Festigkeits- und Steifigkeitseigenschaften sowie dem Crashverhalten weitaus überlegen. Gegenüber dem kombinierten Kleben und Nieten kann es als mindestens ebenbürtig angesehen werden.

10 Zusammenfassung

Aluminiumlegierungen erschließen sich immer mehr Einsatzgebiete im Verkehrs- und Transportwesen, insbesondere im Karosserieleichtbau. In diesem Bereich eröffnet sich dem Laserschweißen ein großes Potential, was in fügetechnischen Problemen konventioneller Verbindungsverfahren begründet liegt. Die Kenntnis der *Laserschweißeignung* der verschiedenen Leichtbauwerkstoffe stellt dabei eine der wichtigsten Voraussetzungen für die industrielle Nutzung dieser innovativen Fügetechnik dar. Bisher existiert jedoch nur ein unzureichender Kenntnisstand über den Einfluß der Werkstoffeigenschaften auf den Bearbeitungsprozeß bzw. das Bearbeitungsergebnis.

Vor diesem Hintergrund hatte die vorliegende Arbeit das Ziel, die existierenden Lücken zu schließen und eine *Grundlagenbasis für industrielle Leichtbauapplikationen* zu schaffen. Untersuchungsschwerpunkte lagen dabei auf den für dieses Anwendungsfeld wichtigen Werkstoffklassen AlMg[Mn] (5xxx), AlMgSi (6xxx) und G-AlSi[Mg].

Zuerst wurden die *physikalischen* Werkstoffeigenschaften analysiert, welche direkt die Prozeßeffizienz und das Prozeßverhalten beim Tiefschweißen bestimmen. Daraus ergeben sich *werkstoffangepaßte* Anforderungen an die Laserstrahlquelle und an die Verfahrenstechnik. Mit Hilfe einer theoretischen Betrachtung konnte gezeigt werden, daß bei dieser gut wärmeleitenden Materialgruppe eine *hohe Strahlqualität bei zugleich hoher Strahlleistung* erforderlich ist, um eine optimale Energieeinkopplung und minimale Wärmeverluste zu gewährleisten. Für einen thermischen Wirkungsgrad von 40 % wurde als notwendige Mindestleistung ein Richtwert von 2 kW pro mm Schweißtiefe ermittelt. Im Gegensatz zu bisherigen Auffassungen erwies sich der mechanische Oberflächenzustand als von untergeordneter Bedeutung auf den Laserschweißprozeß.

Neben der Wärmeleitfähigkeit stellte sich das Verdampfungsverhalten als maßgebliche Größe für die Eignung der einzelnen Legierungen beim Tiefschweißen heraus. Ein thermodynamischer Ansatz für Mischphasen - *"Verdampfungsmodell"* - erlaubte es, die Verdampfungstemperatur auf der Kapillarwand als Funktion der Legierungszusammensetzung zu berechnen. Dadurch konnte nachgewiesen werden, daß mit zunehmendem Gehalt der *leichtflüchtigen Legierungselemente Mg, Zn und Li* die Verdampfungstemperatur einer Legierung stark absinkt. Dies hat zur Folge, daß die spezifische Schwelleistung abfällt sowie die Schweißnähte bei gleichen Prozeßparametern tiefer und schlanker werden. Bei AlMg-, AlMgSi- und G-AlSiMg-Legierungen konnte dazu eine sehr gute Übereinstimmung zwischen theoretisch vorhergesagten und experimentellen Ergebnissen erzielt werden.

Das Verdampfungsmodell gestattete es außerdem, Aussagen zum Prozeßverhalten der einzelnen Werkstoffe zu treffen. Ein Spritzer löst sich ab, wenn die Schubspannung auf der Kapillarwand die Oberflächenspannung der Schmelze überwindet. Wird der aus der Kapillare abströmende Dampf als laminare Rohrströmung betrachtet, so kann die Schubspannung direkt mit der Verdampfungsrate in Beziehung gesetzt werden. Mit ansteigendem Mg- und/oder Zn-Gehalt nimmt die Gesamtverdampfungsrate zu. Als Folge davon wird die Schubspannung und damit die Spritzerneigung eines Werkstoffes größer. Diesem Effekt kann nur durch Defokussierung des Laserstrahls bzw. durch die Verwendung einer größeren Fokussierzahl entgegengewirkt werden.

Auf der Grundlage umfangreicher werkstofftechnischer Studien konnte neben den metallurgisch bedingten Wasserstoffporen eine weitere Porenart identifiziert werden, welche für Strahlschweißverfahren typisch ist. Diese sogenannten Prozeßporen werden durch *Prozeßinstabilitäten* verursacht und entstehen, wenn einschwappende Schmelze die Dampfkapillare abschnürt und erstarrt. Schmelzauswürfe, als eine weitere, beim Tiefschweißen von Aluminiumlegierungen häufig zu beobachtende Nahtfehlerart, können auf die gleiche Ursache wie Prozeßporen zurückgeführt werden. Unter Einbeziehung theoretischer Prozeßmodelle zum Tiefschweißen wurden hinsichtlich der Ursachen der Instabilitäten einige Thesen vorgestellt, welche die experimentell zu beobachtenden Phänomene beschreiben. Prozeßinstabilitäten werden durch das *dynamische Einkoppelverhalten* beim Tiefschweißen ausgelöst, welches in der physikalischen Natur der Wechselwirkung zwischen Laserstrahl und Materie begründet ist. Der zu Instabilitäten neigende Zustand einer Dampfkapillare steigt mit zunehmendem Schlankheitsgrad an und wird durch eine bauchige Form begünstigt. Der Zusammenhang zwischen der Wahl der Prozeßparameter, z.B. der Strahlqualität, und dem Auftreten von Nahtimperfektionen erstreckt sich damit auf die Frage nach der Stabilität des Tiefschweißeffektes.

Die Analyse dieser Effekte ließ den Schluß zu, daß der Einsatz einer strahlformenden Verfahrenstechnik eine geeignete Maßnahme zur *Prozeßstabilisierung* ist. Für die grundlegenden Untersuchungen wurde die Strahlformung mittels der *Zweistrahltechnik* realisiert, bei der zwei CO_2-Laser in Tandemanordnung miteinander kombiniert wurden. Metallographische und röntgenographische Auswertungen zahlreicher Schweißungen demonstrierten, daß mit dieser Technik werkstoffunabhängig in einem optimalen Parameterbereich prozeßporen- und schmelzauswurffreie Nähte hergestellt werden können. Dies wurde auf die Erzeugung einer einzigen, nach hinten verlängerten Kapillare zurückgeführt.

In einem weiteren Teil der Arbeit wurde dargelegt, daß das *Werkstoffverhalten während der Laserbearbeitung* und die *Heißrißbildung* ein vergleichbares Verhalten wie beim konventionellen Schmelzschweißen aufweisen. Bei diesen handelt es sich um *metallurgische* Eigenschaften, welche legierungsspezifisch sind. Kaltverfestigte und warmausgehärtete Werkstoffe entfestigen während des Schweißzyklusses sehr stark. Wesentliche Einflußgrößen sind dabei die Höhe der Energieeinbringung in das Werkstück sowie die Wechselwirkungszeit bzw. Prozeßgeschwindigkeit. Beim Warmauslagern nach dem Laserschweißen nimmt die Festigkeit bei aushärtenden AlMgSi- oder G-AlSiMg-Legierungen zu, was durch den *"bake-hardening"-Effekt* ermöglicht wird. Werkstoffe im weichen oder Gußzustand dagegen zeigen keine Beeinflussung unter Temperaturbeaufschlagung.

Die aushärtbaren Aluminiumlegierungen, z.B. AlMgSi, AlCuMg, AlZnMgCu und AlLi, erwiesen sich beim Laserschweißen als stark heißrißanfällig. Darüberhinaus wurde ein Zusammenhang zwischen Heißrißbildung und der *Schweißgeschwindigkeit* festgestellt. Vorschübe unterhalb 3 m/min (Einschweißungen) bzw. 5 m/min (Durchschweißung) erlauben heißrißfreie Verbindungen. Oberhalb der Rißgrenze fördern langgezogene, tropfenförmige Schmelzbäder, welche eine Folge hoher Vorschubgeschwindigkeiten sind, die Bildung eines rißempfindlichen Korngefüges in der Schmelzzone. Dieser Effekt läßt sich nur *werkstofftechnisch*, z.B. durch Zusatzmaterial, und nicht prozeßtechnisch vermeiden. Im Gegensatz dazu konnten die rißinsensitiven Werkstoffe Reinaluminium, AlMg[Mn] mit ≥ 3 Gew-% Mg und AlSi[Mg]-Gußmaterialien in allen Parameterbereichen heißrißfrei verschweißt werden.

Als notwendige Vorausetzung für eine anwendungstechnische Realisierung wurde die Tragfähigkeit einer I-Naht am Stumpfstoß und einer Liniennaht am Überlappstoß untersucht. Die statische Festigkeit einer stumpfgeschweißten Verbindung richtet sich nach dem Werkstoffverhalten der Legierung während des Schweißzyklusses. Es können daher nur im Zustand weich oder im Gußzustand Grundwerkstoffwerte erwartet werden. Die Prozeßführung sollte dahingehend ausgerichtet werden, daß die thermische Werkstoffschädigung im Fügebereich möglichst gering bleibt. Um die Wärmebelastung niedrig zu halten, was gleichbedeutend mit einem hohen thermischen Wirkungsgrad ist, müssen deshalb Laser mit hoher Strahlqualität und einer ausreichend hohen Strahlleistung zum Einsatz kommen. Scherzugversuche verdeutlichten, daß im Überlapp geschweißte Verbindungen ihre maximale Festigkeit genau dann besitzen, wenn die Nahtbreite in der Fügeebene die Wandstärke des dünneren Fügepartners erreicht bzw. geringfügig höher liegt. Überschreitet die Nahtbreite in der Fügeebene den Grenzwert in hohem Maße, bedeutet dies einen Effizienzverlust ohne Festigkeitsgewinn.

Vielmehr kann durch eine "Wärmeschädigung" sogar ein Tragfähigkeitsverlust auftreten.

Den Abschluß der Arbeit bildet eine Übertragung der Grundlagenerkenntnisse auf zwei konkrete Anwendungsfälle im Karosserieleichtbau. *Maßgeschneiderte Platinen - "Tailored Blanks"* - aus der Blechkombination AlMgSi (6xxx)/AlMg5Mn konnten im Stumpfstoß heißrißfrei gefügt werden. Dafür ist die hohe Schmelzbadkonvektion beim Laserschweißen verantwortlich, wodurch sich bei diesen Kombinationen eine rißunempfindliche Legierungszusammensetzung in der Schmelzzone einstellt. Die Tragfähigkeit dieser Verbindungen ist durch den werkstofftechnisch "schwächeren" Fügepartner festgelegt.

Bei im Überlappstoß gefügten *Tragrahmenstrukturen - "Space-Frame"* - aus der Knet/Guß-Kombination AlMgSi (6xxx)/G-AlSiMg wurde das Tandem-Laserstrahlschweißen erfolgreich zur Prozeßstabilisierung eingesetzt. Als systemtechnische Varianten kamen sowohl die CO_2- als auch die *Nd:YAG-Zweistrahltechnik* zur Anwendung. Mit Hilfe einer einfachen theoretischen Betrachtung konnte gezeigt werden, daß bei dieser Werkstoffkombination rißfreie Nähte mit maximaler Festigkeit hergestellt werden können, wenn das Verhältnis aus Nahttiefe zur Wandstärke des Knetwerkstoffes einen verfahrensunabhängigen Grenzwert von ca. 1,6 übersteigt.

Ein Verfahrensvergleich anhand von gefügten bauteilnahen Profilen demonstrierte, daß das Laserschweißen hinsichtlich der im Karosseriebau geforderten mechanischen Eigenschaften den bisherigen Standardverfahren Schutzgasschweißen und Widerstandspunktschweißen weit überlegen ist. Gegenüber den aus dem Flugzeugbau übernommenen nichtthermischen Fügetechniken Nieten bzw. Kleben und Nieten weist das Laserschweißen gleich gute bzw. bessere Verbindungseigenschaften auf.

Als Fazit kann festgestellt werden, daß mit den Ergebnissen dieser Arbeit jetzt eine Basis für die Beurteilung der Laserschweißeignung von Aluminiumwerkstoffen vorliegt. Mit Hilfe der Werkstoff- und Verfahrensempfehlungen können Prozeßtechniken entwickelt werden bzw. sind bereits realisiert worden, z.B. der Einsatz von Multikilowattlasern hoher Strahlqualität und das Tandem-Laserstrahlschweißen, mit denen die wichtigsten Probleme beim Laserschweißen von Aluminium beherrschbar sind. Eine Einführung dieser Technik als effizientes und fertigungssicheres Fügeverfahren in den Leichtbau und in verwandte Bereiche rückt damit in greifbare Nähe.

Anhang: Thermodynamische Daten

Element	partielle Mischungsenthalpie [J/mol]		partielle Excessenthalpie [J/(K*mol)]		Gültigkeitsbereich [Gew-%]
	Achsabschnitt	Steigung	Achsabschnitt	Steigung	
Al	0	0	0	0	80 bis 100
Cu	-18037	-15701	13,3	-30,2	0 bis 20
Fe	-97081	189634	-17,3	18,6	0 bis 20
Li	-17374	-50930	-6,7	-36,6	0 bis 20
Mg	-14565	27110	1,0	-17,0	0 bis 20
Mn	-76314	201100	-32,6	86,1	0 bis 1
Si	-12066	19942	0,6	-0,4	0 bis 20
Zn	10554	-20557	4,1	-11,0	0 bis 20

Element	Dampfdruckkonstante A [log(mm Hg) * K]	Dampfdruckkonstante B [log(mm Hg)]	Dampfdruckkonstante C [log(mm Hg) / logK]	Dampfdruckkonstante D [log(mm Hg) / K]	Molmasse [g/mol]
Al	16450	12,36	-1,023	0	26,98
Cu	17650	13,39	-1,273	0	63,54
Fe	19710	13,27	-1,27	0	55,85
Li	8415	11,34	-1,0	0	6,94
Mg	7550	12,79	-1,41	0	24,31
Mn	13900	17,27	-2,52	0	54,94
Si	20900	10,48	-0,565	0	28,09
Zn	6670	12	-1,126	0	65,38

Tabelle 20: Thermodynamische Daten von binären Al-Systemen.

Element	partielle Mischungsenthalpie [J/mol]		partielle Excessenthalpie [J/(K*mol)]		Gültigkeitsbereich [Gew.-%]
	Achsabschnitt	Steigung	Achsabschnitt	Steigung	
Cu	-3547	3814	2,1	-2,1	80 bis 100
Zn	-30467	21179	-4,2	-17,1	0 bis 20

Element	Dampfdruck-konstante A [log(mm Hg) * K]	Dampfdruck-konstante B [log(mm Hg)]	Dampfdruck-konstante C [log(mm Hg) / logK]	Dampfdruck-konstante D [log(mm Hg) / K]	Molmasse [g/mol]
Cu	17650	13,39	-1,273	0	26,98
Zn	6670	12	-1,126	0	63,54

Tabelle 21: Thermodynamische Daten vom System Cu-Zn (Messing).

Literatur

[1] KOEWIUS, A.: *Aluminium-Spaceframe-Technologie: Der Leichtbau des Serienautomobils erreicht eine neue Dimension, Teil II.* Aluminium **70** (1994) Nr. 3/4 S. 144.

[2] J., B.: *Leichtbau für die Autos von morgen.* VDI-Z Special Ingenieur-Werkstoffe März'95 S.28.

[3] OSTERMANN, F.: *Aluminium-Werkstoffe für den Automobilbau.* In: Ostermann, F. (Hrsg.): Aluminium-Werkstofftechnik für den Automobilbau. Ehningen: Expert, 1992 (Kontakt & Studium Bd. 375), S. 1.

[4] WURL, W.: *Konstruktive Gesichtspunkte für Karosserien aus Aluminium.* In: Ostermann, F. (Hrsg.): Aluminium-Werkstofftechnik für den Automobilbau. Ehningen: Expert, 1992 (Kontakt & Studium Bd. 375), S. 56.

[5] Hügel, H.: *Strahlwerkzeug Laser.* Stuttgart: Teubner, 1992.

[6] NAGEL, M.; PRANGE, W.; SCHNEIDER, C.: *"Tailored Blanks" für neue Formen der Konstruktion.* Ingenieur-Werkstoffe **5** (1993) Nr. 4 S. 58.

[7] N.N.: *Tailored Blanks - Maßgeschneiderte Bleche.* Laser (1995) Nr. 1 S. 16.

[8] MOMBO-CARISTAN, J. C.; LOBRING, V.; PRANGE, W.; FRINGS, A.: *Tailored welded blanks: A new alternative in automobile body design.* In: Belforte, D.; Levitt, D. (Hrsg.): Industrial Laser Annual Handbook 1992-1993 Edition. New York: Springer, 1992, S. 89.

[9] SINGH, S.: *Space-Frame-Konzept: Herausforderung für die Fügetechnik.* In: Berichtsband der 20. Vortragsveranstaltung des DVM-Arbeitskreises Betriebsfestigkeit "Fügen im Leichtbau", Möhringen, 1994 (DVM-Bericht 120), S. 239.

[10] STOL, I.: *Selecting Manufacturing Processes for Automotive Aluminium Space Frames.* Welding Journal (1994) Februar S. 57.

[11] GEIGER; M.: *Vorwort.* In: Geiger, M.; Hollmann, F. (Hrsg.): Texte zum Berichtskolloquium der Deutschen Forschungsgemeinschaft im Rahmen des Schwerpunktprogramms "Strahl-Stoff-Wechselwirkung bei der Laserstrahlbearbeitung", Erlangen (D), 1993. Bamberg: Meisenbach, 1993.

[12] RENDIGS, K.-H.; WINKLER, P.-J.: *Stand und perspektiven metallischer Flugzeugstrukturen.* In: Vorträge der 3. Int. Tagung "Schweißtechnik im Luft- und Raumfahrzeugbau", Essen, 1993. Düsseldorf: DVS, 1993 (DVS-Berichte Bd. 154), S. 1.

[13] LOECHELT, E.: *Leichtbau in der Luft- und Raumfahrt.* In: VDI-Gesellschaft Werkstofftechnik (Hrsg.): Tagungsband des VDI-Werkstofftages'94 "Leichtbaustrukturen und leichte Bauteile", Duisburg (D), 1994. Düsseldorf: VDI, 1994 (VDI-Bericht 1080), S. 461.

[14] RAPP, J.; GLUMANN, C.; DAUSINGER, F.; HÜGEL, H.; ELLERMANN, F.; KÜHLEIN, W.;: *Laserschweißen von Aluminiumwerkstoffen - neues fertigungstechnisches Potential im Leichtbau.* In: VDI-Gesellschaft Werkstofftechnik (Hrsg.): Tagungsband des VDI-Werkstofftages'94 "Leichtbaustrukturen und leichte Bauteile", Duisburg (D), 1994. Düsseldorf: VDI 1994 (VDI-Bericht 1080), S. 147.

[15] HEIDER, P.; SEPOLD, G.: *Laserstrahlschweißen - eine perspektivische Fügetechnologie für den Flugzeugbau.* In: Vorträge der 3. Int. Tagung "Schweißtechnik im Luft- und Raumfahrzeugbau", Essen, 1993. Düsseldorf: DVS, 1993 (DVS-Berichte Bd. 154), S. 62.

[16] OSTERMANN, F.: *Aluminiumeinsatz im Fahrzeugbau in Japan, USA und Europa.* In: Vortragstexte des Symposiums "Neuere Entwicklungen in der Blechumformung", Fellbach, 1992. Oberursel: DGM Informationsgesellschaft mbH, 1992, S. 255.

[17] WURL, W.: *Stand der Entwicklung von Aluminium-Karosserien für Kraftfahrzeuge.* In: VDI-Gesellschaft Werkstofftechnik (Hrsg.): Tagungsband des VDI-Werkstofftages'94 "Leichtbaustrukturen und leichte Bauteile", Duisburg (D), 1994. Düsseldorf: VDI, 1994 (VDI-Bericht 1080), S. 461.

[18] Merkblatt DVS 2932 T1 07.85: *Widerstandspunkt- und rollennahtschweißen von Aluminium und Aluminiumlegierungen von 0,35 bis 3,5 mm Einzeldicke - Schweißeignung.*

[19] N.N.: *Mash Seam Resistance Welding Fights It Out with the Laser Beam.* Welding Journal (1994) Juli S. 33.

[20] HUFNAGEL, W. (HRSG.): *Aluminium-Taschenbuch.* Düsseldorf: Aluminium, 1988 (14. Auflage).

[21] MAIER, J.; WEHNER, F.: *Problemlösungen mit Strangpreßprofilen im Automobilbau.* In: Ostermann, F. (Hrsg.): Aluminium-Werkstofftechnik für den Automobilbau. Ehningen: Expert, 1992 (Kontakt & Studium Bd. 375), S. 98.

[22] VON ZENGEN, K.-H.: *Aluminium - neue Gießverfahren und Werkstoffeigenschaften.* In: Ostermann, F. (Hrsg.): Aluminium-Werkstofftechnik für den Automobilbau. Ehningen: Expert, 1992 (Kontakt & Studium Bd. 375), S. 119.

[23] ALTENPOHL, D.: *Aluminium von Innen.* Düsseldorf: Aluminium, 1984 (5. Auflage).

[24] BMW AG: *Mobilität und Zukunft. Ein Weg zur praktischen Vernunft: BMW E1.* Informationsschrift, 1993.

[25] GUGISCH, K.: *Die Fertigungstechnologie der Aluminium-Space-Frame-Karosserie.* Blech Rohre Profile **40** (1993) Nr. 12. S. 918.

[26] SCHMID, G.: *Mechanische Fügeverfahren beim Audi A8*. In: Berichtsband der 20. Vortragsveranstaltung des DVM-Arbeitskreises Betriebsfestigkeit "Fügen im Leichtbau", Möhringen, 1994 (DVM-Bericht 120), S. 251.

[27] KÖTTING, G.: *Kleben und kombinierte Fügeverfahren beim Audi A8*. In: Berichtsband der 20. Vortragsveranstaltung des DVM-Arbeitskreises Betriebsfestigkeit "Fügen im Leichtbau", Möhringen, 1994 (DVM-Bericht 120), S. 261.

[28] BECK, M.: *Modellierung des Lasertiefschweißens*. Universität Stuttgart, Dissertation, 1995. Stuttgart: Teubner, 1996 (Laser in der Materialbearbeitung, Forschungsberichte des IFSW) (im Druck).

[29] DAUSINGER, F.: *Strahlwerkzeug Laser: Energieeinkopplung und Prozeßeffektivität*. Universität Stuttgart, Habilitationsschrift, 1994. Stuttgart: Teubner, 1994 (Laser in der Materialbearbeitung, Forschungsberichte des IFSW).

[30] SHEN, J.: *Optimierung von Verfahren der Laseroberflächenbehandlung bei gleichzeitiger Pulverzufuhr*. Universität Stuttgart, Dissertation, 1994. Stuttgart: Teubner, 1994 (Laser in der Materialbearbeitung, Forschungsberichte des IFSW).

[31] BANAS, C.: *High Power Laser Welding*. In: Belforte, D.; Levitt, M.; Berube, L. (Hrsg): The Industrial Laser Annual Handbook 1986 Edition. Tulsa: Penn Well Books, 1986, S. 69.

[32] BERKMANNS, J.: BEHLER, K., BEYER, E.: *Schweißen von Aluminiumwerkstoffen der Legierungssysteme AlMg und AlMgSi*. In: VDI Technologiezentrum Physikalische Technologien (Hrsg.): Broschüre zur Abschlußpräsentation des vom BMFT geförderten Verbundprojektes "Fügen mit CO_2-Hochleistungslasern", Düsseldorf, 1992. Düsseldorf: VDI-TZ, 1992, S.37.

[33] Norm DIN V 18730 01.91. *Laser und Laseranlagen - Grundbegriffe der Lasertechnik*.

[34] Merkblatt DVS 3203 Teil 2 12.88: *Qualitätssicherung von CO_2-Laserstrahlschweißarbeiten: Prüfen von Schweißparamentern*.

[35] N.N.: *Prinzip >Gürtel und Hosenträger< - Laserschweißen im Hüttenwerk*. Laser (1994) Nr. 4 S. 22.

[36] KIRMSE, W.: *Anwendung der Lasertechnik im Automobilbau*. In: Mordike, B. L. (Hrsg.): Tagungsband der 4. Europ. Konf. Laser Treatment of Materials ECLAT'92, Göttingen (D),1992. Oberursel: DGM-Informationsgesellschaft, 1992, S. 419.

[37] N.N.: *Laser-Schweißen im Karosseriebau*. Laser Magazin (1993) Nr. 3 S. 22.

[38] HACK, R.; DAUSINGER, F.; HÜGEL, H.: *Cutting and Welding Applications of High Power Nd:YAG Lasers with High Beam Quality*. In: Tagungsband der 13. Int. Konf. Applications of Lasers and Electrooptics ICALEO'94, Orlando (USA), 1994. Orlando:

LIA, 1995 (vol. 79) S. 210.

[39] Norm DIN 1919 Teil 2 08.77: *Schweißen - Schweißen von Metallen, Verfahren.*

[40] Norm DIN 8528 Blatt 1 06.73: *Schweißbarkeit - metallische Werkstoffe - Begriffe.*

[41] SAUNDERS H.L.: *Welding Aluminium: Theory and Practice, 1st edition.* The Aluminium Association, 1985.

[42] KLOCK, H.; SCHOER, H.: *Schweißen und Löten von Aluminiumwerkstoffen.* Düsseldorf: DVS, 1977 (Fachbuchreihe Schweißtechnik Bd. 70).

[43] LANCASTER, J.F: *Metallurgy of Welding.* London: Allan & Unwin, 1985, S. 199.

[44] IVERSEN, K.; SCHELLONG, B.: *Wolfram-Inertgas-Schweißen der Aluminiumwerkstoffe.* In: Dorn, L. et al.: Fügen von Aluminiumwerkstoffen. Grafenau: Expert, 1983 (Kontakt & Studium Bd. 114), S. 39.

[45] BÖHME, D.: *Schutzgase - Physikalische Eigenschaften als Grundlage für die Entwicklung und den optimalen Einsatz von Gasen und Gasgemischen in der Schweißtechnik.* In: Vorträge des Int. Kolloq. "Schweißtechnische Fertigungsverfahren Strahltechnik - Lichtbogenschweißtechnik", Aachen (D), 1989. Düsseldorf: DVS, 1989 (DVS-Berichte Bd. 127), S. 78.

[46] LUTZE, P.: *Gasgehalt und Schweißeignung von Aluminiumdruckguß.* Technische Universität Braunschweig, FB Maschinenbau und Elektrotechnik, Dissertation, 1990.

[47] NÖRENBERG, K.: RUGE, J.: *Wasserstoffporosität beim Schmelzschweißen von Aluminiumwerkstoffen, Teil II.* Aluminium **68** (1992) Nr. 5 S. 406.

[48] KLOCK, H.: *Schweißverhalten von Aluminium und seinen Legierungen.* In: Dorn, L. et al.: Fügen von Aluminiumwerkstoffen. Grafenau: Expert, 1983 (Kontakt & Studium Bd. 114), S. 15.

[49] Merkblatt DVS 2402 06.87: *Festigkeitsvehalten geschweißter Bauteile.*

[50] TRÜB, W.: *Economical design of structures made from aluminium and its alloys.* In: The Effective and Economic Use of the Special Characteristics of Aluminium and its Alloys, Vortragsband der Int. Konf., Zürich (CH), 1972 (The Institute of Metals Monograph and Report Series Nr. 35), S. 126.

[51] KRÜGER, U. ET AL.: *DVS-Gefügekatalog Schweißtechnik: Nichteisenmetalle.* Düsseldorf: DVS, 1987 (Fachbuchreihe Schweißtechnik Bd. 88).

[52] BURCH, W. L.: *The Effect of Welding Speed on Strength of 6061-T4 Aluminium Joints.* Weld. Res. Suppl. (1958) August S. 361-s.

[53] Norm DIN 8524 Teil 3 08.75: *Fehler an Schweißverbindungen aus metallischen Werkstoffen.*

[54] BORLAND, J.C.: *Generalized Theory of Super-Solidus Cracking in Welds (and Castings).* British Welding Journal (1960) August S. 508.

[55] PELLINI, W. S.: *Strain Theory of Hot Tearing.* Foundry **80** (1952) S. 125.

[56] PROKHOROV, N.N.: *Theorie und Verfahren zum Bestimmen der technologischen Festigkeit von Metallen beim Schweißen.* Schweißtechnik **18** (1968) Nr. 1 S. 8.

[57] ILYUSHENKO, R. V.: *Weldability of Commercial Aluminium-Lithium Alloys.* Aluminium **69** (1993) Nr. 4 S. 364.

[58] DUDAS, J. H.; COLLINS F. R.: *Preventing Weld Cracks in High-Strength Aluminium Alloys.* Welding Research Supplement (1966) Juni, S. 241-s.

[59] MÜLLER-BUSSE, A.: *Über die Schweißrissigkeit von Aluminiumwerkstoffen.* Aluminium **30** (1954) Nr. 6 S. 240.

[60] N.N.: *Metals Handbook vol. 6.* Metals Park: American Society for Metals, 1983 (9th edition).

[61] BERGMANN, W.: *Werkstofftechnik Teil 2: Anwendung.* München: Carl Hanser, 1989.

[62] WEIPING, L.; DORN, L.: *Improved Filler Wires for Aluminium Alloy Welding - a review, part II.* Aluminium **70** Nr. 11/12 S. 713.

[63] Merkblatt DVS 1004 Teil 1 02.89: *Heißrißprüfung - Grundlagen.*

[64] BEHLER, K.; BEYER, E.; SCHÄFER, R.: *Laser Welding of Aluminium.* In: Bruck, G. (Hrsg.): Vortragsband des 7. Int. Kongr. Applications of Lasers & Electrooptics ICALEO'88, Santa Clara (USA), 1988. Berlin: Springer, 1988, S. 249.

[65] BERKMANNS, J.; BEHLER, J.; BEYER, E.: *Erfahrungen und Perspektiven beim Laserstrahlschweißen von Aluminiumwerkstoffen.* Vortragstexte des 2. Weiterbildungsseminars "Fügen von Aluminium", Neu-Ulm (D), 1992. Düsseldorf: Aluminium-Zentrale, 1992.

[66] BEHLER, K.; BERKMANNS, J.; BEYER, E.; HOFFMANN, K.: *Optical Feedback of the Laser Beam and Influence of the Process Parameters in Welding Aluminium Alloys with CO_2-Lasers.* In: Vortragsband der 3. Int. Konf. "Strahltechnik", Karlsruhe (D), 1991. Düsseldorf: DVS, 1991 (DVS-Berichte Bd. 135), S. 16.

[67] BEYER, E.; BEHLER, K.; HOFFMANN, K.; BERKMANNS, J.: *Aluminiumdünnblechschweißen mit dem CO_2 - Hochleistungslaser.* VDI-Z **133** (1991) Nr.1 S. 82.

[68] BRANDSDEN, A. S.; ENDRES, T.: *High Power Laser Processing of Aluminium Alloys*. In: Mordike, B. L. (Hrsg.): Tagungsband der 4. Europ. Konf. Laser Treatment of Materials ECLAT'92, Göttingen (D),1992. Oberursel: DGM-Informationsgesellschaft, 1992, S. 117.

[69] CHEN, G.; ROTH, G.: *Streckenenergie und Leistungsintensität - Schlüsselfaktoren beim Laserstrahlschweißen von Aluminium und Stahl im Dauerbetrieb*. Schweißen und Schneiden **44** (1992) Nr. 10 S. 553.

[70] DULEY, W. W.; MAO, Y. L.; KINSMAN, G.: *Effects of Eximer Laser Surface Treatment on CO_2 - Laser Welding of Aluminium at Threshold Intensities*. In: Bakish, R. (Hrsg.): Tagungsband der Konf. "The Laser and The Electron Beam in Welding, Cutting and Surface Treatment", Englewood (USA), 1991, S. 206.

[71] HARUTA, K.; TERASHI, Y.: *High Power Pulse YAG Laser Welding of Thin Plate*. In: Matsunawa, A.; Katayama, S. (Hrsg.): Tagungsband der Int. Konf. Laser Advanced Materials Processing LAMP'92, Nagaoka (J), 1992, S. 499.

[72] RICHTER, K.; EBERLE, H.-G.; MAUCHER, K.-H.. *High Quality Welding of Aluminium Alloys with High Power Lasers in OFFSET Technique*. Tagungsband des 26. Int. Symp. Automotive Technology & Automation ISATA'93, Aachen (D), 1993, S. 103.

[73] SCHÄFER, R.; BEHLER, K.; BEYER, E. *Improvement of Energy Coupling of Welding Aluminium by CO_2-Lasers*. In: Waidelich, W. (Hrsg.) Tagungsband des 9. Int. Kongr. "Laser und Optoelektronik in der Technik" LASER'89 OPTOELEKTRONIK, München (D), 1989. Berlin: Springer, 1990, S. 544.

[74] DRAUGELATES, U.; KÖNIG, K.-H.: *Einsatzmöglichkeiten des Laserstrahlschweißens für kunstoffbeschichtete Aluminiumbleche*. Blech Rohre Profile **40** (1993) Nr. 10 S. 739.

[75] KREUTZBURG, K.: *Fügen von Leichtbauteilen aus Aluminium mit Nd:YAG-Lasern*. In: VDI-Gesellschaft Werkstofftechnik (Hrsg.): Tagungsband des VDI-Werkstofftages'94 "Leichtbaustrukturen und leichte Bauteile", Duisburg (D), 1994. Düsseldorf: VDI 1994 (VDI-Bericht 1080), S. 281.

[76] MASUMOTO, I.; KUTSUNA, M.; SUZUKI, J.. *Laser Welding of A5083 Aluminum Alloy*. IIW Doc-No. IV-566-91, 1991.

[77] YUKI, M.; YAMAOKA, H.; MURAYAMA, T.; TSUCHIYA, K.; IRISAWA, T.; KOYAMA, T.: *CO_2 Laser Welding of Aluminum Alloy A6063 for Ultra High Vacuum Chamber*. IIW Doc-No. IV-567-91, 1991.

[78] KATAYAMA, S.; LUNDIN, C. D.: *Laser Weldability of Aluminium Alloy 5456 -Laser Weldability of Aluminium Alloys (Report I)-*. Journal of Light Metal Welding & Construction **29** (1991) Nr. 7 S. 295.

[79] KATAYAMA, S.; LUNDIN, C. D.: *Laser Weldability of Commercial Aluminium Alloys - Laser Weldability of Aluminium Alloys (Report II)-*. Journal of Light Metal Welding & Construction **29** (1991) Nr. 8 S. 349.

[80] KATAYAMA, S.; LUNDIN, C. D.: *Laser Weldability of 2090 Aluminium Alloy -Laser Weldability of Aluminium Alloys (Report III)-*. Journal of Light Metal Welding & Construction **29** (1991) Nr. 9 S. 403.

[81] MARSICO, T. A.; KOSSOWSKY, R.: *Laser Beam Welding of Alloy Plates 7039, 5083 and 2090*. In: Laser Institute of America (Hrsg.): Tagungsband des 8. Int. Konf. Applications of Lasers & Electrooptics ICALEO'89, Orlando (USA), 1989. Orlando: LIA, 1990 (vol. 69) S. 61.

[82] MATSUMURA, H.; ORIHASHI, T.; NAKAYAMA, S.; KOGA, S.; INUZUKA, M.; NAKAZAWA, Y.; NAGATANI, H.: CO_2 *Laser Welding Characteristics of Various Aluminum Alloys*. In: Farson, D.; Steen, W.; Miyamoto, I. (Hrsg.): Tagungsband des 11. Int. Symp. Applications of Lasers & Electrooptics ICALEO'92, Orlando (USA), 1992. Orlando: LIA, 1993, vol. 75, S. 529.

[83] SIMIDZU, H.; YOSHINO, F.; KATAYAMA, S.; MATSUNAWA, A.: *Pulsed Nd:YAG Laser Spot Welding of Aluminium Alloys*. In: Farson, D.; Steen, W.; Miyamoto, I. (Hrsg.): Tagungsband des 11. Int. Symp. Applications of Lasers & Electrooptics ICALEO'92, Orlando (USA), 1992. Orlando: LIA, 1993 (vol. 75), S. 511.

[84] WATANABE, T.; YOSHIDA, Y.; ARAI, T.: *Reflectivity and Meltability of Aluminium Alloys with YAG Laser Beams*. In: Farson, D.; Steen, W.; Miyamoto, I. (Hrsg.): Tagungsband des 11. Int. Symp. Applications of Lasers & Electrooptics ICALEO'92, Orlando (USA), 1992. Orlando: LIA, 1993 (vol. 75), S. 505.

[85] WEETER, L., A.: *The Pulsed Laser Weldability of Aluminium Alloys*. In: Albright, C. (Hrsg.): Tagungsband der 4. Int. Konf. Applications of Lasers & Electrooptics ICALEO'85, San Francisco (USA), 1985. Berlin: Springer, 1986, S. 81.

[86] BERGMANN, H. W.; LANG, A.; PLEGE, B.: *Laserstrahlschweißen von Aluminium-Luftfahrtlegierungen*. In: VDI Technologiezentrum Physikalische Technologien (Hrsg.): Broschüre zur Abschlußpräsentation des Verbundprojektes "Fügen mit CO_2-Hochleistungslasern", Düsseldorf (D), 1994. Düsseldorf: VDI, 1994, S. 49.

[87] BIERMANN, B. A.: *Schneiden und Schweißen von Titan- und Aluminium-Luftfahrtlegierungen mit dem CO_2-Laser*. Universität Erlangen-Nürnberg, Technische Fakultät, Dissertation, 1993.

[88] BIERMANN, B.; DIERKEN, R.; BERGMANN, H. W.: *Laserstrahlschweißen hochfester Al-Legierungen*. Metall **45** (1991) Nr. 4 S. 328.

[89] CALDER, N. J.; WHITAKER, I. R.; MCCARTNEY, D. G.; STEEN, W. M.: *Laser Welding of Aluminium Lithium Alloy 8090*. In: Farson, D.; Steen, W.; Miyamoto, I.: Tagungsband des 11. Int. Kongr. Applications of Lasers & Electrooptics ICALEO'92, Orlando (USA), 1992. Orlando: LIA, 1993 (vol. 75), S. 565.

[90] KAMALU, J. N.; MCDARMAID, D.; STEEN, W.M.: *The Laser Joining of Al-Li (8090) Alloy Sheets for Superplastic Forming*. In: Laser Institute of America (Hrsg.): Tagungsband des 10. Int. Symp. Applications of Lasers & Electrooptics ICALEO'91, San Jose (USA), 1991. Orlando: LIA, 1992 (vol. 74), S. 178.

[91] MILEWSKI, J. O.; LEWIS, G. K.; WITTIG, J. E.. *Microstructural Evaluation of Low and High Duty Cycle Nd:YAG Laser Beam Welds in 2024-T3 Aluminum*. Welding Research Supplement (1993) Juli S. 341-s.

[92] MOLIAN, P. A.; SRIVATSAN, T. S.. *Weldability of Al-Li-Cu Alloy 2090-T8E41 using Lasers*. Aluminium **66** (1990) Nr.1 S. 69.

[93] NEYE, G.; HEIDER, P.. *Laser Beam Welding of Modern Al-Alloys for the Aircraft Industry*. In: Vortragsband der 5. Europ. Konf. ECLAT'94, Bremen (D), 1994. Düsseldorf: DVS, 1994 (DVS-Berichte Bd. 163), S. 108.

[94] ZSCHECH, E.; NEYE, G.; BEREK, H.: *Metallkundliche Untersuchungen an TIG- und LB-geschweißten AlMgSiCu-Strangpreßprofilen*. Aluminium **71** (1995) Nr. 2 S. 220.

[95] DECKER, I.; NÖRENBERG, K.; REHBEIN, D.-H.; RUGE, J.; WOHLFAHRT, H.: *Laserstrahlschweißen von Aluminium und Aluminium-Druckguß*. In: Tagungsband des Braunschweiger Kolloq. "Schweißen von Aluminium in Forschung und Praxis", Braunschweig, 1993. Düsseldorf: DVS, 1993, S. 121.

[96] MAISENHÄLDER, F.; CHEN, G.; ROTH, G.. *Laserschweißen von Gußaluminium*. In: VDI Technologiezentrum Physikalische Technologien (Hrsg.): Broschüre zur Ergebnispräsentation des Projektes "Materialbearbeitung mit CO_2-Laserstrahlen höchster Leistung", Düsseldorf (D), 1994. Düsseldorf: VDI, 1994, S. 27.

[97] WOHLFAHRT, H.; DECKER, I.; NÖRENBERG, K.: *Erste Erfahrungen beim Laserschweißen von Aluminiumdruckguß*. Vortragstexte des 2. Weiterbildungsseminars "Fügen von Aluminium", Neu-Ulm (D), 1992. Düsseldorf: Aluminium-Zentrale, 1992.

[98] BERKMANNS, J.; BEHLER, K.; BEYER, E.: *Schweißen von Aluminiumlegierungen des Typs AlMg und AlMgSi*. In: VDI Technologiezentrum Physikalische Technologien (Hrsg.): Broschüre zur Abschlußpräsentation des Verbundprojektes "Fügen mit CO_2-Hochleistungslasern", Düsseldorf (D), 1994. Düsseldorf: VDI, 1994, S. 37.

[99] PETERS, R.: *Das Laserschweißen von Aluminiumteilen mit Hilfe von Process-Robotern*. In: Vortragsband der Europ. Laser Marketplace ELM'94, Hannover (D), 1994, S. 202.

[100] JONES, I.; YOON, J.; RICHES, S.; WALLACH; E.: *Quality Assessment of Laser Welding in Automotive Aluminium Alloys*. In: Vortragsband der 27. Int. Konf. Rapid Prototyping for the Automotive Industries and Laser Applications for the Transportation Industries ISATA'94, Aachen (D), 1994, S. 441.

[101] KAMPMANN, L.; BINROTH, C.; EMMELMANN, C.; SEEFRIED, R.: *Nd:YAG-Laserstrahlschweißen von AlMg- und AlMgSi-Legierungen*. In: Vorträge der Großen Schweißtechnischen Tagung Schweissen und Schneiden'94, Bremen (D), 1994. Düsseldorf: DVS, 1994 (DVS-Berichte Bd. 162), S. 132.

[102] BRANSCH, H. N.; WANG, Z. Y.; LIU, J. T.; WECKMAN, D. C.; KERR, H. W.: *Porenbildung beim Laserschweißen von Aluminium*. Journal of Laser Applications 3 (1991) Nr. 3 S. 25.

[103] MATSUNAWA, A.: *Defects Formation Mechanisms in Laser Welding and Their Suppression Methods*. In: McCay, T.D.; Matsunawa, A.; Hügel, H.: Tagungsband der 13. Int. Konf. Applications of Lasers and Electrooptics ICALEO'94, Orlando (USA), 1994. Orlando: LIA, 1995 (vol. 79), S. 203.

[104] SEIDEL, B.; BEERSIEK, J.; SOKOLOWSKOI, W.; BEYER, E.: *Prozeßregelung beim Laserstrahlschweißen*. In: VDI Technologiezentrum Physikalische Technologien (Hrsg.): Broschüre zur Ergebnispräsentation des Projektes "Materialbearbeitung mit CO_2-Laserstrahlen höchster Leistung", Düsseldorf (D), 1994. Düsseldorf: VDI, 1994, S. 49.

[105] SEIDEL, B.; SOKOLOWSKI, W.; BEERSIEK, J.; BEYER, E.: *Process Gas Optimization and Quality Assurance in CO_2-Laser Welding by means of On-Line Process Monitoring and Process Control*. In: Vortragsband des 26. Int. Symp. Automotive Technology & Automation ISATA'93, Aachen (D), 1993, S. 187.

[106] SAKAMOTO, H.; SHIBATA, K.; DAUSINGER, F.: *Laser Welding of Different Aluminium Alloys*. In: Mordike, B. L. (Hrsg.): Tagungsband der 4. Europ. Konf. Laser Treatment of Materials ECLAT'92, Göttingen (D),1992. Oberursel: DGM-Informationsgesellschaft, 1992, S. 125.

[107] BLAKE, A.; MAZUMDER, J.: *Control of Magnesium Loss During Laser Welding of Al-5083 Using a Plasma Suppression Technique*. Journal of Engineering for Industry **107** (1985) August S. 275.

[108] CIESLAK, M. J.; FUERSCHBACH, P. W.: *On the Weldability, Composition, and Hardness of Pulsed and Continuous Nd: YAG Laser Welds in Aluminum Alloys 6061, 5456, and 5086*. Metall. Trans. B **19B** (1988) April S. 319.

[109] HEIDER, P.: *Lasergerechte Konstruktion und lasergerechte Fertigungsmittel zum Schweißen großformatiger Aluminium-Strukturbauteile*. Düsseldorf: VDI, 1994 (Fortschrittsberichte VDI Reihe 2 Nr. 326).

[110] ZUO, T., C.; BINROTH, C., A.; SEPOLD, G.; . *Aspekte des Laserstrahlschweißens von Aluminiumlegierungen* In: Waidelich, W. (Hrsg.): Tagungsband des 9. Int. Kongr. "Laser und Optoelektronik in der Technik" LASER'89 OPTOELEKTRONIK, München, 1989. Berlin: Springer, 1990, S. 554.

[111] JONES, I.; RICHES, S.; YOON, J.W.; WALLACH, E.R.: *CO_2 Laser Welding of Aluminium Alloys*. In: Matsunawa, A.; Katayama, S. (Hrsg.): Vortragsbände der Int. Konf. Laser Advanced Materials Processing LAMP'92, Nagaoka (J), 1992, S. 523.

[112] Merkblatt DVS 3203 Teil 3 01.90: *Qualitätssicherung von CO_2-Laserstrahlschweißarbeiten - Laserstrahlschweißeignung von metallischen Werkstoffen.*

[113] KUTSUNA, M.: *Study on Hot Cracking in Laser Welding of Aluminium Alloys*. In: Vortragsband der 27. Int. Konf. Rapid Prototyping for the Automotive Industries and Laser Applications for the Transportation Industries ISATA'94, Aachen (D), 1994, S. 427.

[114] RAPP, J.: *Werkstoffschädigung beim Schweißen der Legierung AlMgSi1 mit einem CO_2-Laser*. Universität Stuttgart, Diplomarbeit, 1991.

[115] BINROTH, C.; BECKER, R.; SEPOLD, G.: *Zusatzdraht erweitert die Einsatzgebiete der Lasermaterialbearbeitung*. In: Bergmann, H. W.; Kupfer, R. (Hrsg.): Tagungsband der 3. Europ. Konf. Laser Treatment of Materials ECLAT'90, Erlangen (D), 1990. Coburg: Sprechsaal Publishing Group, 1990, S. 717.

[116] STARZER, T.; EBNER, R.; GLATZ, W.: *Laser Welding of Aluminium Alloys with Continuous Powder and Wire Feed*. In: Vortragsband des 26. Int. Symp. Automotive Technology & Automation ISATA'93, Aachen (D), 1993, S. 131.

[117] BERKMANNS, J.; BEHLER, K.; BEYER, E.; SCHRÖDER, D.: *Mechanical Properties of Laser Welded Aluminium-Joints*. In: Vortragsband des 25. Int. Symp. Automotive Technology & Automation ISATA'92, Florence (I), 1992, S. 435.

[118] WIESNER, P.: *Technologie des Elektronenstrahlschweißens*. 1. Auflage. Berlin: Verl. Technik, 1989.

[119] ARATA, Y.; NABEGATAI, E.; IWAMOTO, N.: *Tandem Electron Beam Welding (Report II)*. Trans. Jap. Weld. Res. Inst. 7 (1978) S. 233.

[120] BEA, M.; HENNIG, W.: *Laserstrahlen aus der Steckdose*. Technische Rundschau 34 (1990) S. 46.

[121] *Prometec GmbH*: Laserscope UFF 100. Bedienungsanleitung, 1992.

[122] GLUMANN, C: *Verbesserte Prozeßsicherheit und Qualität durch Strahlkombination beim Laserschweißen*. Universität Stuttgart, Dissertation, 1996. Stuttgart: Teubner, 1996 (Laser in der Materialbearbeitung, Forschungsberichte des IFSW) (im Druck).

[123] GLUMANN, C.; RAPP, J.; DAUSINGER, F.; HÜGEL, H.: *Combination of two High Power Lasers - A New Dimension in Laser Materials Processing*. In: Vortragsband des 26. Int. Symp. Automotive Technology & Automation ISATA'93, Aachen (D), 1993, S. 239.

[124] WAHL, R.: *Robotergeführtes Laserstrahlschweißen mit Steuerung der Polarisationsrichtung*. Universität Stuttgart, Dissertation, 1994. Stuttgart: Teubner, 1994 (Laser in der Materialbearbeitung, Forschungsberichte des IFSW).

[125] Norm DIN 50123 04.77: *Prüfung von Nichteisenmetallen - Zugversuch an Schweißverbindungen - Schmelzgeschweißte Stumpfnähte.*

[126] Norm DIN 50124 04.77: *Prüfung metallischer Werkstoffe - Scherzugversuch an Widerstandspunkt-, Widerstandsbuckel- und Schmelzpunktschweißverbindungen.*

[127] BRANDES, E. A. HRSG.: *Smithells Metals Reference Book*. London: Butterworths, 1983 (6th edition), S. 8-54.

[128] BARIN, I.: *Thermochemical Data of Pure Substances Part I*. Weinheim: VCH, 1989.

[129] METZBOWER, E. A.: *On Keyhole Formation*. In: Matsunawa, A.; Katayama, S. (Hrsg.): Tagungsband der Int. Konf. Laser Advanced Materials Processing LAMP'92, Nagaoka (J), 1992, S. 477.

[130] PREDEL, B.: *Heterogene Gleichgewichte*. Darmstadt: Steinkopff, 1982, S. 174.

[131] HULTGREN, R.; DESAI, P.; HAWKINS, D.; GLEISER, M.; KELLEY, K.: *Selected Values of the Thermodynamic Properties of Binary Alloys*. Ohio: American Society for Metals (ASM), 1973.

[132] LUKAS, R.: COST 507 data files, nichtveröffentlichte Arbeiten.

[133] BARTELS, J.; BORCHERS, H.; HAUSEN, H.; HELLWEGE, K.-H.; SCHÄFER, K.; SCHMIDT, E.: *Landolt-Börnstein: Zahlenwerte und Funktionen Band IV, 2.Teil*. Berlin: Springer, 1963, S. 782.

[134] SCHAUER, D. A.; GIEDT, W. H.; SHINTAKU, S. M.: *Electron Beam Welding Cavity Temperature Distributions in Pure Metals and Alloys*. Welding Research Supplement (1978) Mai S. 127-s.

[135] GIEDT, W. H.: *Heat Transfer and Fluid Flow in Electron Beam Welding*. In: David, S. A. (Hrsg.): Trends in Welding Research in the United States, Ohio: ASM, 1982, S. 109.

[136] RAPP, J.; BECK, M.; DAUSINGER, F.; HÜGEL, H.: *Fundamental Approach in the Laser Weldability of Aluminium- and Copper-Alloys*. In: Vortragsband der 5. Europ. Konf. ECLAT'94, Bremen (D), 1994. Düsseldorf: DVS, 1994 (DVS-Berichte Bd. 163), S.

313.

[137] KITTEL, C.: *Einführung in die Festkörperphysik*. München: Oldenburg, 1988 (7.Auflage).

[138] GRIEBSCH, J.: *Grundlagenuntersuchungen zur Qualitätssicherung beim gepulsten Tiefschweißen*. Universität Stuttgart, Dissertation, 1995. Stuttgart: Teubner, 1996 (Laser in der Materialbearbeitung, Forschungsberichte des IFSW) (im Druck).

[139] CZICHOS, H.: *HÜTTE - Die Grundlagen der Ingenieurwissenschaften*. Berlin: Springer, 1991 (29. Auflage).

[140] SAHOO, P; COLLUR, M. M.; DEBROY, T.: *Effects of Oxygen and Sulfur on Alloying Element Vaporization Rates during Laser Welding*. Metallurg. Trans. B **19B** (1988) Dezember S. 967.

[141] LANG, G.: *Gießeigenschaften und Oberflächenspannung von Aluminium und binären Aluminiumlegierungen - Teil III: Oberflächenspannung*. Aluminium **49** (1973) Nr. 3 S. 231.

[142] XIAO, Y.; SEPOLD, G.: *Einfluß der Strömung in der Schmelze auf die Porenbildung beim Laserschweißen von Aluminiumlegierungen*. In: Waidelich, W. (Hrsg.) Tagungsband des 10. Int. Kongr. "Laser in der Technik" LASER'91, München (D), 1991. Berlin: Springer, 1992, S. 481.

[143] TONG, H.; GIEDT, W.H.: *A Dynamic Interpretation of Electron Beam Welding*. Welding Research Supplement (1970) Juni S. 259-s.

[144] EICHHORN, F.; SCHUMACHER, D.: *Beitrag zum Aufschmelz- und Erstarrungsverhalten beim Elektonenstrahlschweißen*. In: Vorträge des Int. Kolloq. Strahltechnik V, Braunschweig, 1973. Düsseldorf: DVS, 1973 (DVS-Berichte Bd. 26), S. 27.

[145] KNIPP, H.-G.: *Beitrag zur Kapillarendynamik und Nahtausbildung beim Elektronenstrahlschweißen*. Technische Universität Braunschweig, FB Maschinenbau und Elektrotechnik, Dissertation, 1975.

[146] ARATA, Y; MARUO, H.; MIYAMOTO, I.; INOUE, Y.: *Dynamic Behaviour of Laser Welding*. IIW Doc-No. IV-222-77, 1977.

[147] ARATA, Y.: *Challenge to Laser Advanced Materials Processing*. In: Tagungsband der Int. Konf. Laser Advanced Materials Processing LAMP'87, Osaka (J), 1987, S. 3.

[148] Norm DIN 8524 Teil 1 11.71. *Fehler an Schmelzschweißverbindungen aus metallischen Werkstoffen - Einteilung, Benennungen, Erklärungen*.

[149] SOKOLOWSKI, W.: *Diagnostik des laserinduzierten Plasmas beim Schweißen mit CO_2-Lasern*. RWTH Aachen, Dissertation, 1991. Aachen: Augustinus-Buchhandlung, 1991

(Aachener Beiträge zur Lasertechnik Bd.2).

[150] KLEIN, T.; KROOS, J.; VICANEK, M.; SIMON, G.; DECKER, I.: *Eigenschwingungen und Rayleigh-Instabilität der Dampfkapillare*. In: Geiger, M.; Hollmann, F. (Hrsg.): Texte zum Berichtskolloquium der Deutschen Forschungsgemeinschaft im Rahmen des Schwerpunktprogramms "Strahl-Stoff-Wechselwirkung bei der Laserstrahlbearbeitung", Erlangen (D), 1993. Bamberg: Meisenbach, 1993, S. 155.

[151] STUBY, K.: *Steigerung der Nahtqualität beim Laserschweißen von AlMgSi1 mit der Zweistrahltechnik*. Universität Stuttgart (Inst. f. Strahlwerkzeuge), Diplomarbeit, 1996.

[152] SHERCLIFF, H. R.; ASHBY, M. F.: *A Process Modell for Age Hardening of Aluminium Alloys - I. The Model*. Acta metall. et mater. **38** (1990) Nr. 10 S. 1789.

[153] SHERCLIFF, H. R.; ASHBY, M. F.: *A Process Modell for Age Hardening of Aluminium Alloys - II. Applications of the Model*. Acta metall. et mater. **38** (1990) Nr. 10 S. 1803.

[154] EICHHORN, F.; POHL, M.; GRÖGER, P., ECKEL, W.: *Systematische Beurteilung von Fehlern in Schweissverbindungen*. In: Sonderbände der praktischen Metallographie. Stuttgart: Dr. Riederer, 1982, S. 215.

[155] JOHNSON, L.: *Formation of Plastic Strains During Welding of Aluminium Alloys*. Weld. Res. Suppl. (1973) July S. 298-s.

[156] GOODWIN, G. M.: *The Effects of Heat Input and Weld Process on Hot Cracking in Stainless Steel*. Weld. Res. Suppl. (1988) April S. 88-s.

[157] DAVID, S. A.; VITEK, J. M.: *Correlation between Solidification Parameters and Weld Microstructures*. Int. Mat. Reviews **34** (1989) Nr. 5 S. 213.

[158] ALBRECHT, D.: *Grundsatzuntersuchung zum CO_2-Laserstrahlschweißen von Aluminium-Druckguß der Legierungsgruppe GD-AlSiMg*. Universität Stuttgart (Inst. f. Strahlwerkzeuge), Diplomarbeit, 1995.

[159] UHR, T.: *Laserstrahlschweißen von Aluminiumkarosserieblechen der Legierungen AlMg0,4Si1,2 und AlMg5Mn*. RWTH Aachen (Inst. f. Schweißtechnik), Diplomarbeit, 1992.

[160] WAHL, T.: *Laser - Fügewerkzeug für Leichtmetalle*. Eurolaser **1** (1994) Nr. 1 S. 42.

[161] KEMPA, S.: *Laserstrahlschweißen von Tailored Blanks aus Aluminium*. Universität Stuttgart (Inst. f. Strahlwerkzeuge), Diplomarbeit, 1993.

[162] DAUSINGER, F.; FAISST, F.; GLUMANN, C.; HACK, R.: *Effiziente Strahladdition zum Laserschweißen*. Laser und Optoelektronik **27** (1995) Nr. 4 S. 45.

[163] SCHINZEL, C.: *Laserschweißbarkeit von Aluminium-Knet/Guß-Verbindungen mit der Zweistrahltechnik*. Universität Stuttgart (Inst. f. Strahlwerkzeuge), Diplomarbeit, 1996.

[164] HAAG, U.: *Grundsatzuntersuchungen zum CO_2-Laserstrahlschweißen von Aluminium-Druckguß der Legierung GD-AlSi10Mg*. Universität Stuttgart (Inst. f. Strahlwerkzeuge), Diplomarbeit, 1994.

[165] BINDER, H.: *Torsions-, Crash- und Schwingfestigkeitsuntersuchungen an Doppelhutprofilträgern unter Einsatz verschiedener Verbindungstechniken und Aluminiumlegierungen*. Universität Stuttgart (Inst. f. Strahlwerkzeuge), Diplomarbeit, 1994.

[166] LEUSCHEN, B.: *Fügen von Aluminium-Karosseriewerkstoffen*. In: Ostermann, F. (Hrsg.): Aluminium-Werkstofftechnik für den Automobilbau. Ehningen: Expert, 1992, Kontakt & Studium Bd. 375, S. 70.

Danksagung

Ich möchte mich bei allen bedanken, die dazu beigetragen haben, daß die vorliegende Dissertation im Rahmen meiner Tätigkeit als wissenschaftlicher Mitarbeiter am Institut für Strahlwerkzeuge (IFSW) der Universität Stuttgart entstehen konnte.

An erster Stelle gilt der Dank meiner Frau Andrea, die mir bei Erstellung der Arbeit immer verständnisvoll und ermunternd zur Seite stand, und meinen Eltern, welche den Grundstein dafür legten.

Besonders bedanken möchte ich mich bei Herrn Professor Dr.-Ing. habil. Helmut Hügel, der mir durch die Mitarbeit an seinem Institut die Möglichkeit gab, mich beruflich und persönlich weiterzuentwickeln, und unter dessen Leitung und wissenschaftlicher Betreuung diese Arbeit entstanden ist.

Weiterer Dank gebürt Herrn Professor Dr.-Ing. habil. Eberhard Roos für die Durchsicht meiner Arbeit und die Übernahme des Mitberichtes.

Herrn Privatdozent Dr. rer. nat. habil. Friedrich Dausinger bin ich für das Vertrauen, das er in meine wissenschaftlichen Untersuchungen gesetzt hat, für die vielen anregenden Diskussionen und für die kritische Durchsicht des Manuskriptes zu Dank verpflichtet.

Bei Herrn Dr. rer. nat. Ewald Bischoff und seinen Mitarbeitern aus der Abteilung Metallographie des Max-Planck-Institutes für Metallforschung, Institut für Werkstoffwissenschaft, Stuttgart, möchte ich mich für die Möglichkeit, dort werkstoffanalytische Untersuchungen durchführen zu können, bedanken.

Meine Tätigkeit am IFSW war durch eine kameradschaftliche Form der Zusammenarbeit mit meinen Kollegen geprägt, welche mir immer in guter Erinnerung bleiben wird. Hervorheben möchte ich besonders Frau Dr.-Ing. Christiane Glumann, deren freundschaftliche Kooperation und wertvollen fachlichen Anregungen wesentlich zum Gelingen meiner Arbeit beitrugen.

Weiterhin danke ich meinen “Schweißer”-Kollegen Dr.-Ing. Markus Beck, Dipl.-Ing. Frank Faißt, Dr.-Ing. Jürgen Griebsch, Dipl.-Ing. Rüdiger Hack und Dipl.-Ing. Cornelius Schinzel sowie allen meinen Studien- und Diplomarbeitern, die durch ihre Diskussionsbereitschaft und ihre tatkräftige Unterstützung einen wichtigen Beitrag zu dieser Arbeit geleistet haben.

Stuttgart, September 1996 Jürgen Rapp